高等学校应用型本科系列教材

电工电子技术实验

主编 战荫泽 张立东 李居尚

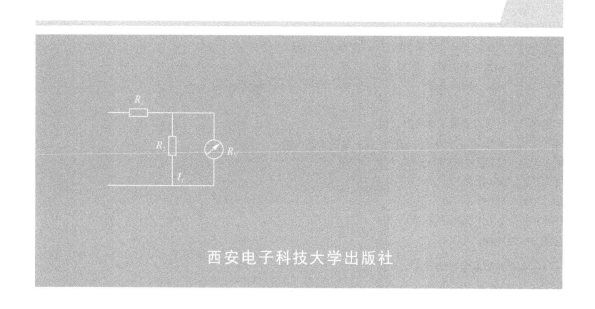

西安电子科技大学出版社

内容简介

　　本书是为高等学校电类及非电类相关专业的电工电子技术基础实验课程而编写的。本书以电工电子技术的验证型、综合应用型及设计型实验为主要内容，介绍了电工技术实验、模拟电子技术实验(包括高频电子技术实验)、数字电子技术实验的相关内容。此外，书中还附有常用电子元器件的识别技巧、逻辑符号新旧对照表、部分集成电路引脚排列。

　　本书适用专业较广，可作为本专科生电工技术、模拟电子技术(包括高频电子技术)、数字电子技术的单科实验指导书，同时还可供高等学校从事电工电子技术研究和开发的工程技术人员参考。

图书在版编目(CIP)数据

电工电子技术实验/战荫泽，张立东，李居尚主编. —西安：西安电子科技大学出版社，2022.8(2025.1重印)
ISBN 978 - 7 - 5606 - 6529 - 0

Ⅰ. ①电… Ⅱ. ①战… ②张… ③李… Ⅲ. ①电工技术—实验—高等学校—教材 ②电子技术—实验—高等学校—教材 Ⅳ. ①TM - 33 ②TN - 33

中国版本图书馆 CIP 数据核字(2022)第 136701 号

策　　划　明政珠　井文峰
责任编辑　明政珠　秦志峰
出版发行　西安电子科技大学出版社(西安市太白南路 2 号)
电　　话　(029)88202421　88201467　　邮　　编　710071
网　　址　www.xduph.com　　　　　　电子邮箱　xdupfxb001@163.com
经　　销　新华书店
印刷单位　广东虎彩云印刷有限公司
版　　次　2022 年 8 月第 1 版　2025 年 1 月第 4 次印刷
开　　本　787 毫米×1092 毫米　1/16　印张 16
字　　数　380 千字
定　　价　42.00 元
ISBN 978 - 7 - 5606 - 6529 - 0
XDUP 6831001 - 4

＊＊＊如有印装问题可调换＊＊＊

　　"电工技术"和"电子技术"课程是高等工科院校理工科电类及非电类的专业基础课程。本书是配合上述课程编写的实验指导书，具有显著的应用型特色。随着现代科学技术的飞速发展，电工与电子技术得到越来越多的应用。因此，本书内容的设计原则是：尽量做到浅一点、宽一点、严谨一点、先进一点，教、学、做一体，工学结合，全面提高学生的实践能力和职业技能。本书是编者在多年实验教学改革和科研工作总结的基础上，参阅了大量的电工及电子技术相关实验教材后编写而成的。在实验教学内容和方法上突出能力培养，减少传统的验证型实验，增加综合应用型及设计型等开放性实验。

　　本书内容丰富、知识面广、实用性强、通用性好，融知识性、实用性、趣味性为一体，从而贯彻素质教育，全面提高学生的实践能力，培养创新意识和创新能力。各专业可根据需要选择实验内容。本书着重培养知识面宽、知识结构新、适应性强、动手能力强的应用型人才，编写的基本指导思想可概括为以下几方面。

　　(1) 本书的类型、选题和大纲的确定尽可能符合教学需要，以提高适用性。

　　(2) 重视基础知识和基础知识的提炼与更新，反映技术发展的现状和趋势，让学生既有扎实的基础，又能了解科学技术发展的现状。

　　(3) 重视应用性内容的引入，理论和实际相结合，培养学生的工程概念和能力。工程教育是多方面的，本书充分利用计算机和多媒体技术，为学生建立工程概念、进行工程实验和设计训练提供条件。

　　(4) 将分析和设计工具与本书内容有机结合，培养学生使用工具的能力。

　　(5) 本书在结构上符合学生的认识规律，由浅入深，由特殊到一般；叙述上易读、易懂，适合自学。

　　本书的模拟电子技术实验部分、绪论及附录由战荫泽编写，电工技术实验部分由张立东编写，数字电子技术实验部分由李居尚编写。姜文龙教授作为本书的主审，对内容进行了认真细致的审阅，并提出了诸多宝贵的意见。本书得到了长春电子科技学院各级领导和相关部门的大力支持和帮助，在此向他们表示衷心的感谢。在本书编写过程中韩东宁、于江蛟等老师提出过许多宝贵意见，在此表示感谢。

　　由于编者水平有限，书中难免存在错误及疏漏，敬请读者指正，以便不断改进。

编　者

2022 年 2 月

目录 >>>>>

绪　论

▍ 一、电工电子技术实验的目的和意义

众所周知，科学技术的发展离不开实验，实验是促进科学技术发展的重要手段。我国著名科学家张文裕在为《著名物理学实验及其在物理学发展中的作用》一书所写的序言中，精辟论述了科学实验的重要地位。他说："科学实验是科学理论的源泉，是自然科学的根本，也是工程技术的基础。"又说"基础研究、应用研究、开发研究和生产四个方面如果结合得好，经济建设和国防建设势必会兴旺发达。要把上述四个环节紧密贯穿在一起，必须有一条红线，这条红线就是科学实验。"

电工电子技术基础是一门实践性很强的课程，它的任务是使学生获得电工电子技术方面的基本知识和基本技能，培养学生分析问题和解决问题的能力。为此，应加强各种形式的实践环节。

对于电工电子技术基础这样一门具有工程特点和实践性很强的课程，加强工程训练，特别是技能的培养，对于培养工程人员的素质和能力具有十分重要的作用。现有部分大学生在学完电工技术基础、模拟电子技术基础、数字电子技术基础和高频电子技术课程后，又增设了综合实验及课程设计课。这对提高学生综合动手能力和工程设计能力是非常重要的。

电工电子技术实验，按性质可分为验证型和训练型实验、综合型实验、设计型实验三大类。

验证型和训练型实验主要针对电工电子技术本门学科范围，通过理论论证和实际技能培养奠定学生的学科基础。这类实验除了巩固加深某些重要的基础理论外，主要在于帮助学生认识现象，掌握基本实验知识、基本实验方法和基本实验技能。

综合型实验属于应用性实验，实验内容侧重于某些理论知识的综合应用，其目的是培养学生综合运用所学理论的能力和解决较复杂的实际问题的能力。

课程设计既有综合性的又有探索性的，它主要侧重于某些理论知识的灵活运用，例如完成特定功能电子电路的设计、安装和调试等，要求学生在教师指导下独立进行查阅资料、设计方案与组织实验等工作，并写出报告。这类实验对于提高学生的素质和科学实验能力非常有益。

自 20 世纪 90 年代以来，电工电子技术发展呈现出系统集成化、设计自动化、用户专业化和测试智能化的趋势。为了培养 21 世纪电工电子技术人才和适应电子信息时代的要求，我们认为除了完成常规的硬件实验外，在电子技术实验中引入电子电路计算机辅助分析和设计的内容(其中包括若干仿真实验和通过计算机来完成设计的小系统)是必需的,也是很有益的。

总之,电子技术实验应突出基础技能、综合应用能力、创新能力和计算机应用能力的培养,以适应培养面向 21 世纪人才的要求。

二、电工电子技术实验的一般要求

尽管电工电子技术各个实验的目的和内容不同,但为了培养良好的学风,充分发挥学生的主观能动作用,促使其独立思考、独立完成实验并有所创造,我们对电工电子技术实验的准备阶段、进行阶段、完成后阶段分别提出了下列基本要求。

1. 实验前的要求

为避免盲目性,参加实验者应对实验内容进行预习。要明确实验目的、要求,掌握有关电路的基本原理(设计性实验则要完成设计任务),拟出实验方法和步骤,设计实验表格,对思考题作出解答,初步估算(或分析)实验结果(包括参数和波形),最后写出预习报告。

2. 实验进行中的要求

(1)参加实验者要自觉遵守实验室规则。

(2)根据实验内容合理分置实验现场,准备好实验所需要的仪器设备和装置并安放适当,按实验方案连接实验电路和测试电路。

(3)要认真记录实验条件和所得数据、波形,并分析判断所得数据、波形的正确性。发生故障时应独立思考,耐心排除故障,并记录排除故障的过程和方法。

(4)发生事故时应立即切断电源,并及时报告指导教师或实验室工作人员,等待处理。师生的共同愿望是保质保量地完成实验,并不是要求学生在实验过程中不发生问题、一次性完成。实验过程不顺利不一定是坏事,它常常可以让学生从分析故障的实践中增强独立解决问题的能力。故障排除掉,实验自然就是成功的。

3. 实验完成后的要求

实验完成后,可将记录送指导教师审阅签字。经教师同意后方可拆除线路,并清理现场。要求学生课后认真完成实验报告,作为一个工程技术人员必须具有撰写实验报告等技术文件的能力。

1) 实验报告的内容

(1)列出实验条件,包括何时与何人共同完成什么实验,当时的环境条件,使用仪器名称及编号等。

(2)认真整理和处理测试数据,用坐标纸描绘出所测波形并列出表格。

(3)对测试结果进行理论分析,作出简明扼要的结论。找出产生误差的原因,提出减少实验误差的措施。

(4)记录产生故障情况,说明排除故障的过程和方法。

(5)写出对本次实验的心得体会,以及改进实验的建议。

2）实验报告要求

要求：文理通顺，书写简洁；符号标准，图表齐全；讨论深入，结论简明。

三、误差分析与测量结果的处理

在科学实验与生产实践的过程中，为了获取表征被研究对象的定量信息，必须准确地进行测量。而为了准确地测量某个参数的大小，首先要选用合适的仪器设备，并借助一定的实验方法，以获取必要的实验数据；其次要对这些实验数据进行误差分析与数据处理。但人们往往重视前者而忽略后者。

众所周知，在测量过程中，由于各种原因，测量结果（待测量的测量值）和待测量的客观真值之间总存在一定差别，即测量误差，实验人员及科技工作者应该了解和掌握误差产生的原因以及减少误差使测量结果更加准确的措施。

1. 误差的来源与分类

1）测量误差的来源

测量误差的来源主要有以下几种。

（1）仪器误差。此误差是由于仪器的电气或机械不完善所产生的误差，如校准误差、刻度误差等。

（2）使用误差。使用误差又称操作误差，它是指在使用仪器过程中，因安装、调节、布置、使用不当引起的误差。

（3）人身误差。人身误差是由于人的感觉器官和运动器官的限制所造成的误差。

（4）环境误差。环境误差是指由于受到温度、湿度、大气压、电磁场、机械振动、声音、光照、放射性等影响所造成的附加误差。

（5）方法误差。方法误差又称理论误差，它是指：① 由于使用的测量方法不完善、理论依据不严密、对某些经典测量方法做了不适当的修改或简化所产生的误差；② 在测量结果的表达式中没有得到反映的因素，而实际上这些因素又起作用所引起的误差。例如，用伏安法测电阻时，若直接以电压表示值与电流表示值之比作测量结果，而不计电表本身内阻的影响，就会引起误差。又如，测量并联谐振的谐振频率时，常用近似公式为

$$f_0 = \frac{1}{2\pi\sqrt{LC}}$$

若考虑 L、C 的实际串联损耗电阻 R_L、R_C，则实际的谐振频率应为

$$f_0' = \frac{1}{2\pi\sqrt{LC}}\sqrt{\frac{1-R_L^2(C/L)}{1-R_C^2(C/L)}}$$

并有

$$\Delta f = f_0' - f_0$$

上述用近似公式带来的误差称为方法误差。

2）测量误差的分类

测量误差按误差性质和特点可分为系统误差、随机误差和疏失误差。

（1）系统误差。该误差是指在相同条件下重复测量同一量时，误差的大小和符号保持不变，或按照一定规律变化的误差。系统误差一般可以通过实验及分析方法查明其变化规

律及产生原因，因此这种误差是可预测的，也是可以减小或被消除的。

（2）随机误差（偶然误差）。在相同条件下多次重复测量同一量时，误差的大小时正时负，其大小和符号无规律变化的误差称为随机误差。随机误差不能用实验方法消除。但在多次重复测量时，其总体服从统计规律，从随机误差的统计规律中可了解它的分布特性，并能对其大小及测量结果的可靠性作出估计，或多次重复测量然后取其算术平均值。

（3）疏失误差（粗差）。这是一种过失误差。这种误差是由于测量者对仪器不了解、粗心，导致读数不正确而引起的，有时测量条件的突然变化也会引起粗差。对于这种异常值（或坏值）必须根据统计检验方法的某些准则去判断哪个测量值是坏值，然后去除。

2. 误差表示法

按误差表示法可将误差分为绝对误差和相对误差。

1）绝对误差

设被测量的真值为 A_0，测量仪器的示值为 X，则绝对误差 ΔX 为

$$\Delta X = X - A_0$$

在某一时间及空间条件下，被测量的真值虽然是客观存在的，但一般无法测得，只能尽量逼近它。故常用高一级标准仪表测量的示值 A 代替真值 A_0，则

$$\Delta X = X - A$$

在测量前，测量仪器应由高一级标准仪器进行校正，校正量常用修正值 C 表示。对于被测量，高一级标准仪器的示值减去测量仪器的示值所得的值就是修正值。实际上，修正值就是绝对误差，只是符号相反，即

$$C = -\Delta X = A - X$$

利用修正值可得该仪器所测量的实际值为

$$A = X + C$$

2）相对误差

绝对误差值的大小往往不能确切地反映被测量的准确程度。例如，在测 100 V 电压时，$\Delta X_1 = +2$ V；在测 10 V 电压时，$\Delta X_2 = +0.5$ V。虽然 $\Delta X_1 > \Delta X_2$，可实际上 ΔX_1 只占被测量的 2%，而 ΔX_2 却占被测量的 5%。显然，后者误差对测量结果的相对影响大。因此，工程上常采用相对误差来比较测量结果的准确程度。

相对误差又分为实际相对误差、示值相对误差和引用（或满度）相对误差。

实际相对误差，是用绝对误差 ΔX 与被测量的实际值 A 的比值的百分数来表示的相对误差，记为

$$\gamma_A = \frac{\Delta X}{A} \times 100\%$$

示值相对误差，是用绝对误差与仪器给出值 X 的百分数来表示的相对误差，即

$$\gamma_x = \frac{\Delta X}{X} \times 100\%$$

引用（或满度）相对误差，简称为满度误差。它是用绝对误差 ΔX 与仪器的满刻度值 X_m 之比的百分数来表示的相对误差，即

$$\gamma_m = \frac{\Delta X}{X_m} \times 100\%$$

电工仪表的准确度等级就是由 γ_m 决定的。如 1.5 级的电表,表明 $\gamma_m \leqslant \pm 1.5\%$。我国电工仪表按 γ_m 值共分七级:0.1、0.2、0.5、1.0、1.5、2.5、5.0。若某仪表的等级是 S 级,它的满刻度值为 X_m,则测量的绝对误差为

$$\Delta X \leqslant X_m S\%$$

其示值相对误差为

$$\gamma_x \leqslant \frac{X_m S\%}{X}$$

在上式中,总是满足 $X \leqslant X_m$ 的,可见当仪表等级 S 选定后,X 越接近 X_m 时,γ_x 的上限值越小,测量越准确。因此,当我们使用这类仪表进行测量时,一般应使被测量的值尽可能在仪表满刻度值的 1/2 以上。

例如,测量一个 12 V、50 Hz 的电压,现用 1.5 级表,可选用 15 V 或 150 V 的量程。如何选择量程呢?

用量程 150 V 时,测量产生的绝对误差为

$$\Delta V = V_m S\% = 150 \times (\pm 1.5\%) = \pm 2.25 \text{ V}$$

而用量程 15 V 时,测量产生的绝对误差为

$$\Delta V = V_m S\% = 15 \times (\pm 1.5\%) = \pm 0.225 \text{ V}$$

显然,用 15 V 量程测量 12 V 电压,绝对误差要小得多。

3. 测量结果的处理

测量结果通常用数字或图形表示。

1) 测量结果的数字处理

(1) 有效数字。由于存在误差,所以测量数据总是近似值,它通常由可靠数字和欠准数字两部分组成。例如,由电压表测得电压 12.6 mV,这是个近似数,12 是可靠数字,而末位 6 为欠准数字,即 12.6 为三位有效数字。

对于有效数字的正确表示,应注意以下几点。

① 有效数字是指从左边第一个非零的数字开始,直到右边最后一个数字为止的所有数字。例如,测得的频率为 0.0215 MHz,它是由 2、1、5 三个有效数字组成的频率值,而左边的两个零不是有效数字,它可写成 2.15×10^{-2} MHz,也可以写成 21.5 kHz,这时有效数字仍为 3 位,5 是欠准数字,未变。但一定不能写成 21 500 Hz,因为这就把有效数字变成了 5 位,而欠准数字就由"5"变成了"0",两者意义完全不同。

② 如已知误差,则有效数字的位数应与误差相一致。例如,设仪表误差为 ± 0.01 V,测得电压为 13.2634 V,其结果应写作 13.26 V。

③ 当给出误差有单位时,测量数据的写法应与其一致。

(2) 数据舍入规则。为使正、负舍入误差出现的机会大致相等,传统的方法是采用四舍五入的办法。现已广泛采用"小于 5 舍,大于 5 入,等于 5 时取偶数"的舍入规则,即

① 若保留 n 位有效数字,当后面的数值小于第 n 位的 0.5 单位就舍去。

② 若保留 n 位有效数字,当后面的数值大于第 n 位的 0.5 单位就在第 n 位数字上加 1。

③ 若保留 n 位有效数字,当后面的数值恰为第 n 位的 0.5 单位,则当第 n 位数字为偶数时应舍去后面的数字(即末位不变)。当第 n 位为奇数时,第 n 位数字应加 1(即末位凑成

为偶数)。这样,由于舍入概率相同,当舍入次数足够多时,舍入误差就会抵消。同时,这种舍入规则,使有效数字的尾数为偶数的机会增多,能被除尽的机会比奇数多,有利于准确地计算。

(3)有效数字的运算规则。当测量结果需要进行中间运算时,有效数字的取舍,原则上取决于参与运算的各数中精度最差的那一项。一般应遵循以下规则。

① 当几个近似值进行加、减法运算时,在各数中(采用同一计量单位),以小数点后位数最少的那一个数(如无小数点,则为有效位数最少者)为准,其余个数均舍入至比该数多一位,而计算结果所保留的小数点后的位数,应与各数中小数点后位数最少者的位数相同。

② 进行乘除运算时,在各数中,以有效数字位数最少的那一个数为准,其余各数及积(或商)均舍入至比该因子(或被除数、除数)多一位,而与小数点位置无关。

③ 将数平方或开方后,结果可比原数多保留一位。

④ 用对数进行运算时,n 位有效数字的数应该用 n 位对数表。

⑤ 若计算式中出现如 e、π、$\sqrt{3}$ 等无理数常数,则可根据具体情况来决定它们应取的位数。

2) 曲线的处理

在分析两个或多个物理量之间的关系时,用曲线比用数字、公式表示常常更形象和直观。因此,测量结果常用曲线来表示。

在实际测量过程中,由于各种误差的影响,测量数据将出现离散现象,如将测量点直接连接起来,将不是一条光滑的曲线,而是呈波动的折线状,如图 0.1-1 所示。但我们运用有关的误差理论,可以把各种随机因素引起的曲线波动抹平,使其成为一条光滑且均匀的曲线。这个过程称为对曲线的修匀。

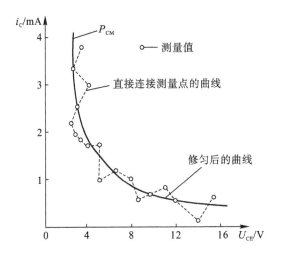

图 0.1-1   直接连接测量点时曲线的波动情况

在要求不太高的测量中,常采用一种简便、可行的工程方法——分组平均法来修匀曲线。这种方法是将各数据点分成若干组,每组含 2~4 个数据点,然后分别估取各组的几何重心，再将这些重心连接起来。图 0.1-2 就是每组取 2～4 个数据点进行平均后的修匀曲线。这条曲线，由于进行了数据平均计算，在一定程度上减少了偶然误差的影响，使之较为符合实际情况。

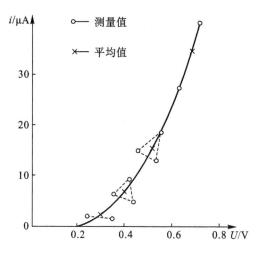

图 0.1-2　分组平均法修匀的曲线

3）注意事项

在对电子电路实验进行误差分析与数据处理时应注意以下几点。

（1）实验前应尽量做到"心中有数"，以便及时分析测量结果的可靠性。

（2）在时间允许时，每个参量应该多测几次，以便搞清实验过程中引入系统误差的因素，尽可能提高测量的准确度。

（3）应注意测量仪器、元器件的误差范围对测量的影响，通常所读得的示值与测量值之间应该有

$$测量值＝示值＋误差$$

的关系，因此测量前对测量仪器的误差及检定、校准和维护情况应有所了解，在记录测量值时要注明有关误差，或决定测量值的有效位数。

（4）正确估计方法误差的影响。电子电路中采用的理论公式常常是近似公式，这将带来方法误差，其次计算公式中元件的参数一般都有标称值（而不是真值），这将带来随机性的系统误差，因此应考虑理论计算值的误差范围。

（5）应注意剔除误差。例如测量仪器没有校准，没有调零，对弱信号引线过长，或没有屏蔽等都会带来测量误差。

第1部分　电工技术实验

实验一　基本电工仪表使用及测量误差

一、预习要求

(1) 熟悉基本电工仪表的种类。
(2) 了解万用表的种类及主要技术指标。
(3) 了解万用表内阻对测量结果的影响。

二、实验目的

(1) 掌握万用表的基本原理及使用方法。
(2) 学会分析误差的来源和计算误差。

三、万用表的种类和使用

1. 模拟式万用表

本书以 MF79 型指针式万用表为例来进行介绍。

其结构主要由测量电路、转换开关及表头三部分构成。表头是模拟式万用表的核心部分。它实际是一只精度较高的磁电式直流电流表，它是利用通电线圈在磁场中受力而使表针偏转的原理制成的。指针偏转满刻度时所需要的电流值称为表头灵敏度。如 MF79 型万用表表头的灵敏度为 $50~\mu A$。这样一个表头配以相应的测量电路，加上转换开关就构成了一个可以测量直流电压(DCV)、直流电流(DCA)、电阻(Ω)的万用表了。万用表的灵敏度 S 定义是：满刻度所需电流值的倒数，单位是 Ω/V。采用表头灵敏度 $50~\mu A$ 所构成的万用表，其灵敏度为

$$S = \frac{1}{50 \times 10^{-6}~A} = 20\ 000~\Omega/V = 20~k\Omega/V$$

从上式可以看出：S 越大，取自被测电路的电流越小，对被测电路的影响就越小。

1) 电流测量

由于表头灵敏度高，不能流过较大的电流，故在测量较大的电流时要分流，即与表头

并联一个电阻来实现(见图 1.1-1),如将一个灵敏度为 $I_D = 50\ \mu A$,内阻 $R_D = 3\ k\Omega$ 的电流表头改成 1 mA 量程的电流表,其分流电阻 R_1 应为

$$R_1 = \frac{I_D}{I - I_D} \cdot R_D = \frac{50}{1000 - 50} \times 3000 \approx 158\ \Omega$$

2) 电压测量

根据表头灵敏度,我们可以计算出来,表头能承受的最大电压为

$$U = R_D I_D = 3\ k\Omega \cdot 50\ \mu A = 0.15\ V$$

因此,测量较大电压时要采用分压办法(见图 1.1-2),以上述表头为例,改成测 10 V 的电压表时,所需串联的电阻 R_2 为

$$R_2 = \left(\frac{U}{U_D} - 1\right)R_D = \left(\frac{10}{0.15} - 1\right) \times 3\ k\Omega \approx 197\ k\Omega$$

3) 电阻测量

不论测量什么参数,表头只有流过电流,指针才会发生偏转。由于被测电阻没有电源,因此必须在测量电路中串接一个直流电源,才能实现电阻的测量(见图 1.1-3)。

从这个实验表达式中可以看出,被测电阻 R_x 与流过表头的电流成反比。故电阻挡刻度线不均匀,呈非线性。

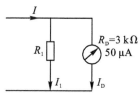

图 1.1-1 电流测量原理图

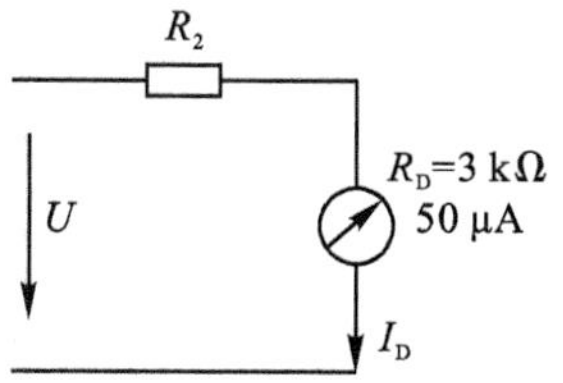

图 1.1-2 电压测量原理图

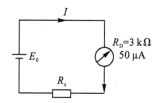

图 1.1-3 电阻测量原理图

4) 其他参数测量

万用表在国家标准中称为复用表。以上所列的只是其最主要的测量内容,还有其他如交流电压、交流电流等,基本原理就是在测量电路中加上整流二极管,对交流参数进行整流,将被测量转换成直流电流再送给表头即可对交流电量进行测量了。

5) MF79 型万用表的使用

其面板左上角有一测量内容开关,分为五挡。OHM 是测量电阻的,相对应的大拨盘拨到 Ω 挡,黑表笔插在 * 孔,是公共端,红表笔插在 + 孔。此时将表笔对接,可看到指针向右偏转,检查是否在 Ω 挡零位;若不在,则调整右上角调零旋钮,使表头指零,即可测量电阻了。这个过程称为调零,电阻挡的零位在右侧满刻度处,不同挡位必须重新调零。Ω 挡刻度线在最上方,下方有一弧形镜面,读数时必须使表针与镜中像重合,此时表针对准刻度线才是准确值。大拨盘对应的各挡数值是指表针满刻度的倍乘值,有的需换算。测量电压时仍使用这两只表笔,测电流时应将红表笔插入相应的插孔。表内在测量电压、电流的线路上接有保险丝,电压、电流过载时熔断,以保护表头不受损坏。

在测量电压时,红表笔接在电路的高电位、黑表笔接在低电位;测量电流时,万用表要串入电路中,红表笔是电流流入端。

2. 数字式万用表

1) 数字万用表组成及测量原理简介

数字万用表一般由两部分构成：一部分是被测量转换为直流电压信号，我们称为转换器；另一部分是直流数字电压表(见图 1.1-4)。

图 1.1-4　数字万用表组成原理图

直流数字电压表构成了数字万用表的核心部分，它主要由模/数(A/D)转换器和显示器组成。单片大规模集成电路 7106 称之为 $3\frac{1}{2}$ 双积分 A/D 转换器。它转换精度高，抗干扰能力强，特别符合测量仪表数字化的要求；其内部含有自校零线路，还可自动显示极性，输入阻抗高，达到 10 MΩ，功耗低，可直接译码、驱动 LCD(液晶)显示。

由 7106 构成的直流数字电压表是基本量程为 200 mV 的直流数字电压表，只要采用电阻分压器，就可以扩展成多量程的直流数字电压表。

直流电流的测量：只要通过电流转换器就可以测量了。

交流电压、交流电流的测量：需要有一个整流及滤波电路，把交流参量变换成直流参量就可以实现交流测量了。

电阻的测量：可利用 7106 集成电路中的基准电压在标准电阻上的压降与被测电阻上的压降对比的方法来实现。

2) 数字表增加的功能

数字表中又增加了我们方便使用的一些功能：

(1) 二极管测量，标记为 ———▷|———，测量的显示值为正向管压降，正向值：0.5～0.7 为硅管；0.15～0.3 为锗管；反向值：1，表明管子是好的，若显示其他值，则管子是坏的。

(2) 通断测试，标记为 •))，当测试两点是否连通时，使用该挡，连通则发光二极管亮，同时表内蜂鸣器发声。我们可以不看表，只采用听就可以判断。该功能多数仪器是与二极管测试挡在一起。有的机型则是和 200 Ω 电阻挡在一起，该挡响时表明：该处电阻小于 70 Ω。

(3) 电容量测试，标记为 F，被测电容插入 C_x 两插孔，最大测试挡 20 μF。

(4) 测试时只显示 1，其后数字消失称为"消隐"(即不显示)，表示测量值大于该量程，只要换高一挡即可。

(5) 开机 15 min 后，自动关机。

(6) 自动显示极性。

(7) G 表内电源采用 9 V 积层电池，当电源电压不足时显示，此时测量数据有误差。

(8) 电流挡有 0.2 A 保险丝，防止由于电流过大或测试不当使表烧坏。

(9) 可测量三极管的 h_{FE}。

(10) 显示屏可以搬动角度，方便观察。

3) 数字万用表的使用

表上的标记：

(1) 插孔 COM 公共端，永远插黑表笔。

(2) 插孔 V/Ω 插红表笔，测量电压、电阻。

(3) 插孔 A，用于测量电流小于等于 200 mA 的情况。

(4) 插孔 20 A，用于测量电流大于 200 mA，小于等于 20 A 的情况。

3. 方法误差

在实际测量中，万用表在测量两点电压时，把测量表笔与这两点并联；测电流时，应把该支路断开，把电流表串联接入此支路。因此要求电压表内阻为无穷大，而电流表内阻为零。但实际万用表都达不到这个理想程度，接入电路时，使电路状态发生变化。测量的读数值与电路实际值之间产生误差。这种由于仪表的内阻引入的测量误差，称为方法误差。这种误差值的大小与仪表本身内阻值的大小密切相关。

方法误差的测量与计算：

如图 1.1-5 所示，R_2 的电压为

$$U_{R_2} = \frac{R_2}{R_1 + R_2}U$$

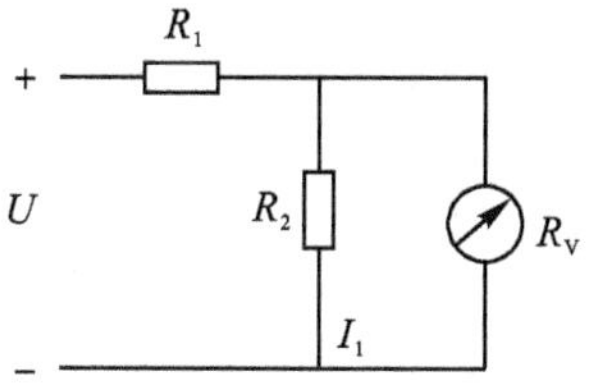

图 1.1-5　串联电路电压测量原理图

当 $R_1 = R_2$ 时，$U_{R_2} = \frac{1}{2}U$。现用一内阻为 R_V 的电压表测量 R_2 上的电压即 R_V 与 R_2 并联代替上式中的 R_2，且当 $R_V = R_2 = R_1$ 时，可以解得

$$U'_{R_2} = \frac{1}{3}U$$

绝对误差为

$$\Delta U_{R_2} = |U'_{R_2} - U_{R_2}| = \frac{1}{6}U$$

相对误差为

$$\Delta U_{R_2}\% = \frac{U'_{R_2} - U_{R_2}}{U_{R_2}} \approx -33.3\%$$

四、实验内容

1. 电阻电路的测量

1) 电阻的串联

电路如图 1.1-6 所示，该电路特点如下：

(1) 各电阻一个接一个地顺序相联；

(2) 各电阻中通过同一电流；

(3) 等效电阻等于各电阻之和，即 $R = R_1 + R_2$。

两电阻构成串联电路时，每个电阻两端的电压为

$$U_1 = \frac{R_1}{R_1 + R_2} U$$

$$U_2 = \frac{R_2}{R_1 + R_2} U$$

按图 1.1-6 接好电路，构成两个电阻的串联，经检查无误后接通直流电源。用万用表分别测出 R_1 和 R_2 两端的电压填入表 1.1-1 中，并计算相对误差。（其中：U 取直流 6 V，电阻 R_1 取 2 kΩ，电阻 R_2 取 1 kΩ。）

2）电阻的并联

电路如图 1.1-7 所示，该电路特点如下：

（1）各电阻连接在两个公共的结点之间；

（2）各电阻两端的电压相同；

（3）等效电阻的倒数等于各电阻倒数之和：

$$\frac{1}{R} = \frac{1}{R_1} + \frac{1}{R_2}$$

两电阻构成并联电路时，流过每个电阻的电流为

$$I_1 = \frac{R_2}{R_1 + R_2} I$$

$$I_2 = \frac{R_1}{R_1 + R_2} I$$

按图 1.1-7 接好电路，构成两个电阻的并联，经检查无误后接通直流电源。用万用表分别测出流过 R_1 和 R_2 的电流填入表 1.1-1 中，并计算相对误差。（其中：U 取直流 6 V，电阻 R_1 取 2 kΩ，电阻 R_2 取 1 kΩ。）

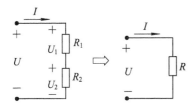
图 1.1-6　电阻的串联

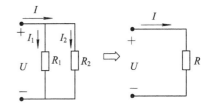
图 1.1-7　电阻的并联

表 1.1-1

	串联电路($U = 6$ V)		并联电路($U = 6$ V)	
	$R_1 = 2$ kΩ	$R_2 = 1$ kΩ	$R_1 = 2$ kΩ	$R_2 = 1$ kΩ
理论值	U_1	U_2	I_1	I_2
测量值（万用表）				
相对误差				

2. 使用两种万用表的欧姆档对电阻进行测量

参照表1.1-2所给定的电阻值进行测量，将测量结果填入表1.1-2中。分析误差产生的原因。

表1.1-2

电阻值	200 kΩ	43 kΩ	20 kΩ	2 kΩ	100 Ω
测量值（模拟表）					
测量值（数字表）					

3. 电压表内阻对测量结果的影响研究

按图1.1-8连线，分别测量两电阻上的电压，数据记录在表1.1-3中。比较测量值与理论值，并进行分析，从中得出结论。

表1.1-3

	表量程	$R_1=200$ kΩ	$R_2=100$ kΩ	$R_1=50$ kΩ	$R_2=10$ kΩ
		U_{R_1}	U_{R_2}	U_{R_1}	U_{R_2}
理论值					
测量值（数字表）	20 V				
测量值（指针表）	10 V 档				
	2.5 V 档				

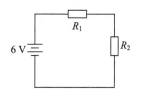

图1.1-8　简单串联电路电压测试图

五、实验仪器与设备

（1）电工实验箱。

（2）指针式万用表。

（3）数字万用表。

六、实验报告要求

（1）实验目的。

（2）原理简述。

（3）实验内容：含实验步骤、实验电路、表格、数据等。

（4）实验数据误差分析。

（5）总结实验，撰写体会。

实验二　基尔霍夫定律

一、预习要求

（1）用理论计算的方法，计算图 1.2 - 1 电路中各支路的电压和电流。
（2）用理论计算的方法，计算图 1.2 - 2 电路中各支路的电压和电流。

二、实验目的

（1）验证基尔霍夫电流定律、电压定律。
（2）加深对电路基本定律适用范围普遍性的认识。
（3）进一步熟悉常用仪器的使用方法。

三、实验原理

基尔霍夫定律是集总电路的基本定律，它包括电流定律和电压定律。

基尔霍夫电流定律（KCL）：在任一个集总电路中的任一节点，在任一时刻，流出（或流入）该节点的所有支路电流的代数和恒等于零。

基尔霍夫电压定律（KVL）：在任一集总电路中的任一回路，在任一时刻，沿该回路的所有支路电压降的代数和恒等于零。

基尔霍夫定律是电路普遍适用的基本定律。无论是线性电路还是非线性电路，无论是时变电路还是非时变电路，在任一瞬间测出各支路电流及元件、电源两端的电压都应符合上述定律，即在电路的任一节点必满足 $\sum I = 0$ 这一约束关系，对于电路中的任意闭合回路的电压必满足 $\sum U = 0$ 这一约束关系。这两个定律一个是基于电流连续性原理，另一个则是建立在电位的计算与途径无关（即电位的单值性）原理基础上的。

四、实验内容

（1）按图 1.2 - 1 接线并测量各电阻上的电压及流过各电阻的电流，把结果记录于表 1.2 - 1 内。对于三个回路和①、②两个节点分别验证：$\sum U = 0$ 和 $\sum I = 0$（测量时注意数字万用表的正负极亦即各电压电流的正、负）。

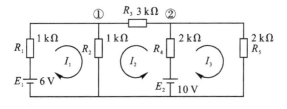

图 1.2 - 1　电压、电流测试图

表 1.2 - 1

	U_1	U_2	U_3	U_4	U_5	I_1	I_2	I_3	I_4	I_5
理论值										
测量值										

（2）将上图电路中 R_3 换成二极管，而 R_5 换成 $10\,\mu F$ 电容，如图 1.2 - 2 所示。此时电路是非线性的，重复上述实验步骤，把结果记录于表 1.2 - 2 内，看是否满足 $\sum U = 0$ 和 $\sum I = 0$。

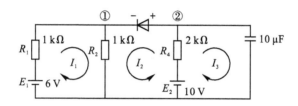

图 1.2 - 2 实验内容二测试图

注意：二极管符号为 ＋ ▷| －，它是一种半导体元件，它的基本特征是单向导电。接电路时务必让其正向导通，即正极接节点②，负极接节点①。为减少测量中的系统误差，稳压电源输出电压以用数字万用表测量为准。

表 1.2 - 2

	U_1	U_2	U_3	U_4	U_5	I_1	I_2	I_3	I_4	I_5
理论值										
测量值										

五、实验仪器与设备

（1）电工实验箱。

（2）数字万用表。

六、实验报告要求

（1）实验目的。

（2）原理简述。

（3）实验内容：含实验步骤、实验电路、表格、数据等。

（4）实验数据误差分析。

（5）总结实验，撰写体会。

实验三 叠加原理

一、预习要求

(1) 用理论计算的方法，计算图 1.3-2 电路中各支路的电压和电流。
(2) 用理论计算的方法，计算图 1.3-3 电路中各支路的电压和电流。

二、实验目的

(1) 加深对叠加原理的理解。
(2) 练习设计实验电路和拟定实验步骤。
(3) 进一步掌握误差分析和减小误差的方法。

三、实验原理

在线性电路中，每一元件上的电压或电流可看成是每一独立源单独作用在该元件上所产生的电压或电流的代数和。由此可以得出一个推理：当独立电源增加到原来的 K 倍(或减小到原来的 $1/K$)时，由其在各元件上产生的电压或电流也增加到原来的 K 倍(或减小到原来的 $1/K$)，这里 $K \geqslant 1$。这就是线性电路的比例性。

叠加定理不仅适用于线性直流电路，也适用于线性交流电路。为了测量方便，我们用直流电路来验证它。叠加定理可简述如下：

在线性电路中，任一支路中的电流(或电压)等于电路中各个独立源分别单独作用时在该支路中产生的电流(或电压)的代数和。所谓一个电源单独作用，是指除了该电源外其他所有电源的作用都去掉，即理想电压源所在处用短路代替，理想电流源所在处用开路代替，电路结构不作改变。

由于功率是电压或电流的二次函数，因此叠加定理不能用来直接计算功率。例如在图 1.3-1 中：

$$I_1 = I_1' + I_1''$$
$$I_2 = I_2' + I_2''$$
$$I_3 = I_3' + I_3''$$

显然，$P_{R_1} \neq (I_1')^2 R_1 + (I_1'')^2 R_1$。

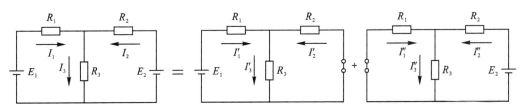

图 1.3-1　叠加原理分析图

四、实验内容

1. 叠加原理验证

实验电路如图 1.3 - 2 所示。实验箱电源接通 220 V 电源,调节输出电压,使第一路输出端电压 $E_1 = 10$ V;第二路输出端电压 $E_2 = 6$ V(须用万用表重新测定),断开电源开关待用。按图 1.3 - 2 接线,$R_4 + R_3$ 调到 1 kΩ,经检查线路后再接通电源开关。

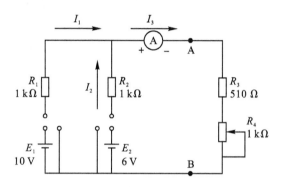

图 1.3 - 2　叠加原理测试图

实验前先任意设定三条支路的电流参考方向,测量 E_1、E_2 同时作用时各个支路的电流 I_1、I_2、I_3,各个支路电压 U_{R_1}、U_{R_2}、U_{R_3}。把实验数据记入表 1.3 - 1 内。测量 E_1、E_2 同时作用和分别单独作用时的支路电流 I_3,并将数据记入表 1.3 - 2 内。

表 1.3 - 1

被测量	I_1/mA	I_2/mA	I_3/mA	U_{R_1}/V	U_{R_2}/V	U_{R_3}/V
理论值						
测量值						
相对误差						

注意:(1)一个电源单独作用时,另一个电源需从电路中取出,并将空出的两点用导线连起来。还要注意电流(或电压)的正、负极性。(2)用指针表时,凡表针反偏的表示该量的实际方向与参考方向相反,应将红、黑表笔反过来测量,数值取为负值!

选任意一个回路,测定各元件上的电压,将数据记入表 1.3 - 2 中。

表 1.3 - 2

	实验值				计算值			
	I_3/mA	U_{R_1}/V	U_{R_2}/V	U_{R_3}/V	I_3/mA	U_{R_1}/V	U_{R_2}/V	U_{R_3}/V
$(E_1 + E_2)$/V								
E_1/V								
E_2/V								

2. 引入非线性元件

按图 1.3－3 接线，然后调试两组电源（带载调试），E_1 为 6 V，E_2 为 10 V。

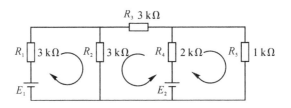

图 1.3－3　叠加定理验证电路图

测量 E_1、E_2 共同作用、单独作用于各电阻上的电压，并将数据记录于表 1.3－3 内。E_1、E_2 单独作用时，不用的电源接线从电源上拔下来短接，以免烧坏电源。接线时注意两组电源负极要连线。

表 1.3－3

	U_{R_1}	U_{R_2}	U_{R_3}	U_{R_4}	U_{R_5}
$(E_1+E_2)/\text{V}$					
E_1/V					
E_2/V					

将图 1.3－3 中 R_3 用二极管代替，接在电路中时，使其正向导通，研究网络中含有非线性元件时叠加定理是否适用，数据记录表 1.3－4 内。

表 1.3－4

	U_{R_1}	U_{R_2}	U_{R_3}	U_{R_4}	U_{R_5}
$(E_1+E_2)/\text{V}$					
E_1/V					
E_2/V					

五、实验仪器与设备

（1）电工实验箱。
（2）数字万用表。

六、实验报告要求

（1）实验目的。
（2）原理简述。
（3）实验内容：含实验步骤、实验电路、表格、数据等。
（4）实验数据误差分析。
（5）总结实验，撰写体会。

实验四　戴维南定理与诺顿定理

一、预习要求

（1）计算图 1.4-6 所示的戴维南等效电路。
（2）计算图 1.4-7 所示的诺顿等效电路。

二、实验目的

（1）加深对戴维南线性网络定理与诺顿线性网络定理的理解。
（2）练习设计实验电路和拟定实验步骤。
（3）学会几种测量等效电源和戴维南等效电阻参数的方法。

三、实验原理

1. 戴维南定理

任何一个线性含源单口网络，对于外电路而言，总可以用一个理想电压源和电阻的串联形式来代替；理想电压源的电压等于原单口网络的开路电压 U_{OC}，其电阻（又称戴维南等效电阻）等于单口网络中所有独立源置零时的等效电阻 R_0，此即戴维南定理。其电路图如图 1.4-1 所示。

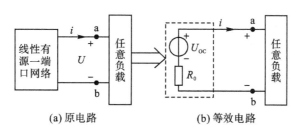

(a) 原电路　　　　(b) 等效电路

图 1.4-1　二端网络的戴维南等效电路图

2. 诺顿定理

诺顿定理是戴维南定理的对偶形式，即任何一个由线性含源单口网络，对于外电路而言，总可以用一个理想电流源和电导的并联形式来代替；理想电流源的电流等于原单口网络的短路电流 I_{sc}，其电导（又称诺顿等效电导）等于单口网络中所有独立源置零时的入端等效电阻 R_0 的倒数。其电路图如图 1.4-2 所示。

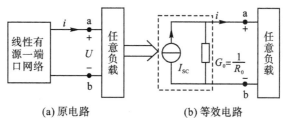

(a) 原电路　　　　(b) 等效电路

图 1.4-2　二端网络的诺顿等效电路图

3. 戴维南等效电路与诺顿定理等效电路的参数测量方法

1）开路电压的测量方法

方法一：直接测量法。当含源单口网络的等效内阻 R_0 与电压表的内阻 R_V 相比可以忽略不计时，可以直接用电压表测量开路电压。

方法二：补偿法。其测量电路如图 1.4-3 所示，E 为高精度的标准电压源，R 为标准分压电阻箱，G 为高灵敏度的检流计。调节电阻箱的分压比，c、d 两端的电压随之改变，当 $U_{cd} = U_{ab}$ 时，流过检流计 G 的电流为零，因此

$$U_{ab} = U_{cd} = \frac{R_2}{R_1 + R_2} E = KE$$

式中，$K = \dfrac{R_2}{R_1 + R_2}$，为电阻箱的分压比。根据标准电压 E 和分压比 K 就可求得开路电压 U_{ab}，因为电路平衡时 $I_G = 0$，不消耗电能，所以此法测量精度较高。

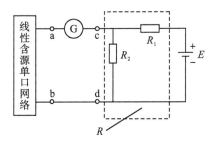

图 1.4-3　补偿法测量开路电压

2）等效电阻 R_0 的测量方法

对于已知的线性含源单口网络，其入端等效电阻 R_0 可以从原网络计算得出，也可以通过实验测出。下面介绍几种测量方法。

方法一：将含源单口网络中的独立源都去掉，在 ab 端外加一已知电压 U，测量端口的总电流 $I_{总}$，则等效电阻 $R_0 = U/I_{总}$。

实际的电压源和电流源都具有一定的内阻，它并不能与电源本身分开，因此在去掉电源的同时，也把电源的内阻去掉了，无法将电源内阻保留下来，这将影响测量精度，因而这种方法只适用于电压源内阻较小和电流源内阻较大的情况。

方法二：测量 ab 端的开路电压 U_{OC} 及短路电流 I_{SC}，则等效电阻

$$R_0 = \frac{U_{OC}}{I_{SC}}$$

这种方法适用于 ab 端等效电阻 R_0 较大，而短路电流不超过额定值的情形，否则有损坏电源的危险。

方法三：两次电压测量法。

测量电路如图 1.4-4 所示，第一次测量 ab 端的开路电压 U_{OC}，第二次在 ab 端接一已知电阻 R_L（负载电阻），测量此时 a、b 端的负载电压 U，则 a、b 端的等效电阻 R_0 为

$$R_0 = \left(\frac{U_{OC}}{U} - 1 \right) R_L$$

第三种方法克服了第一和第二种方法的缺点和局限性，在实际测量中常被采用。如果

用电压等于开路电压 U_{OC} 的理想电压源与等效电阻 R_0 相串联的电路（称为戴维南等效电路），如图 1.4-5 所示，来代替原含源单口网络，则它的外特性 $U = f(I)$ 应与含源单口网络的外特性完全相同。

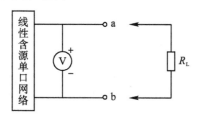
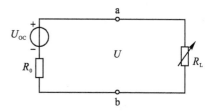

图 1.4-4　两次电压测量法示意图　　　　图 1.4-5　戴维南等效电路

四、实验内容

1. 戴维南定理的验证

实验电路如图 1.4-6 所示。用万用表测量网络 ab 端的端电压（开路电压 U_{OC}）和短路电流 I_{SC} 及 1.5 kΩ 电阻接于 ab 端时电阻两端电压 U，结果记录在表 1.4-1 中。用两种方法计算 R_0，并与理论值进行比较，分析误差原因。

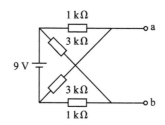

图 1.4-6　戴维南定理实验电路图

表 1.4-1

	U_{OC}	I_{SC}	U（外加负载 1.5 kΩ）	R_0/Ω（计算结果）
理论值				
测量值				

2. 测定含源单口网络开路电压 U_{OC} 和等效电阻 R_0

按图 1.4-7 接线，经检查无误后，采用直接测量法测定含源单口网络的开路电压 U_{OC}，电压表内阻应远大于单口网络的等效电阻 R_0。

（1）采用原理中介绍的方法二测量，将测量数据填入表 1.4-2 内。

表 1.4-2

项　目	U_{OC}/V	I_{SC}/mA	R_0/Ω（计算结果）
测量值			

（2）采用原理中介绍的方法三测量。

按图 1.4-7 接线，接通负载电阻 R_L，调节电位器 R_4，使 $R_L = 1$ kΩ，使毫安表短接，测出此时的负载端电压 U，并记入表格 1.4 - 3 内。

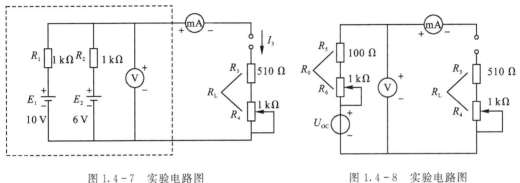

图 1.4 - 7　实验电路图　　　　　　图 1.4 - 8　实验电路图

表 1.4 - 3

项目	U_{OC}/V	U/V	R_0/Ω（计算结果）
测量值			

3. 测定含源单口网络的外特性

调节电位器 R_4 即改变负载电阻 R_L 之值，在不同负载的情况下，测量相应的负载端电压和流过负载的电流，共取五个点将数据记入自拟的表格中。测量时注意，为了避免电表内阻的影响，测量电压 U 时，应将接在 ac 间的毫安表短路，测量电流 I 时，将电压表从 ab 端拆除。若采用万用表进行测量，要特别注意换挡。

4. 测定戴维南等效电路外特性

将另一路直流稳压电源的输出电压调节到等于实测的开路电压 U_{OC} 值，以此作为理想电压源，调节电位器 R_6，使 $R_5 + R_6 = R_0$，并保持不变，以此作为等效内阻，将两者串联起来组成戴维南等效电路。按图 1.4 - 8 接线，经检查无误后，重复上述步骤，测出负载电压和负载电流，并将数据记入自拟的表格中。

五、实验仪器与设备

（1）电工实验箱。
（2）数字万用表。

六、实验报告要求

（1）实验目的。
（2）原理简述。
（3）实验内容：含实验步骤、实验电路、表格、数据等。
（4）实验数据误差分析。
（5）总结实验，撰写体会。

实验五 运算放大器和受控源

一、预习要求

(1) 预习运算放大器相关定义。
(2) 预习受控源的类型及其特性。

二、实验目的

(1) 掌握集成电路基本知识。
(2) 获得运算放大器有源器件的感性认识。
(3) 测试受控源特性,加深理解。

三、实验原理

1. 运算放大器

运算放大器是一种有源三端元件,图 1.5-1 为运放的电路符号。

它有两个输入端、一个输出端和一个对输入和输出信号的参考地线端。"+"端称为同相输入端,信号从同相输入端输入时,输出信号与输入信号对参考地线端来说极性相同。"−"端称为反相输入端,信号从反相输入端输入时,输出信号与输入信号对参考地线端来说极性相反。运算放大器的输出电压为

$$u_\circ = A(u_b - u_a)$$

其中 A 是运算放大器的开环电压放大倍数。在理想情况下,A 和输入电阻 R_i 均为无穷大,因此有

$$u_b = u_a$$

$$i_b = \frac{u_b}{R_i} = 0, \quad i_a = \frac{u_a}{R_i} = 0$$

上述式子说明:

(1) 运算放大器的"+"端与"−"端之间等电位,通常称为"虚短路"。

(2) 运算放大器的输入端电流等于零,称为"虚断路"。

此外,理想运算放大器的输出电阻为零。这些重要性质是简化分析含运算放大器电路的依据。

除了两个输入端、一个输出端和一个参考地线端外,运算放大器还有相对地线端的电源正端和电源负端。运算放大器的工作特性是在接有正、负电源(工作电源)的情况下才具有的。

运算放大器的理想电路模型为一受控电源,如图 1.5-2 所示,在它的外部接入不同的电路元件可以实现信号的模拟运算或模拟变换。它的应用极其广泛。含有运算放大器的电路是一种有源网络,在电路实验中主要研究它的端口特性以了解其功能。本次实验将要研究由运算放大器组成的几种基本受控源电路。

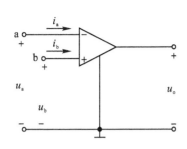

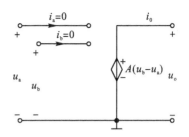

图 1.5-1 运放的电路符号   图 1.5-2 运算放大器理想电路模型

2. 运算放大器电路及其受控源模型

1）电压控制电压源

图 1.5-3 所示的电路是一个电压控制电压源（VCVS），由于运算放大器的"＋"和"－"端为虚短路，有

$$u_a = u_b = u_1$$

故

$$i_{R_2} = \frac{u_a}{R_2} = \frac{u_1}{R_2}$$

又因 $i_{R_1} = i_{R_2}$，所以

$$u_2 = i_{R_1} R_1 + i_{R_2} R_2 = i_{R_2}(R_1 + R_2)$$

$$= \frac{u_1}{R_2}(R_1 + R_2) = \left(1 + \frac{R_1}{R_2}\right)u_1$$

即运算放大器的输出电压 u_2 受输入电压 u_1 的控制，它的理想电路模型如图 1.5-4 所示。其电压比为

$$\mu = \frac{u_2}{u_1} = 1 + \frac{R_1}{R_2}$$

其中 μ 为无量纲量，称为转移电压比。该电路是一个同相比例放大器，其输入和输出端钮有公共接地点。这种连接方式称为共地连接。

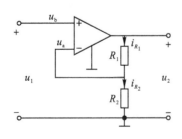

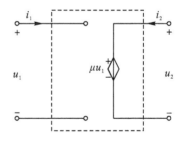

图 1.5-3 电压控制电压源   图 1.5-4 电压控制电压源理想电路模型

2）电压控制电流源

若将图 1.5-3 电路中的 R_1 看作一个负载电阻，则这个电路就成为一个电压控制电流源（VCCS），如图 1.5-5 所示，运算放大器的输出电流为

$$i_S = i_R = \frac{u_a}{R} = \frac{u_1}{R}$$

即 i_S 只受运算放大器输入电压 u_1 的控制，与负载电阻 R_L 无关。图 1.5-6 是它的理想电路

模型，比例系数为

$$g_m = \frac{i_S}{u_1} = \frac{1}{R}$$

其中 g_m 具有电导的量纲，称为转移电导。该电路中，输入、输出无公共接地点，这种连接方式称为浮地连接。

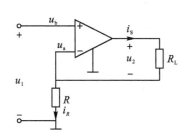

图 1.5-5 电压控制电流源

图 1.5-6 电压控制电流源理想电路模型

3）电流控制电压源

电流控制电压源（CCVS）电路如图 1.5-7 所示。由于运算放大器的"＋"端接地，即 $u_b = 0$，所以"－"端电压 u_a 也为零，在这种情况下，运算放大器的"－"端称为"虚地点"，显然流过电阻 R 的电流 i_R 即为网络输入端口电流 i_1，运算放大器的输出电压 $u_2 = -i_1 R$，它受电流 i_1 所控制。图 1.5-8 是它的理想电路模型，即电流控制电压源，其比例系数为

$$r_m = \frac{u_2}{i_1} = -R$$

其中 r_m 具有电阻的量纲，称为转移电阻。这种连接方式称为共地连接。

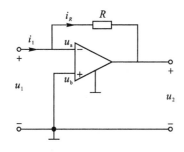

图 1.5-7 电流控制电压源

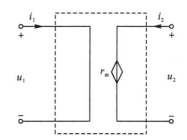

图 1.5-8 电流控制电压源理想电路模型

4）电流控制电流源

运算放大器还可构成一个电流控制电流源（CCCS），如图 1.5-9 所示，由于

$$u_C = -i_{R_1} R_1 = -i_1 R_1$$

$$i_{R_2} = -\frac{u_C}{R_2} = i_1 \frac{R_1}{R_2}$$

$$i_S = i_{R_1} + i_{R_2} = i_1 + i_1 \frac{R_1}{R_2} = \left(1 + \frac{R_1}{R_2}\right) i_1$$

即输出电流 i_S 受输入电流 i_1 的控制，与负载电阻 R_L 无关。它的理想电路模型如图 1.5-10 所示。其电流比为

$$\alpha = \frac{i_S}{i_1} = 1 + \frac{R_1}{R_2}$$

其中 α 为无量纲量,称为电流放大系数。这个电路实际上起着电流放大的作用,连接方式为浮地连接。

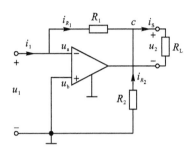 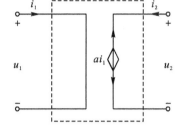

图 1.5-9 电流控制电流源   图 1.5-10 电流控制电流源理想电路模型

在本次实验中,受控源全部采用直流电源激励(输入),对于交流电源激励和其他电源激励,实验结果完全相同。由于运算放大器的输出电流较小,因此测量电压时必须用高内阻电压表,如用万用表等。

四、实验内容

1. 测量电压控制电压源和电压控制电流源特性

实验线路及参数如图 1.5-11 所示。

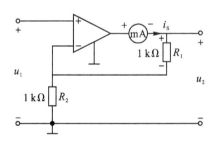

图 1.5-11 实验测试图

电路接好后,先不给激励电源 u_1,将运算放大器"+"端对地短路,接通实验箱电源工作正常时,应有 $u_2 = 0$ 和 $i_S = 0$。接入激励电源 u_1,取 u_1 分别为 0.5 V、1 V、1.5 V、2 V、2.5 V(操作时每次都要注意测定一下),测量 u_2 及 i_S 值并逐一记入表 1.5-1 中。

表 1.5-1

给定值		u_1/V	0	0.5	1	1.5	2	2.5
VCVS	测量值	u_2/V						
	计算值	μ	/					
VCCS	测量值	i_S/mA						
	计算值	g_m/s	/					

保持 u_1 为 1.5 V,改变 R_1(即 R_L)的阻值,分别测量 u_2 及 i_s 值并逐一计入表 1.5-2 中。

表 1.5-2

给定值		R_1/kΩ	1	2	3	4	5
VCVS	测量值	u_2/V					
	计算值	μ					
VCCS	测量值	i_S/mA					
	计算值	g_m/s					

核算表 1.5-1 和表 1.5-2 中的各 μ 和 g_m 值,分析受控源特性。

2. 测试电流控制电压源特性

实验电路如图 1.5-12 所示,输入电流由电压源 U_s 与串联电阻 R_i 所提供。

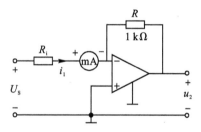

图 1.5-12 实验测试图

给定 R 为 1 kΩ,U_s 为 1.5 V,改变 R_i 的阻值,分别测量 i_1 和 u_2 的值,并逐一记录于表 1.5-3 中,注意 u_2 的实际方向。

表 1.5-3

给定值	R_i/kΩ	1	2	3	4	5
测量值	i_1/mA					
	u_2/V					
计算值	r_m/Ω					

保持 U_s 为 1.5 V,给定改变 R_i 为 1 kΩ,改变 R 的阻值分别测量 i_1 和 u_2 的值,并逐一记录于表 1.5-4 中。

表 1.5-4

给定值	R/kΩ	1	2	3	4	5
测量值	i_1/mA					
	u_2/V					
计算值	r_m/Ω					

核算表 1.5-3 和表 1.5-4 中的各 r_m 值,分析受控源特性。

3. 测试电流控制电流源特性

实验电路及参数如图 1.5 - 13 所示。

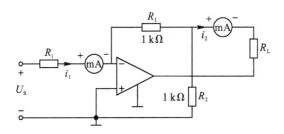

图 1.5 - 13　实验测试图

给定 U_s 为 1.5 V，R_i 为 3 kΩ，R_1 和 R_2 为 1 kΩ，负载电阻 R_L 分别取 0.5 kΩ、2 kΩ、3 kΩ，逐一测量并记录 i_1 及 i_2 的数值。

保持 U_s 为 1.5 V，R_L 为 1 kΩ，R_1 和 R_2 为 1 kΩ，分别取 R_i 为 3 kΩ、2.5 kΩ、2 kΩ、1.5 kΩ、1 kΩ，逐一测量并记录 i_1 及 i_2 的数值。

保持 U_s 为 1.5 V，R_L 为 1 kΩ，R_i 为 3 kΩ，分别取 R_1（或 R_2）为 1 kΩ、2 kΩ、3 kΩ、4 kΩ、5 kΩ，逐一测量并记录 i_1 及 i_2 的数值。以上各实验记录表格仿前自拟。

核算各种电路参数下的 α 值，分析受控源特性。

五、实验仪器与设备

（1）电工实验箱。
（2）指针式万用表。
（3）数字万用表。

六、实验报告要求

（1）实验目的。
（2）原理简述。
（3）实验内容：含实验步骤、实验电路、表格、数据等。
（4）实验数据误差分析。
（5）总结实验，撰写体会。

实验六　常用电子仪器使用

一、预习要求

预习时思考下列问题：

（1）示波器通电后，指示灯亮，但显示屏上没有光点、扫描基线，这时应调节哪些开关和旋钮?

(2) 如果示波器 CH$_1$ 接入一个正弦波,可是显示屏上只有一条垂直线,为什么?应调节哪些旋钮,才能观察到正弦波?

(3) 示波器显示屏上波形向左或向右移动,应调节哪些旋钮或开关才能使其稳定?

二、实验目的

(1) 了解示波器的工作原理。

(2) 初步掌握示波器的正确使用方法。练习正确使用示波器、信号源及交流毫伏表。

三、实验原理

图 1.6-1 所示为示波器的基本结构图。其中示波管是示波器的重要组成部分,它主要由电子枪、偏转系统、荧光屏三大部分组成。这三部分都密封在一个真空的玻璃壳内,其作用是把电信号转变成光信号的图形。

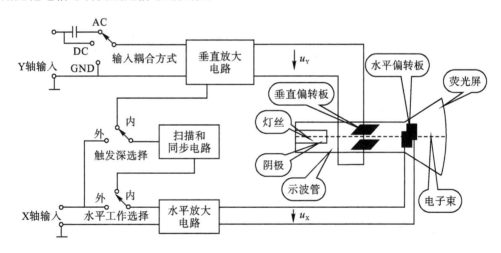

图 1.6-1 示波器的基本结构图

1. 示波管的工作原理

(1) 电子枪由灯丝、阴极、控制栅极等组成,其作用是发射电子束和聚焦。当调节阴极与栅极间的电压时,可控制发射电子的多少,从而调节荧光屏上光点的大小和亮度。示波器面板上辉度调节和聚焦调节旋钮即作用在此(见图 1.6-2)。

(2) 偏转系统由垂直(Y 轴)和水平(X 轴)偏转板组成,其作用是将被测信号变成电子束的运动轨迹。当偏转板存在电位差,则偏转板间就形成了电场,电子就朝着电位比较高的偏转板偏转,于是垂直电场与水平电场分别控制电子束的垂直方向和水平方向的运动。

(3) 荧光屏是用荧光粉涂在玻璃屏内壁形成的。当电子束打在荧光屏上的某一点时,那一点就显现出荧光。使用示波器时不要让光点长时间地停留在一点上,否则就会烧坏该点的荧光物质。

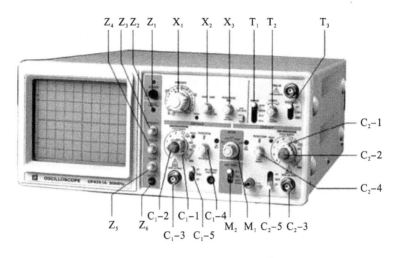

图 1.6-2 某型号示波器面板旋钮

2. 示波器的主要控制系统

1）垂直放大电路（Y 轴）

由于示波管垂直方向的偏转灵敏度很低，所以一般的被测信号电压都要先经过垂直放大电路的放大，再加到示波管的垂直偏转板上，以得到垂直方向的适当大小的图形。

2）水平放大电路（X 轴）

由于示波管水平方向的偏转灵敏度很低，所以接入示波管水平偏转板的电压（锯齿波电压或其他电压）也要先经过水平放大后，再加到示波管的水平偏转板上，以得到水平方向的适当大小的图形。

3）扫描和同步电路

这个电路产生一个锯齿波电压，该锯齿波的频率能在一定范围内连续可调。锯齿波电压的作用是使示波管阴极发射出的电子束在荧光屏上形成周期的与时间成正比的水平位移，即形成时间基线。这样才能把加在垂直方向的被测信号按时间的变化波形展现在荧光屏上。

示波器的工作原理可参见示波器的基本结构图 1.6-1 来描述。被测信号电压加到示波器的 Y 轴输入端，经垂直放大电路加于示波管的垂直偏转板。示波器的水平偏转电压虽然多数情况下采用机器内提供的锯齿波电压，但有时也采用其他的外加电压（用于测量频率、相位差等），因此在水平放大电路输入端有一个水平信号选择开关。例如，在 Y 轴输入一个被测的正弦信号，经过放大为 u_Y 提供给垂直偏转板，控制电子束作向上移动；当水平工作选择、触发源方式选择为"INT"（内部），则 u_X 为锯齿波电压，提供给水平偏转板，使光点进行水平方向的扫描，在屏幕上即显示出被测信号的波形曲线（屏幕上应显示正弦波）。为了使荧光屏上显示的波形保持稳定，要求锯齿电压的频率和被测信号的频率保持同步，即整数倍的关系。示波器是取用被测信号部分电压或电源部分电压，来调整锯齿波的周期，强迫扫描电压与被测信号同步的。示波器面板有关触发的旋钮和按键即是用来调整同步的。为了适应各种要求，同步信号可以同步选择开关来选择，电子技术实验中最常用的水平工作选择和触发源选择用"INT"（内部），触发方式用"AUTO"（自动触发）；触发耦合用"AC"（交流耦合）或"DC"（直流耦合）。

3. 面板旋钮的主要作用

（1）左半部分为显示屏，包括 $Z_1 \sim Z_5$ 控制旋钮、校准波形端口。

（2）右上部为 X 轴系统和触发控制开关、旋钮。

① X_1：扫描速率（TIME/DIV），从 $0.2~\mu s \sim 0.2~s$/DIV，共 19 挡。

② X_2：扫描微调（SWP VAR），右旋到底，能听到"咔嗒"声，此时 X_1 所处的位置为"校对"位，即 X_1 所对应的刻度值为显示屏上的单位格（lDIV 即 1 cm）代表的时间数。左旋可连续微调扫描参数；到底时，将显示波形在 X 轴方向扩大至 2.5 倍。

③ X_3：位移扩展（POSTTION/PULL×10MAG），可使显示的波形做水平移动，拉出时，将波形扩展至 10 倍，一般看高频信号时使用（即扫描参数乘以 10）。

④ T_1：触发方式选择（IRIG MODE）开关（见图 1.6-2）。触发方式选择开关分为以下四挡。

a. AUTO：自动。

b. NORM：常态，当信号频率较低（25 Hz 以下）时使用。

c. TV-V：电视场信号，可观察电视信号中全场信号波形。

d. TV-H：电视行信号，可观察电视行信号波形。

⑤ T_2：触发电平控制（LEVEL），可确定波形扫描的起始点，调节它可以使显示波形稳定。

⑥ T_3：触发源选择开关（SOURCE）。触发源选择开关分为以下三挡。

a. INT：内部，取加在 CH_1 或 CH_2 的信号作为触发源。

b. LINE：电源，取市电（220 V/50 Hz）中的 50 Hz 信号作为触发源。

c. EXT：外部，取加在外触发信号输入端 T_4 的外触发信号作为触发源。

在一般的使用情况下，T_1 打在 AUTO 挡，T_3 打在 INT 挡。

（3）下部为 Y 轴偏转系统以及电子开关的控制旋钮（MODE）。

① M_1：工作方式选择开关，此开关用于选择垂直偏转系统的工作方式，共分为四挡。

a. CH_1、CH_2 只显示加到通道的信号，即单通道工作方式。

b. ALT：交替工作方式，即加到 CH_1、CH_2 通道的信号能够交替显示在屏上，通常用于信号频率较高的情况，也是双通道使用时最常用的一挡。

c. CHOP：断续工作方式，当信号频率较低时，使用该挡也能同时显示两通道信号，此时电子开关的动作频率在 250 kHz 左右。

d. ADD：相加工作方式，即将两通道的信号进行代数和显示在显示屏上。

② M_2（INT TRIG）：内触发选择开关。当 T_3 置于 INT（内部）工作状态时，此开关起作用，分为以下三挡。

a. CH_1：取加在 CH_1 通道的信号为触发信号。

b. CH_2：取加在 CH_2 通道的信号为触发信号。

c. VERT MODE：组合方式，用于同时观察两路的信号波形，同步触发信号交替取自 CH_1、CH_2 通道的信号。

当电子开关旋钮 M_1 置于 ALT、CHOP 及 ADD 三挡的其中一挡时，T_3 必须置于此位置，信号波形才有可能稳定显示。

（4）Y轴偏转系统是在电子开关 M_1 的左右两侧对称分布。

① C_1-1、C_2-1：垂直幅度开关（VOLTS/DIV），范围为 5 mV～5 V，分为十挡（见图 1.6-2），单位：伏/大格。

② C_1-2、C_2-2：微调/扩展控制开关旋钮（VAR PULL×5GAIN）。此旋钮右旋到底时，可听到"咔嗒"声，该位置为校准位，即大旋钮所对应的值与显示屏垂直方向的格（DIV 1 cm）对应。左旋可小范围地连续改变垂直偏转灵敏度，旋到底其变化范围缩小至原来的1/2.5。

此旋钮用于比较波形或同时观察两个通道方波的上升时间时，应打在"校准"位。

此旋钮拉出时，波形在垂直方向上扩展至5倍，此时灵敏度达 1 mV/DIV。

③ C_1-3、C_2-3：被测信号的输入口。

④ C_1-4、C_2-4：垂直方向上下位移旋钮。其中 C_2-4 有特殊功能：拉出时，CH_2 所显示的信号波形被倒相显示。当仪器工作在 ADD 方式时，拉出此旋钮，可对两信号进行代数减法计算。

⑤ C_1-5、C_2-5：输入耦合方式开关，分为以下三挡。

a. AC：耦合信号的交流分量，隔离输入信号的直流分量。使在显示屏上的信号波形位置不受直流电平的影响。

b. GND：垂直放大器输入端接地，此时外界输入端的信号被隔断。显示屏上出现的扫描基线代表此时"零"电平位置。

c. DC：输入的信号直接加到了垂直放大器的输入端，包括其中的直流分量。

（5）示波器探头：示波器探头是带有10倍衰减开关的弹簧式钩子。当信号幅度较大时，要打到10∶1挡，以便在显示屏上可以看到完整的波形。一般在信号幅度 $V_{ip-p}<40$ V 时使用1∶1挡。

4. 调节与使用

接通电源时，各开关、各旋钮所在位置应为

（1）T_1：AUTO；

（2）T_3：INT；

（3）M_1：CH_1；

（4）M2：CH_1；

（5）X_1：置适当的挡位；

（6）示波器探头：置1∶1挡。

经过上述的步骤，显示屏上应有一条水平亮线，称为扫描基线。若无此线，将 C_1-5 置在"GND"，即可出现。若仍无此线，也可调 C_1-4 或 C_2-4。

接入被测信号，C_1-5 拨至 AC 挡，观察波形是否在显示屏中部，可调 X_2 和 C_1-4，移动波形到中间。若波形滚动，可调 T_2（LEVEL）使之稳定。

5. 使用示波器测量电参数

1）直流电压的测量

（1）置 C_1-5 为"GND"格，此时扫描基线所在位置为零电平（可调 C_1-4，移动到适当位置）。

（2）置 C_1-1 开关于适当挡位，C_1-2 顺时针旋到校准位，并将 C_1-5 开关置 DC 挡，使用示波器探头黑夹子与被测电路接地点（参考点）相连，探头接触被测点。此时扫描基线移动的格数乘以 C_1-1 所指刻度值，即为该点直流电压数。

2）交流电压的测量

置 C_1-5 于"AC"挡，C_1-2 顺时针至校准位，信号波形的波峰到波谷的格数乘以 C_1-2 所对应的刻度值即为信号的峰—峰值，记为 U_{p-p}。

3）频率和周期的测量

置 C_1-5 为"AC"挡，X_2 顺时针旋到校准位，调整 X_1 使波形展开，观察显示屏信号波形的一个周期在水平方向上所占的格数乘以 X_1 所对应的刻度值，即为该信号周期，其倒数即为频率。

其他关于时间差的测量，上升和下降时间的测量，请参阅相关仪器使用说明书。

四、信号源及交流毫伏表

1. YB1638 信号源

YB1638 信号源能输出三种波形，同时还可以外测频率（即为频率计）。

1）主要技术指标

频率范围：0.3 Hz～3 MHz，分为 7 挡连续可调。

输出电压：负载开路$\geqslant 20 U_{p-p}$；50 Ω 负载$\geqslant 10 U_{p-p}$。

频率计数：0.1 Hz～10 MHz。

2）面板说明

面板说明见图 1.6-3，具体如下：

① 电源开关；

② 数字显示屏；

③ 频率调整钮：FREQUENCY；

④ 对称性（SYMMETRY）：可改变波形的对称性；

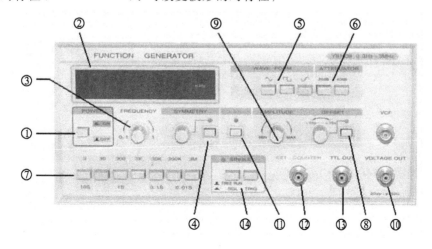

图 1.6-3 信号源面板说明

⑤ 波形选择键：三角波、正弦波、方波；

⑥ 衰减开关（3 挡）：20 dB、40 dB、60 dB；

⑦ 频段选择开关（兼频率计时阀门开关）；

⑧ 直流偏置（OFFSET）：可改变直流电平；

⑨ 输出幅度调整钮：AMPLITUDE；

⑩ 信号输出端口：VOLTAGE OUT；

⑪ 计数开关，按下红灯亮，显示输入的信号频率；

⑫ 外测信号输入端口：EXT COUNTER；

⑬ TTL OUT：可输出 TTL 信号；

⑭ 单次开关（SINGLE）：可输出单次波形。

3）仪器的使用

（1）通电，按下波形选择，按下频率选择，检查面板上有四个功能键，红灯处于"灭"的状态，此时 OUT 端口所有信号输出。

（2）按下频段选择开关"⑦"，调整频率调整钮"③"，选择需要的频率，使用示波器观察波形。

（3）调整输出幅度调整钮"⑨"，结合波形选择键"⑤"，利用交流毫伏表选择所需要的波形幅度。

（4）输出端口⑩使用 BNC 式插口，特性阻抗为 75 Ω 的双夹子输出电缆线将信号输出。注意黑夹子与仪器外壳相连，且与电源的地线相连通。信号是通过红夹子输出的。

2. YB2172 交流毫伏表

交流毫伏表就是一只交流电压表（见图 1.6 - 4），测量精度高，能测到毫伏数量级，故此定义。它指示的值是正弦交流电压的有效值。

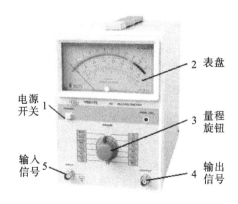

图 1.6 - 4　交流毫伏表

1）主要技术指标

（1）频率范围：5 Hz～2 MHz。

（2）电压测量范围：100 μV～300 V，分 12 挡。

误差：≤±3%（20 Hz～200 Hz）；≤±10%（其他区间）。

输入阻抗：10 MΩ。

2）使用

（1）刻度盘有两条刻度线，当使用以"1"为首的挡时看上部"1·0"组刻度线，以"3"为首的挡时看下部"3·0"组刻线。

（2）读数时要垂直表盘，观察反射镜中表针与像重合处指示的位置。

（3）挡位表示指针满刻度值。

（4）测量时，电缆线要接在 INPUT 插口，红夹子接在测试点，黑夹子接在电路的参考点（即接地点）。与示波器、信号源一样，仪器外壳与电缆线黑夹子，以及电源线的地线都是连通的。

（5）使用中主要注意旋钮是否处于准确挡位。

（6）测量时，要从大挡向小挡逐步旋转，当表针稳定后再读数。尤其在被测量显示不清楚时，更要在表针稳定后再读数。表针超出刻度盘时要马上换大挡，防止表头被烧毁。

五、实验内容

1. 信号发生器和电压毫伏表使用练习

将信号发生器打到零 dB 挡，并保持毫伏表指示为 5 V，改变信号源输出信号的频率，用万用表、毫伏表测量相应的电压值，记入表 1.6-1，并比较数据。

表 1.6-1

信号源频率/Hz	50	100	1 k	10 k	50 k	100 k	150 k	200 k
万用表交流挡/10 V								
交流毫伏表								

2. 示波器使用练习

按图 1.6-5 电路连线，将信号发生器输出产生 100 Hz、1500 Hz、2500 Hz 三种不同频率和幅度的正弦信号，要求调节示波器在荧光屏上观察到 1～3 个完整的波形。务必使图清晰和稳定，并测出表 1.6-2 规定的内容。

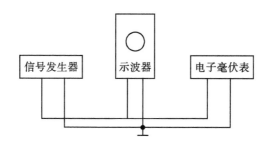

图 1.6-5　实验连接示意图

（1）用双踪示波器测量信号周期和频率（给定条件同上）。

（2）用双踪示波器测量相位差。

将信号发生器的频率和电压各调到 1 kHz、5 V 的正弦信号，按图 1.6-6 连接，测出两个信号的相位差。

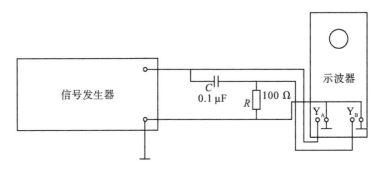

图 1.6 - 6　实验连接示意图

表 1.6 - 2

	f/Hz	100	1500	2500
信号发生器	U（有效值）/V	3	1	0.3
示波器	扫描速率选择开关所在位置/(T/div)			
	灵敏度选择开关所在位置/(V/div)			
	周期内长度/div			
	峰—峰波形高度/div			
	峰—峰电压 $U_{\text{p-p}}$/V			
	电压有效值/V			
	周期 T/s			
	频率 f/Hz			

　　（3）用示波器测量非线性电阻元件的伏安特性曲线。按实验原理图 1.6 - 7 连线，观察和描绘线性电阻元件的伏安特性曲线。

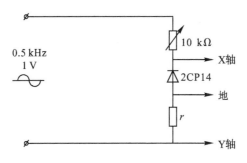

图 1.6 - 7　实验连接示意图

　　用示波器测量波形的幅度、频率时将示波器扫描速率和灵敏度开关都放在"标准"位置。

　　① 使用示波器观察"校准电压"波形，熟悉示波器各旋钮、开关的功能。

　　② 使用示波器观察信号输出的波形，熟悉信号源各开关、旋钮的作用。

　　③ 使用示波器、信号源、毫伏表调出频率 $f=1$ kHz，$U=5$ mV 的正弦波。

六、实验仪器与设备

(1) 电工实验箱。
(2) 数字万用表。
(3) 示波器、交流毫伏表、信号发生器、直流稳压电源。

七、实验报告要求

(1) 实验目的。
(2) 原理简述。
(3) 实验内容：含实验步骤、实验电路、表格、数据等。
(4) 实验数据误差分析。
(5) 总结实验，撰写体会。

八、注意事项

(1) 使用时不要将辉度调得太亮，也不要将光点长久停留在一点上。
(2) 若暂时不用，可不关电源，把辉度调暗一些即可。
(3) 调整旋钮开关，向细化调整。

实验七　一阶动态电路

一、预习要求

(1) 预习一阶电路组成环节。
(2) 预习一阶电路工作原理及过程。

二、实验目的

(1) 加深对 RC 积分电路和微分电路过渡过程的理解。
(2) 理解时间常数 τ 对电路的影响。

三、实验原理

1. 用示波器研究微分电路和积分电路

1) 积分电路

积分电路的结构如图 1.7-1 所示。电路中

$$u_{\circ} = \frac{1}{C}\int i\mathrm{d}t = \frac{1}{C}\int \frac{u_R}{R}\mathrm{d}t = \frac{1}{RC}\int u_R\mathrm{d}t \qquad (1.7.1)$$

即输出电压 u_o 与电阻电压 u_R 对时间的积分成正比。

当电路的时间常数 $\tau = RC$ 很大，$u_R \gg u_o$ 时，输入电压 u_i 与电阻电压 u_R 近似相等，

$$u_i \approx u_R \tag{1.7.2}$$

将(式1.7.2)代入(式1.7.1)时

$$u_o \approx \frac{1}{RC}\int u_i \mathrm{d}t \tag{1.7.3}$$

即当 τ 很大时，输出电压 u_o 近似与输入电压 u_i 对时间的积分成正比，所以称图1.7-1电路为积分电路。

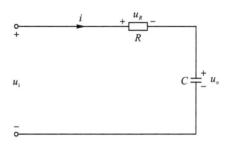

图 1.7-1　积分电路图

2）微分电路

微分电路在脉冲技术中有广泛的应用。在图1.7-2电路中

$$u_o = Ri = RC\frac{\mathrm{d}u_C}{\mathrm{d}t} \tag{1.7.4}$$

即输出电压 u_o 与电容电压 u_C 对时间的导数成正比。当电路的时间常数 $\tau = RC$ 很小，$u_C \gg u_o$ 时，输入电压 u_i 与电容电压 u_C 近似相等

$$u_i \approx u_C \tag{1.7.5}$$

将(式1.7.5)代入(式1.7.4)得

$$u_o \approx RC\frac{\mathrm{d}u_i}{\mathrm{d}t} \tag{1.7.6}$$

即当 τ 很小时，输出电压 u_o 近似与输入电压 u_i 对时间的导数成正比，所以称图1.7-2电路为微分电路。

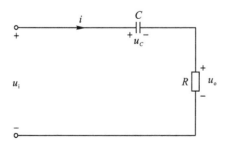

图 1.7-2　微分电路图

2. 如何用示波器观察电路过渡过程

电路中的过渡过程，一般经过一段时间后，便达到稳定。由于这一过程不是重复的，

所以无法用普通的阴极示波器来观察(因为普通示波器只能显示重复出现的,即周期性的波形)。为了能利用普通示波器研究一个电路接到直流电压时的过渡过程,可以采用下面的方法。

在电路上加一个周期性的"矩形波"电压,如图1.7-3所示。它对电路的作用可以这样来理解:在 t_1、t_3 等时刻,输入电压由零跳变为 U_o,这相当于使电路突然在与一个直流电压 U_o 接通;在 t_2、t_4 等时刻,输入电压又由 U_o 跳变为零,这相当于使电路输入端突然短路。由于不断地使电路接通与短路,电路中便出现重复性的过渡过程,这样就可以用普通示波器来观察了。如果要求在矩形波作用的半个周期内,电路的过渡过程趋于稳态,则矩形波的周期应足够大。

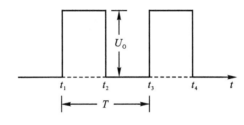

图1.7-3 矩形波

四、实验内容

(1)按图1.7-4接线,用示波器观察作为电源的矩形波电压,周期 $T=1$ ms。

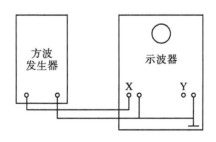

图1.7-4 实验电路示意图

(2)图1.7-5电路中设 u_i 为矩形波电压,其幅度为 $U=3$ V、频率为 $f=1$ kHz、$C=20\ \mu$F。试分别画出 $R=100$ kΩ、$R=10$ kΩ、$R=1$ kΩ 时 u_o 的波形,并记录在表1.7-1内。

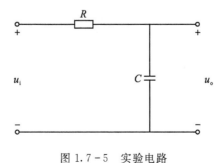

图1.7-5 实验电路

表 1.7-1

	$R=100$ kΩ	$R=10$ kΩ	$R=1$ kΩ
u_o 波形			

（3）图 1.7-6 电路中，设 u_i 为一矩形波电压，其幅度为 $U=6$ V，频率为 $f=1$ kHz，$C=0.033$ μF，试分别画出 $R=100$ kΩ、$R=10$ kΩ、$R=1$ kΩ 时 u_o 的波形，并记录在表 1.7-2 内。

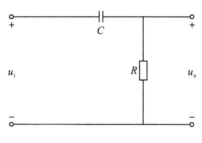

图 1.7-6　实验电路

表 1.7-2

	$R=100$ kΩ	$R=10$ kΩ	$R=1$ kΩ
u_o 波形			

（4）按图 1.7-7 接线。矩形波幅度为 $U=8$ V，频率为 $f=1$ kHz，R 为 10 kΩ，分别观察和记录 $C=0.5$ μF、$C=0.1$ μF、$C=0.01$ μF 三种情况下荧光屏上显示的波形，并记录在表 1.7-3 内。

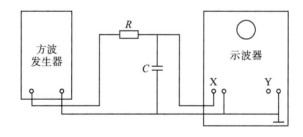

图 1.7-7　实验电路示意图

表 1.7-3

	$C=0.5$ μF	$C=0.1$ μF	$C=0.01$ μF
示波器波形			

（5）按图 1.7-8 接线，方波幅度为 $U=8$ V，频率为 $f=1$ kHz，R 为 10 kΩ，分别观察和记录 $C=0.01$ μF、$C=0.1$ μF、$C=1$ μF 三种情况下荧光屏上显示的波形，并记录在表 1.7-4 内。

表 1.7-4

	$C=0.01$ μF	$C=0.1$ μF	$C=1$ μF
示波器波形			

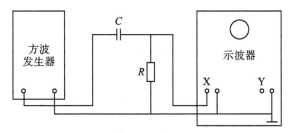

图 1.7-8 实验电路示意图

五、实验仪器与设备

（1）电工实验箱。

（2）数字万用表。

（3）信号发生器、示波器、交流毫伏表。

六、实验报告要求

（1）实验目的。

（2）原理简述。

（3）实验内容：含实验步骤、实验电路、表格、数据等。

（4）总结实验，撰写体会。

实验八 R、L、C元件性能测试

一、预习要求

（1）预习在交流电路中，R、L、C元件的伏安关系式。

（2）预习在交流电路中，R、L、C元件的相量图。

二、实验目的

（1）用伏安法测定电阻、电感、电容元件的交流阻抗及其参数 R、L、C 之值。

（2）研究 R、L、C 元件阻抗随频率变化的关系。

（3）熟练使用交流仪器。

三、实验原理

电阻、电感、电容元件都是指理想的线性二端元件。

1. 电阻元件

电阻元件伏安关系测量示意图如图 1.8-1 所示，在任何时刻电阻两端的电压与通过它的电流都服从欧姆定律，即

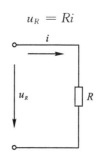

图 1.8 - 1　电阻元件伏安关系测量示意图

式中，$R = u_R/i$ 是一个常数，称为线性非时变电阻，其大小与 u_R、i 的大小及方向无关，具有双向性。它的伏安特性曲线是一条通过原点的直线。在正弦稳态电路中，电阻元件的伏安关系可表示为

$$U_R = RI$$

式中，U_R、I 分别为电压有效值、电流有效值，$R = U_R/I$ 为常数，与频率无关，只要测量出电阻端电压和其中的电流便可计算出电阻的阻值。电阻元件的一个重要特征是电流与电压同相。

2. 电感元件

电感元件伏安关系测量方法如图 1.8 - 2 所示。

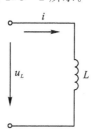

图 1.8 - 2　电感元件伏安关系测量示意图

电感元件是实际电感器的理想化模型，它只具有储存磁场能量的功能，它是磁链与电流相约束的二端元件，即

$$\psi_L(t) = Li$$

式中，L 表示电感，对于线性非时变电感，L 是一个常数。电感电压在图示关联参考方向下为

$$u_L = L \frac{\mathrm{d}i}{\mathrm{d}t}$$

在正弦稳态电路中，

$$U_L = X_L I$$

式中，$X_L = \omega L = 2\pi f L$，称为感抗，其值可由电感电压、电流有效值之比求得，即 $X_L = \dfrac{U_L}{I}$。当 $L =$ 常数时，X_L 与频率 f 成正比，f 越大，X_L 越大，f 越小，X_L 越小，电感元件具有低通高阻的性质。若 f 为已知，则电感元件的电感为

$$L = \frac{X_L}{2\pi f}$$

理想电感元件的特征是电流滞后于电压 $\dfrac{\pi}{2}$。

3. 电容元件

电容元件伏安关系测量方法如图 1.8-3 所示。

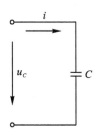

图 1.8-3　电容元件伏安关系测量示意图

电容元件是实际电容器的理想化模型，它只具有储存电场能量的功能，它是电荷与电压相约束的元件，即

$$q(t) = Cu_C$$

式中，C 表示电容，对于线性非时变电容，C 是一个常数。电容电流在关联参考方向下为

$$i = C \frac{\mathrm{d}u_C}{\mathrm{d}t}$$

在正弦稳态电路中

$$U_C = X_C I$$

式中，$X_C = \dfrac{1}{\omega C} = \dfrac{1}{2\pi f C}$ 称为容抗。其值为 $X_C = U_C/I$，可由实验测出。当 $C =$ 常数时，X_C 与 f 成反比，f 越大，X_C 越小，$f = \infty$，$X_C = 0$。电容元件具有高通低阻和隔断直流电的作用。当 f 为已知时，电容元件的电容为

$$C = \frac{1}{2\pi f X_C}$$

电容元件的特点是电流的相位超前于电压 $\dfrac{\pi}{2}$。

四、实验内容

1. 测定电阻、电感和电容元件的交流阻抗及其参数

（1）按图 1.8-4 接线并确认无误后，将信号发生器的频率调节到 50 Hz，并保持不变，分别接通 R、L、C 元件的支路。改变信号发生器的电压（每一次都要用万用表进行测量），

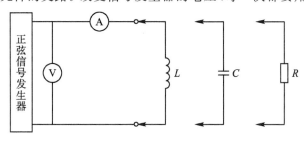

图 1.8-4　实验电路

使之分别等于表 1.8－1 中的数值，再用万用表测出相应的电流值，并将数据记录于表 1.8－1中(注意：电感 L 本身还有一个电阻值)。

表 1.8－1

	U /V	0	2	4	6	8	10
$R = 1\ \text{k}\Omega$	I_R /mA						
$L = 0.2\ \text{H}$	I_L /mA						
$C = 2\ \mu\text{F}$	I_C /mA						

(2) 以测得的电压为横坐标、电流为纵坐标，分别作出电阻、电感和电容元件的有效值的伏安特性曲线(均为直线)，如图 1.8－5 所示。在直线上任取一点 A，过 A 点作横轴的垂线，交于 B 点，则 OB 代表电压，AB 代表电流，则

$$R = \frac{U_R}{I_R} = \frac{OB}{AB}$$

同理，有

$$X_L = \frac{U_L}{I_L} = \frac{OB}{AB}$$

$$X_C = \frac{U_C}{I_C} = \frac{OB}{AB}$$

再按式 $L = \dfrac{X_L}{2\pi f}$ 和 $C = \dfrac{1}{2\pi f X_C}$ 计算出 L 和 C 的数值。

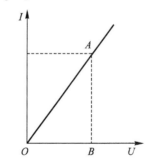

图 1.8－5 有效值的伏安特性曲线

2. 测定元件阻抗与频率的关系

按图 1.8－4 接线，经检查无误后，把信号发生器的输出电压有效值调至 5 V，分别测量在不同频率时，各元件上的电流值，将数据记入表 1.8－2 中。测量 L、C 元件上的电流值时，应在 L、C 元件支路中串联一个电阻 $R = 100\ \Omega$，然后用交流毫伏表测量电阻上的电压，通过欧姆定律计算出电阻上的电流值，即 L、C 元件上的电流值(注意：电感 L 本身还有一个电阻值)。

表 1.8－2

被测元件	$R = 1\ \text{k}\Omega$			$L = 0.2\ \text{H}$			$C = 2\ \mu\text{F}$		
信号源频率/Hz	50	100	200	50	100	200	50	100	200
电流/A									
阻抗/Ω									

五、实验仪器与设备

（1）电工实验箱。
（2）数字万用表。
（3）信号发生器、示波器、交流毫伏表。

六、实验报告要求

（1）实验目的。
（2）原理简述。
（3）实验内容：含实验步骤、实验电路、表格、数据等。
（4）总结实验，撰写体会。

实验九　RLC串联电路幅频特性与谐振现象

一、预习要求

（1）预习 RLC 串联电路的特性曲线。
（2）预习串联谐振的电路特点。

二、实验目的

（1）测定 RLC 串联谐振电路的频率特性曲线。
（2）观察串联谐振现象，了解电路参数对谐振特性的影响。

三、实验原理

1. RLC 串联电路谐振

RLC 串联电路，如图 1.9-1 所示，电路的阻抗是电源频率的函数，即

$$Z = R + \mathrm{j}\left(\omega L - \frac{1}{\omega C}\right) = |Z|\,\mathrm{e}^{\mathrm{j}\varphi}$$

当 $\omega L = \dfrac{1}{\omega C}$ 时，电路呈现电阻性，U_s 一定时，电流达最大，这种现象称为串联谐振，谐振时的频率称为谐振频率，也称电路的固有频率，即

$$\omega_0 = \frac{1}{\sqrt{LC}} \quad f_0 = \frac{1}{2\pi\sqrt{LC}}$$

上式表明谐振频率仅与元件参数 L、C 有关，而与电阻 R 无关。

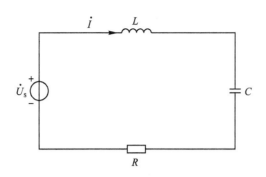

图 1.9 - 1　串联谐振电路图

2. 电路处于谐振状态时特征

（1）复阻抗 Z 达到最小，电路呈现电阻性，电流与输入电压同相。

（2）电感电压与电容电压数值相等，相位相反。此时电感电压（或电容电压）为电源电压的 Q 倍，Q 称为品质因数，即

$$Q = \frac{U_L}{U_s} = \frac{U_C}{U_s} = \frac{\omega_0 L}{R} = \frac{1}{\omega_0 CR} = \frac{1}{R}\sqrt{\frac{L}{C}}$$

在 L 和 C 为定值时，Q 值仅由回路电阻 R 的大小来决定。

（3）在激励电压有效值不变时，回路中的电流达最大值，即

$$I = I_0 = \frac{U_s}{R}$$

3. 串联谐振电路的频率特性

1）幅频特性

回路的电流与电源角频率的关系称为电流的幅频特性，表明其关系的图形称为串联谐振曲线。电流与角频率的关系为

$$I(\omega) = \frac{U_s}{\sqrt{R^2 + \left(\omega L - \dfrac{1}{\omega C}\right)^2}} = \frac{U_s}{R\sqrt{1 + Q^2\left(\dfrac{\omega}{\omega_0} - \dfrac{\omega_0}{\omega}\right)^2}} = \frac{I_0}{\sqrt{1 + Q^2\left(\dfrac{\omega}{\omega_0} - \dfrac{\omega_0}{\omega}\right)^2}}$$

当 L、C 一定时，改变回路的电阻 R 值，即可得到不同 Q 值下的电流的幅频特性曲线，如图 1.9 - 2 所示。显然 Q 值越大，曲线越尖锐。

有时为了方便，常以 $\dfrac{\omega}{\omega_0}$ 为横坐标，$\dfrac{I}{I_0}$ 为纵坐标画电流的幅频特性曲线（这称为通用幅频特性），如图 1.9 - 3 所示，画出了不同 Q 值下的通用幅频特性曲线。回路的品质因数 Q 越大，在一定的频率偏移下，$\dfrac{I}{I_0}$ 下降越厉害，电路的选择性就越好。

为了衡量谐振电路对不同频率的选择能力引进了通频带的概念，把通用幅频特性的幅值从峰值 1 下降到 0.707 时所对应的上、下频率之间的宽度称为通频带（以 BW 表示），即

$$BW = \frac{\omega_2}{\omega_0} - \frac{\omega_1}{\omega_0}$$

由图 1.9 - 3 看出 Q 值越大，通频带越窄，电路的选择性越好。

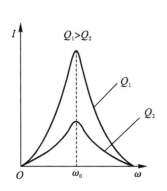

图 1.9-2 电流幅频特性曲线

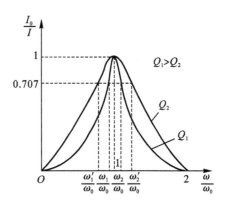

图 1.9-3 幅频特性曲线

2）相频特性

激励电压与响应电流的相位差 φ 角和激励电源角频率 ω 的关系称为相频特性，即

$$\varphi(\omega) = \arctan \frac{\omega L - \dfrac{1}{\omega C}}{R} = \arctan \frac{X}{R}$$

显然，当电源频率 ω 从 0 变到 ω_0，电抗 X 由 $-\infty$ 变到 0 时，φ 角从 $-\dfrac{\pi}{2}$ 变到 0，电路为容性。当 ω 从 ω_0 增大到 ∞ 时，电抗 X 由 0 增到 ∞，φ 角从 0 增到 $\dfrac{\pi}{2}$，电路为感性。相角 φ 与 $\dfrac{\omega}{\omega_0}$ 的关系称为通用相频特性，如图 1.9-4 所示。

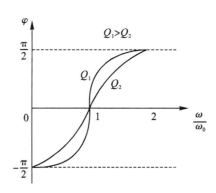

图 1.9-4 相频特性曲线

谐振电路的幅频特性和相频特性是衡量电路特性的重要标志。

四、实验内容

按图 1.9-5 连接线路，电源 $\dot{U}_{\mathrm{S}}$ 为低频信号发生器。将电源的输出电压接示波器的 Y_A 插座，输出电流从 R 两端取出，接到示波器的 Y_B 插座以观察信号波形，取 $L = 0.1\,\mathrm{H}$，$C = 0.5\,\mu\mathrm{F}$，$R = 10\,\Omega$，电源的输出电压 $U_{\mathrm{S}} = 3\,\mathrm{V}$。

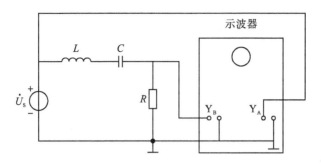

图 1.9 - 5　实验电路示意图

1. 计算和测试电路的谐振频率

(1) $f_0 = \dfrac{1}{2\pi\sqrt{LC}}$，用 L、C 之值代入式中计算出 f_0。

(2) 测试：用交流毫伏表接在 R 两端，观察 U_R 的大小，然后调整输入电源的频率，使电路达到串联谐振。当观察到 U_R 最大时电路即发生谐振，此时的频率即为 f_0。（最好用数字频率计测试一下）。

2. 测定电路的幅频特性

(1) 以 f_0 为中心，调整输入电源的频率从 100 Hz ~ 2000 Hz，在 f_0 附近，应多取些测试点。用交流毫伏表测试每个测试点的 U_R 值，然后计算出电流 I 的值，记入表格 1.9 - 1 中。

表 1.9 - 1

f/Hz				f_0					
U_R/mV									
I/mA									

(2) 保持 $U_s = 3$ V，$L = 0.1$ H，$C = 0.5$ μF，改变 R，使 $R = 100$ Ω，即改变了回路 Q 值，重复步骤(1)。

3. 测定电路的相频特性

仍保持 $U_s = 3$ V，$L = 0.1$ H，$C = 0.5$ μF，$R = 10$ Ω。以 f_0 为中心，调整输入电源的频率从 100 Hz ~ 2000 Hz。在 f_0 的两旁各选择几个测试点，从示波器上显示的电压、电流波形上测量出每个测试点电压与电流之间的相位差 $\varphi = \varphi_u - \varphi_i$，数据表格自拟。

五、实验仪器与设备

(1) 电工实验箱。

(2) 数字万用表。

(3) 信号发生器、示波器、交流毫伏表。

六、实验报告要求

(1) 实验目的。
(2) 原理简述。
(3) 实验内容：含实验步骤、实验电路、表格、数据等。
(4) 总结实验，撰写体会。

实验十 RC电路频率特性研究

一、预习要求

(1) 预习文氏电路的基本特点。
(2) 根据给定参数 $C=22$ nF 和 $R=10$ kΩ，计算文氏电路的 f_0 及此频率时的 $|H(j\omega)|$ 及 φ。

二、实验目的

(1) 研究 RC 电路的频率特性。
(2) 初步了解文氏电路的应用，组成正弦波振荡器。

三、实验原理

1. 文氏电路

在谐振实验里，研究了 RLC 电路的频率特性。本实验研究 RC 串并联选频电路（文氏电路）的频率特性。图 $1.10-1$ 为文氏电路。在输入端输入幅度恒定的正弦电压 $\dot{U}_i$，在输出端得到输出电压 $\dot{U}_o$，分别表示为

$$\dot{U}_i = U_i \angle \varphi, \qquad \dot{U}_o = U_o \angle \varphi_o$$

当正弦电压 $\dot{U}_i$ 的频率变化时，$\dot{U}_o$ 的变化可从两方面来看。在频率较低的情况下，即当 $\frac{1}{\omega C} \gg R$ 时，图 $1.10-1$ 电路可近似成如图 $1.10-2$ 左图所示的低频等效电路。ω 愈低，$\dot{U}_o$ 的幅度愈小，其相位愈超前于 $\dot{U}_i$。当 ω 趋近于 0 时，U_o 趋近于 0，$\varphi_o - \varphi_i$ 接近 $+90°$。而当频率较高时，即当 $\frac{1}{\omega C} \ll R$ 时，图 $1.10-1$ 电路可近似成如图 $1.10-2$ 右图所示的高频等效电路。ω 愈高，$\dot{U}_o$ 幅度也越小，其相位愈滞后于 $\dot{U}_i$。当 ω 趋近于 ∞ 时，U_o 趋近于 0，$\varphi_o - \varphi_i$ 接近 $-90°$。由此可见，当频率为某一中间值 f_0 时，$\dot{U}_o$ 不为零，且 $\dot{U}_o$ 与 $\dot{U}_i$ 同相。

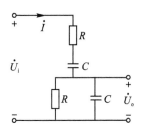 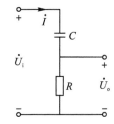 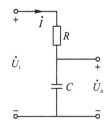

图 1.10-1　文氏电路　　图 1.10-2　文氏电路及在低频、高频下的近似等效电路

把输出电压和输入电压的比称为网络函数，记作 $H(\mathrm{j}\omega)=|H(\mathrm{j}\omega)|\angle\varphi(\mathrm{j}\omega)$。其中 $|H(\mathrm{j}\omega)|=U_{\mathrm{o}}/U_{\mathrm{i}}$，$\varphi=\varphi_{\mathrm{o}}-\varphi_{\mathrm{i}}$。$|H(\mathrm{j}\omega)|$ 和 $\varphi(\mathrm{j}\omega)$ 分别为电路的幅频特性和相频特性，它们的曲线如图 1.10-3。当频率 $f=f_{0}=\dfrac{1}{2\pi RC}$ 时，$|H(\mathrm{j}\omega)|$ 有最大值，$\varphi=0$，经过计算，$|H(\mathrm{j}\omega)|$ 的最大值为 1/3。因此，这种电路具有选择频率的特点，它被广泛地用于 RC 振荡器的选频网络。

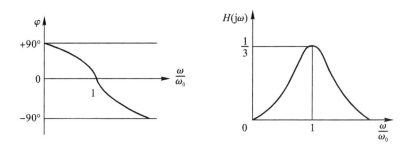

图 1.10-3　幅频特性和相频特性图

2. 文氏电路 f_{0} 的测定

前面提到，当文氏电路的电源频率 $f=f_{0}=\dfrac{1}{2\pi RC}$ 时，其输入电压和输出电压之间的相位差为零，即 $\varphi=0$，因此 f_{0} 的测定就转化为输入电压和输出电压相位差的测定。

用示波器观察李萨育图形的方法定 f_{0}。

如果在示波器的垂直和水平偏转板上分别加上频率、振幅和相位相同的正弦电压，则在示波器的荧光屏上将得到一条与 X 轴成 45°角的直线。

实验线路如图 1.10-4 所示，给定 U_{i} 为某一数值，改变电源频率，并逐渐改变 X、Y

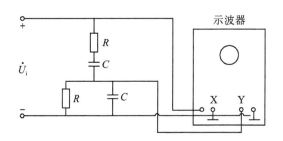

图 1.10-4　用示波器观察李萨育图形

轴增益，使荧光屏上出现一条直线，此时的电源频率即为 f_0。

3. 双 T 网络频率特性

如图 1.10-5 所示，双 T 网络的频率特性正好与 RC 串并联电路相反。在 $f_0 = \dfrac{1}{2\pi RC}$ 时，$\beta=0$，输出电压为零，因此可用来滤去频率为 f_0 的谐波。f_0 也称为该网络的"截止频率"。双 T 电路的幅频特性曲线如图 1.10-6 所示。

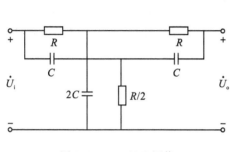

图 1.10-5　双 T 网络

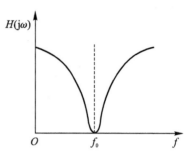

图 1.10-6　双 T 网络幅频特性曲线

RC 正弦波振荡器一般由选频网络、反馈网络和放大器组成。图 1.10-7 是由文氏电路和运算放大器构成的正弦波振荡器示意图。

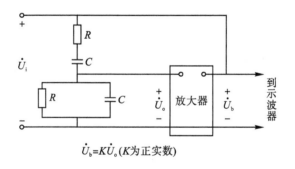

图 1.10-7　由文氏电路和运算放大器构成的正弦波振荡器

在电路满足相位平衡条件（反馈信号与输入信号同相）、幅度平衡条件 $|\dot{A}\dot{I}| \geqslant 1$（其中 $\dot{A}$ 为放大器的放大倍数，$\dot{I}$ 为反馈网络的反馈系数），而放大器的工作点又正常的情况下，即能产生正弦波振荡。

正弦波振荡器的起振是依靠电路中的选频网络，从电路元件中的噪声电压或电源接通瞬时的过渡过程中选出符合相位平衡条件的振荡频率，在满足起振条件 $|\dot{A}\dot{I}| \geqslant 1$ 的情况下，振荡幅度是由小到大而建立起来的。振荡建立起来以后，在 RC 串并联选频网络振荡电路中，用负反馈电路来实现稳幅。即 $|\dot{A}\dot{I}|$ 由大于 1 变成等于 1，使振荡稳定下来。通过理论计算，RC 串并联网络振荡电路中放大器的放大倍数 $|\dot{A} \geqslant 3|$。

四、实验内容

(1) 用示波器观察李萨育图形的方法测定文氏电路的 f_0。用频率计测 f_0，并用交流毫伏表测 f_0 时的 U_i、U_o。

(2) 测文氏电路的幅频特性 $|H(j\omega)|$ 及相频特性 $\varphi(j\omega)$。建议测 $10\sim15$ 个点，频率由 $0.1f_0$ 到 $10f_0$。

(3) 利用文氏桥组成图 1.10−7 所示的正弦波振荡器。放大器的放大倍数 K 可以稍加调节。调节放大倍数 K，使示波器上出现正弦波形。用频率计测量此正弦波的频率。用交流毫伏表测量放大器输入、输出电压。

(4) 测双 T 网络的幅频特性 $|H(j\omega)|$ 及相频特性 $\varphi(j\omega)$。建议测 $10\sim15$ 个点，频率由 $0.1f_0$ 到 $10f_0$。

五、实验仪器与设备

(1) 电工实验箱。

(2) 数字万用表。

(3) 信号发生器、示波器、交流毫伏表。

六、实验报告要求

(1) 实验目的。

(2) 原理简述。

(3) 实验内容：含实验步骤、实验电路、表格、数据等。

(4) 总结实验，撰写体会。

实验十一 交流电路中的互感

一、预习要求

(1) 预习互感线圈同名端、异名端概念。

(2) 预习互感 M 测量方法。

二、实验目的

(1) 用实验方法测定两个感应耦合线圈的同名端，互感系数和耦合系数。

(2) 研究两个感应耦合线圈正向串联和反向串联时互感的作用。

三、实验原理

1. 同名端

图 1.11-1(a)为两个有磁耦合的线圈,设电流 i_1 从 1 号线圈的 a 端流入,电流 i_2 从 2 号线圈的 c 端流入。由 i_1 产生而交链于 2 号线圈的互感磁通链为 Φ_{21},i_2 的自感磁链为 Φ_{22},当 Φ_{21} 与 Φ_{22} 方向一致时,互感系数(互感)M_{21} 为正,则称 1 号线圈的 a 端与 2 号线圈的 c 端为同名端。(显然 b、d 也是同名端);若 Φ_{21} 与 Φ_{22} 方向相反,如图 1.11-1(b)所示,则 a、c 端为异名端(即 a、d 或 b、c 为同名端),同名端常用符号"·"或"＊"表示。

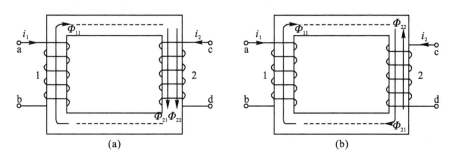

图 1.11-1 同名端判别示意图

同名端取决于两个线圈各自的实际绕向以及它们之间的相对位置。

在实际中,对于具有耦合关系的线圈,若其绕向和相互位置无法判别时,可以根据同名端的定义,用实验方法加以确定。下面介绍两种常用的判别方法。

1) 直流通断法

如图 1.11-2 所示,把线圈 1 接到直流电源,把一个指针式万用表(使用微安挡)接在线圈 2 的两端。在电路接通瞬间,线圈 2 的两端将产生一个互感电动势,电表的指针就会偏转。若指针正向摆动,则和直流电源正极相连的端钮 a 与万用表正极相连的端钮 c 为同名端;若指针反向摆动,则 a、c 为异名端。

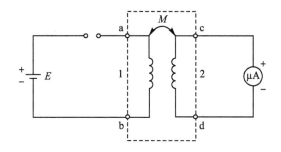

图 1.11-2 直流通断法

2) 等效电感法

设两个耦合线圈的自感分别为 L_1 和 L_2,它们之间的互感为 M。若将两个线圈的异名端相连,如图 1.11-3(a)所示,称为正向串联,其等效电感为

$$L_{正} = L_1 + L_2 + 2M$$

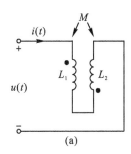 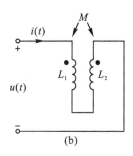

图 1.11 - 3 等效电感法

若将两个线圈的同名端相连如图 1.11 - 3(b)所示,则称为反向串联,其等效电感为

$$L_{反} = L_1 + L_2 - 2M$$

显然等效电抗 $\omega L_{正} > \omega L_{反}$。

利用这种关系,在两个线圈串联方式不同时,加上相同的正弦电压,则正向串联时电流小,反向串联时电流大。同样地,若流过相同的电流,则正向串联时端口电压高,反向串联时端口电压低。据此即可判断出两线圈的同名端。

2. 互感 M 的测量方法

互感 M 有以下几种测量方法。

1) 等效电感法

用数字电感表,分别测出两个耦合线圈正向串联和反向串联时的等效电感,则互感:

$$M = \frac{L_{正} - L_{反}}{4}$$

用这种方法测得的互感一般来说准确度不高,特别是当 $L_{正}$ 和 $L_{反}$ 的数值比较接近时,误差更大。

2) 互感电势法

在图 1.11 - 4(a)所示电路中,若电压表内阻无穷大,则有

$$U_2 \approx E_2 = \omega M_{21} I_1$$

所以互感

$$M_{21} \approx \frac{U_2}{\omega I_1}$$

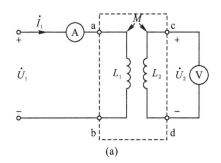 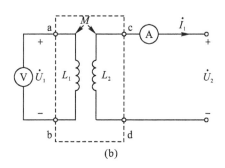

图 1.11 - 4 互感电势法

同理，在图 1.11-4(b)所示电路中有

$$M_{12} \approx \frac{U_1}{\omega I_2}$$

可以证明 $M_{12} = M_{21}$，统一用 M 表示。

互感 M 测得以后，耦合系数可由下式计算：

$$K \approx \frac{M}{\sqrt{L_1 L_2}}$$

四、实验内容

（1）用直流通断法测定耦合线圈的同名端，接线图如图 1.11-2 所示，直流电源电压 $E = 1.5$ V。

（2）用等效电感法测定耦合线圈的同名端，接线图如图 1.11-3 所示，用数字电感表分别测量出两个耦合线圈正向串联和反向串联时的等效电感 $L_正$ 和 $L_反$，即可判断出两线圈的同名端。

（3）用步骤(2)测量出的等效电感 $L_正$ 和 $L_反$ 值，代入下式：

$$M = \frac{L_正 - L_反}{4}$$

得出互感 M 的值。

（4）用互感电势法测定两个耦合线圈的互感 M_{12} 和 M_{21}，并验证 $M_{12} = M_{21}$，用功率信号发生器作为交流电源(注意：功率信号发生器的输出应先调到最小，然后逐渐加大)，接线图如图 1.11-4 所示。测量电路的 I_1、I_2、U_1、U_2 值，再用公式 $M_{21} \approx \frac{U_2}{\omega I_1}$ 与 $M_{12} \approx \frac{U_1}{\omega I_2}$ 分别计算出 M_{21} 和 M_{12}。

① 将功率信号发生器频率设为 50 Hz。

② 使用实验箱内互感电路部分的交流电源，也可测出互感 M_{12} 和 M_{21}，试验时要在电路中串上限流电阻 R，限流电阻 R 可借用其他电路部分的可调电位器。

五、实验仪器与设备

（1）电工实验箱。

（2）数字万用表。

（3）信号发生器、示波器、交流毫伏表。

六、实验报告要求

（1）实验目的。

（2）原理简述。

（3）实验内容：含实验步骤、实验电路、表格、数据等。

（4）总结实验，撰写体会。

实验十二　双口网络研究

一、预习要求

(1) 预习双口网络的基本特点。
(2) 预习双口网络的等效方法。

二、实验目的

(1) 学习测定无源线性双口网络的参数。
(2) 了解双口网络特性及等值电路。

三、实验原理

1. 无源线性双口网络

对于无源线性双口网络，如图 1.12 - 1 所示，可以用网络参数来表征它的特性，这些网络参数是与网络内部的结构、元件参数及信号源频率有关的量，而与输入（激励）的幅度和负载情况等无关。网络参数确定后，两个端口处的电压、电流关系即网络的特征方程就能被唯一地确定了。

双口网络两个端口变量之间的关系共有六种取法。下面说明其中常用的一种双口网络参数方程及其传输参数（A 参数）。

图 1.12 - 1　无源线性双口网络

2. 双口网络传输参数方程（A 参数方程）

若将双口网络的输出电压 $\dot{U}_2$ 和电流 $-\dot{I}_2$ 作为自变量，输入端电压 $\dot{U}_1$ 和电流 $\dot{I}_1$ 作因变量，则有方程

$$\dot{U}_1 = A_{11} \dot{U}_2 + A_{12}(-\dot{I}_2)$$
$$\dot{I}_1 = A_{21} \dot{U}_2 + A_{22}(-\dot{I}_2)$$

式中，A_{11}、A_{12}、A_{21}、A_{22} 称为传输参数，分别表示为

(1) $A_{11} = \dfrac{\dot{U}_1}{\dot{U}_2} \Big|_{i_2=0}$，$A_{11}$ 是输出端开路时两个电压的比值，是一个无量纲的量。

(2) $A_{21} = \dfrac{\dot{I}_1}{\dot{U}_2} \Big|_{i_2=0}$，$A_{21}$ 是输出端开路时开路转移导纳。

（3）$A_{12} = \dfrac{\dot{U}_1}{-\dot{I}_2}\bigg|_{\dot{U}_2=0}$，$A_{12}$ 是输出端短路时短路转移阻抗。

（4）$A_{22} = \dfrac{\dot{I}_1}{-\dot{I}_2}\bigg|_{\dot{U}_2=0}$，$A_{22}$ 是输出端短路时两个电流的比值，是一个无量纲的量。

可见，A 参数可以用实验的方法求得。当双口网络为互易网络时，有

$$A_{11}A_{22} - A_{12}A_{21} = 1$$

因此，四个参数中只有三个是独立的。如果是对称的双口网络，则有

$$A_{11} = A_{22}$$

3. 无源双口网络的等效电路

无源双口网络的外特性可以用三个阻抗（或导纳）元件组成的 T 型或 π 型等效电路来代替，其 T 型等效电路如图 1.12 - 2 所示。若已知网络的 A 参数，则阻抗 Z_1、Z_2、Z_3 分别为

$$Z_1 = \frac{A_{11} - 1}{A_{21}}, \quad Z_2 = \frac{A_{22} - 1}{A_{21}}, \quad Z_3 = \frac{1}{A_{21}}$$

因此，求出双口网络的 A 参数之后，网络的 T 型（或 π 型）等效电路的参数也就可以求得。

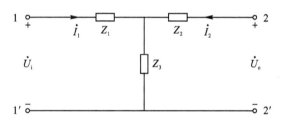

图 1.12 - 2 无源双口网络的等效电路

4. 参数求解

由双口网络的基本方程可以看出，如果在输出端 $1-1'$ 接电源，而输出端 $2-2'$ 处于开路和短路两种状态时，分别测出 $\dot{U}_{20}$、$\dot{I}_{10}$、$\dot{I}_{1S}$、$\dot{I}_{2S}$，则就可以得出上述四个参数。

四、实验内容

（1）如图 1.12 - 3 所示接线。

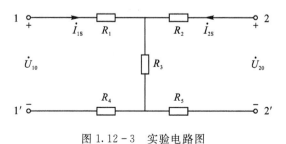

图 1.12 - 3 实验电路图

$R_1=100\ \Omega$，$R_2=R_5=300\ \Omega$，$R_3=R_4=200\ \Omega$，$U_1=10\ \text{V}$。将端口 $2-2'$ 处开路测量 $\dot{U}_{20}$、$\dot{I}_{10}$，将 $2-2'$ 短路处测量 $\dot{I}_{1S}$、$\dot{I}_{2S}$，并将结果填入表 $1.12-1$ 中。

表 1.12-1

$2-2'$开路	$\dot{U}_{20}$	$\dot{U}_{10}$
$\dot{I}_2=0$		
$2-2'$短路	$\dot{I}_{1S}$	$\dot{I}_{2S}$
$\dot{U}_2=0$		

(2) 计算出 A_{11}、A_{12}、A_{21}、A_{22}。

$$A_{11}=\left.\frac{\dot{U}_{10}}{\dot{U}_{20}}\right|_{\dot{I}_2=0}, \qquad A_{21}=\left.\frac{\dot{I}_{10}}{\dot{U}_{20}}\right|_{\dot{I}_2=0}$$

$$A_{12}=\left.\frac{\dot{U}_{1S}}{-\dot{I}_{2S}}\right|_{\dot{U}_2=0}, \qquad A_{22}=\left.\frac{\dot{I}_{1S}}{-\dot{I}_{2S}}\right|_{\dot{U}_2=0}$$

验证：$A_{11}A_{22}-A_{12}A_{21}=1$。

(3) 计算 T 型等效电路中的电阻 r_1、r_2、r_3，如图 $1.12-4$ 所示，组成 T 型等效电路。

$$r_1=\frac{A_{11}-1}{A_{21}}, \qquad r_2=\frac{A_{22}-1}{A_{21}}, \qquad r_3=\frac{1}{A_{21}}$$

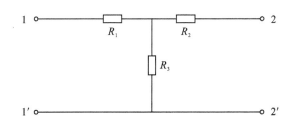

图 1.12-4 T 型等效电路

在 $1-1'$ 处加入 $U_1=10\ \text{V}$，分别将端口 $2-2'$ 处开路和短路测量并将结果填入表 $1.12-2$ 中。

表 1.12-2

$2-2'$开路	$\dot{U}_{20}$	$\dot{U}_{10}$
$\dot{I}_2=0$		
$2-2'$短路	$\dot{I}_{1S}$	$\dot{I}_{2S}$
$\dot{U}_2=0$		

比较以上两表中的数据，验证电路的等效性。

五、实验仪器与设备

（1）电工实验箱。

（2）数字万用表。

（3）信号发生器、示波器、交流毫伏表。

六、实验报告要求

（1）实验目的。

（2）原理简述。

（3）实验内容：含实验步骤、实验电路、表格、数据等。

（4）总结实验，撰写体会。

实验十三　三相电路

一、预习要求

复习三相负载在星形、三角形连接时，在对称和不对称两种情况下线、相电压，线、相电流之间的关系及三相功率的计算方法。

二、实验目的

（1）学习并掌握三相负载的连接方法。

（2）熟悉三相负载在星形、三角形连接时其相电压、线电压、相电流、线电流之间的关系，了解三相四线制中中线的作用。

三、实验原理

三相电路负载的连接主要有星形和三角形连接两种。

1. 负载星形连接

负载星形连接，一般用小写下标注，"l"表示"线"，"p"表示"相"。

（1）有中线：不管负载是否对称，均有

$$U_l = \sqrt{3}U_p, \quad I_l = I_p$$

（2）无中线、负载对称，仍有

$$U_l = \sqrt{3}U_p, \quad I_l = I_p$$

（3）当无中线，负载不对称时，则有

$$U_1 \neq \sqrt{3} U_p, \quad I_1 = I_p$$

2. 负载三角形连接

（1）无论负载是否对称，均有

$$U_1 = U_p$$

（2）负载对称时有

$$I_1 = \sqrt{3} I_p$$

（3）负载不对称时，则为

$$I_1 \neq \sqrt{3} I_p$$

3. 三相功率

一个对称的三相负载无论是星形连接，还是三角形连接，三项总功率为

$$P = 3P_\varphi = \sqrt{3} U_1 I_1 \cos\varphi$$

式中，P_φ 为一相的功率；$\cos\varphi$ 为每一相的功率因数。

对于不对称三相负载，可用三个功率表分别测出各项功率 P_A、P_B、P_C，则三相功率为

$$P = P_A + P_B + P_C$$

然而对于三相三线制电路，通常都用两块功率表来测量三相功率。

我们知道：

$$\begin{aligned} P = P_A + P_B + P_C &= i_A \cdot u_A + i_B \cdot u_B + i_C \cdot u_C \\ &= i_A(u_A - u_C) + i_B(u_B - u_C) \\ &= i_A u_{AC} + i_B u_{BC} \end{aligned}$$

用平均功率表示为

$$P = U_{AC} I_A \cos\varphi_1 + U_{BC} I_B \cos\varphi_2$$

式中，φ_1 为 U_{AC} 与 i_A 间的相位差；φ_2 为 U_{BC} 与 i_B 间的相位差。

令 $P_1 = U_{AC} I_A \cos\varphi_1$，$P_2 = U_{BC} I_B \cos\varphi_2$，则有 $P = P_1 + P_2$。

四、实验内容

（1）负载星形连接如图 1.13-1 所示，填写测量表 1.13-1。

表 1.13-1

内容	数据										
	U_{UV}	U_{VW}	U_{WU}	U_{UX}	U_{VY}	U_{WZ}	U_{ON}	I_U	I_V	I_W	I_N
负载对称											
负载不对称											

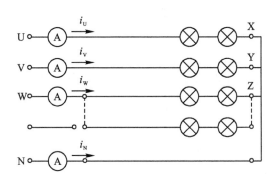

图 1.13-1　负载星形连接图

（2）星形三角形连接如图 1.13-2 所示，填写测量表 1.13-2。

表 1.13-2

内容	数据								
	U_{UX}	U_{VY}	U_{WZ}	I_U	I_V	I_W	I_{UX}	I_{VY}	I_{WZ}
负载对称									
负载不对称									

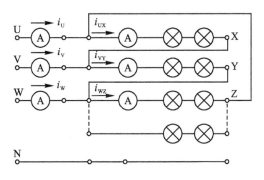

图 1.13-2　负载三角形连接图

五、实验仪器与设备

（1）电工实验箱。

（2）数字万用表。

（3）信号发生器、示波器、交流毫伏表。

六、实验报告要求

（1）实验目的。

（2）原理简述。

（3）实验内容：含实验步骤、实验电路、表格、数据等。

（4）总结实验，撰写体会。

实验十四　三相异步电动机

一、预习要求

（1）预习三相电动机相关知识。

（2）预习检验异步电动机绝缘情况的方法。

二、实验目的

（1）熟悉三相鼠笼式异步电动机的结构和额定值。

（2）学习检验异步电动机绝缘情况的方法。

（3）学习三相异步电动机定子绕组首、末端的判别方法。

（4）掌握三相鼠笼式异步电动机的启动和正、反转的连接方法。

三、实验原理

1. 三相鼠笼式异步电动机的结构

异步电动机是基于电磁原理把交流电能转换为机械能的一种旋转电机。三相鼠笼式异步电动机的基本结构有定子和转子两大部分。

定子主要由定子铁芯、三相对称定子绕组和机座等组成，是电动机的静止部分。三相定子绕组一般有六根引出线，出线端装在机座外面的接线盒内，如图 1.14 - 1 所示，根据三相电源电压的不同，三相定子绕组可以接成星形（Y）或三角形（△），然后与电源相连。

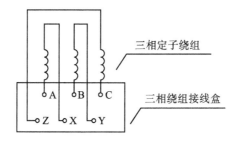

图 1.14 - 1　三相异步电动机结构图

转子主要由转子铁芯、转轴、鼠笼式转子绕组、风扇等组成，是电动机的旋转部分。小容量鼠笼式异步电动机的转子绕组大都采用铝浇铸方式而成，冷却方式一般都采用扇冷式。

2. 三相鼠笼式异步电动机的铭牌

三相鼠笼式异步电动机的额定值标记在电动机的铭牌上，如下所示：

型号：AD5024；

电压：380 V/220 V；

接法：Y/△；

功率：60 W；

电流：1.13 A/0.65 A；

转速：1400 转/分；

定额：连续。

(1) 功率：额定运行情况下，电动机轴上输出的机械功率。

(2) 电压：额定运行情况下，定子的三相绕组应加的电源线电压值。

(3) 接法：定子三相绕组接法，当额定电压为 380 V/220 V 时，应为 Y/△接法。

(4) 电流：额定运行情况下，当电动机输出额定功率时，定子电路的线电流值。

3. 三相鼠笼式异步电动机的检查

电动机使用前应作以下这些必要的检查。

1) 机械检查

检查引出线是否齐全、牢靠；转子转动是否灵活、匀称，是否有异常声响等。

2) 电气检查

(1) 用兆欧表检查电机绕组间及绕组与机壳之间的绝缘性能。

电动机的绝缘电阻可以用兆欧表进行测量。对额定电压 1 kV 以下的电动机，其绝缘电阻值最低不得小于 1000 Ω/V，测量方法如图 1.14 - 2 所示。一般 500 V 以下的中小型电动机最低具有 0.5 MΩ 的绝缘电阻。

1.14 - 2　测量方法示意图

(2) 定子绕组首、末端的判别。

异步电动机三相定子绕组的六个出线端有三个首端和三个末端。一般首端标以 A、B、C，末端标以 X、Y、Z。在接线时如果没有按照首、末端的标记来接，则当电动机启动时磁势和电流就会不平衡，因而引起绕组发热、振动，有噪音，甚至电动机不能启动，因过热而烧毁。由于某种原因定子绕组六个出线端标记无法辨认，所以可以通过实验方法来判别其首、末端(即同名端)，具体方法如下：

① 用万用表欧姆挡从六个出线端确定哪一对引出线是属于同一相的，分别找出三相绕组，并标以符号，如 A 相①、④；B 相②、⑤；C 相③、⑥，如图 1.14 - 3 所示。

② 把任意两相绕组(如绕组①、④和②、⑤)串联起来，并通过开关和直流电源 E (或一节干电池)相连接，第三绕组③、⑥两端与万用表的表笔相接触，并将万用表的选择开关置直流毫安的最小量程挡(或接小量程毫安表)。当开关 S 接通瞬间，如果万用表指针正向

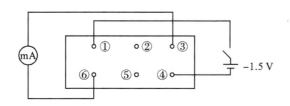

图 1.14-3 绕组测试方法图

摆动(反向摆动时立即调换万用表两表笔使其正向摆动)且摆幅较大,则可判定①与②或④与⑤为同名端,即两绕组为首—尾相连接。与此同时,可以确定万用表负表笔所接触的第三绕组出线端③与出线端①为同名端。当绕组①、④和绕组②、⑤为首—首或尾—尾相连接时,则万用表指针摆动较小或基本不动。

4. 三相鼠笼式异步电动机的启动

鼠笼式异步电动机的直接启动电流可达额定电流的 4~7 倍,但持续时间很短,不致使电机过热而烧坏;但对容量较大的电机,过大的启动电流会导致电网电压的下降而影响其他的负载正常运行,通常采用降压启动,最常用的是 Y-△换接启动,它可使启动电流减小到直接启动的 1/3。正常运行的条件是必须作△接法。

5. 三相鼠笼式异步电动机的反转

异步电动机的旋转方向取决于三相电源接入定子绕组时的相序,故只要改变三相电源与定子绕组连接的相序即可使电动机改变旋转方向。

▌ 四、实验内容

(1) 抄录三相鼠笼式异步电动机的铭牌数据,并观察其结构。

(2) 用万用表判别定子绕组的首、末端。

(3) 用兆欧表测量电动机的绝缘电阻。

各相绕组之间的绝缘电阻:

$$A 相与 B 相:\underline{\qquad} M(\Omega)$$
$$A 相与 C 相:\underline{\qquad} M(\Omega)$$
$$B 相与 C 相:\underline{\qquad} M(\Omega)$$

绕组对地(机座)之间的绝缘电阻:

$$A 相与地(机座):\underline{\qquad} M(\Omega)$$
$$B 相与地(机座):\underline{\qquad} M(\Omega)$$
$$C 相与地(机座):\underline{\qquad} M(\Omega)$$

(4) 鼠笼式异步电动机的直接启动:采用 380V 三机交流电源,如图 1.14-4 所示。

① 开启电源板上三相电源总开关,按启动按钮,此时自耦调压器原绕组端 U、V、W 得电,调节调压器输出使输出线电压为 380V,三只电压表指示应基本平衡。

保持自耦调压器手柄位置不变,按停止按钮,自耦调压器断电。

② 按图 1.14-5 接线,电动机三相定子绕组接成 Y 接法;实验线路电源接三相自调压器输出端(U、V、W),供电线电压为 380 V。

③ 按电源板上启动按钮，电动机直接启动，观察启动瞬间电流冲击情况及电动机旋转方向，记录启动电流。当启动运行稳定后，将电流表量程切换至较小量程挡位上，读取并记录空载电流。

④ 电动机稳定运行后，突然拆出 U、V、W 中任一相电源(注意小心操作，以免触电)观测电动机单相运行时电流表的读数并记录之。仔细听电机的运行声音的变化。

⑤ 电动机启动之前先断开 U、V、W 中的任一相，做缺相启动，观测电流表读数，并记录之。观察电动机有否启动，再仔细听电动机有否发出异常的声响。

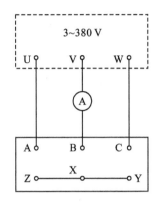　　　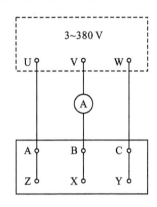

图 1.14 - 4　380 V 三相电源星形接法图　　　图 1.14 - 5　380 V 三相电源三角形接法图

⑥ 实验完毕按电源板上的停止按钮，切断实验线路的电源。

(5) 异步电动机的反转。

电路如图 1.14 - 6 所示，按电源板启动按钮，启动电动机，观察启动电流及电动机旋转方向是否反转。实验完毕按电源板上停止按钮，切断实验线路电源。

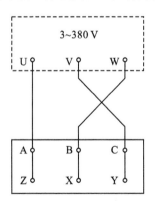

图 1.14 - 6　电机反转电路接法图

五、实验仪器与设备

(1) 电工实验箱。

(2) 数字万用表。

(3) 信号发生器、示波器、交流毫伏表。

六、实验报告要求

(1) 实验目的。

(2) 原理简述。

(3) 实验内容：含实验步骤、实验电路、表格、数据等。

(4) 总结实验，撰写体会。

实验一 晶体三极管共射放大器

一、预习要求

（1）单管放大器的工作原理。

（2）放大器静态工作点设置的原则及相关电路参数对其的影响。

（3）放大器电压放大倍数的概念、输入输出电阻的概念及失真概念等。

二、实验目的

（1）建立电子元器件及简单放大器构成的感性认识。

（2）学会放大器静态工作点的调整与测试方法，进一步研究静态工作点对放大器性能的影响。

（3）学会放大器的电压放大倍数、输入电阻、输出电阻及最大不失真输出电压的测量方法。

三、实验原理

本实验研究的对象是典型的分压式单管放大电路，如图 2.1-1 所示。它的偏置电路采用 R_{B1} 和 R_{B2} 组成的分压电路，并在发射极中接有电阻 R_E，以稳定放大器的静态工作点。当在放大器的输入端加输入信号 U_i 后，在放大器的输出端便可得到一个与 U_i 相位相反，幅值被放大了的输出信号 U_o，从而实现了电压放大。

在图 2.1-1 电路中，当流过偏置电阻 R_{B1} 和 R_{B2} 的电流远大于晶体管 VT 的基极电流 I_B 时（一般 5～10 倍），则它的静态工作点可用下列式估算：

$$U_B \approx \frac{R_{B1}}{R_{B1} + R_{B2}} U_{CC}$$

$$I_E \approx \frac{U_B - U_{BE}}{R_E} \approx I_C$$

$$U_{CE} = U_{CC} - I_C(R_C + R_E) = U_C - U_E$$

电压放大倍数

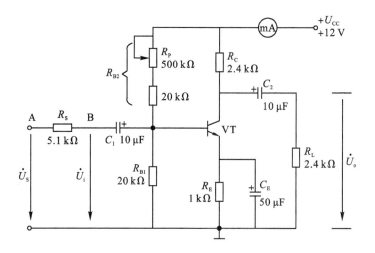

图 2.1-1　晶体三极管共射放大电路

$$\dot{A}_u = \beta \frac{R_C /\!/ R_L}{r_{be}}$$

输入电阻

$$R_i = R_{B1} /\!/ R_{B2} /\!/ r_{be}$$

输出电阻

$$R_o \approx R_C$$

由于电子器件性能的分散性比较大，因此在设计和制作晶体管放大电路时，离不开测量和调试技术。在设计前应测量所用元器件的参数，为电路设计提供必要的依据，在完成设计和装配以后，还必须测量和调试放大器的静态工作点和各项性能指标。一个优质放大器，必定是理论设计与实验调整相结合的产物。因此，除了学习放大器的理论知识和设计方法外，还必须掌握必要的测量和调试技术。

放大器的测量和调试一般包括放大器静态工作点的测量与调试，消除干扰与自激振荡及放大器各项动态参数的测量与调试等。

1. 放大器静态工作点的测量与调试

1）静态工作点的测量

测量放大器的静态工作点，应在输入信号 $U_i = 0$ 的情况下进行，即将放大器输入端与地端短接，然后选用量程合适的直流毫安表和直流电压表，分别测量晶体管的集电极电流 I_C 以及各电极对地的电位 U_B、U_C 和 U_E。一般实验中，为了避免断开集电极，所以采用测量电压 U_E 或 U_C，然后算出 I_C 的方法。例如，只要测出 U_E，即可用 $I_C \approx I_E = \dfrac{U_E}{R_E}$ 算出 I_C（也可根据 $I_C = \dfrac{U_{CC} - U_C}{R_C}$，由 U_C 确定 I_C），同时也能算出 $U_{BE} = U_B - U_E$，$U_{CE} = U_C - U_E$。

为了减小误差，提高测量精度，应选用内阻较高的直流电压表。

2）静态工作点的调试

放大器静态工作点的调试是指对管子集电极电流 I_C（或 U_{CE}）的调整与测试。

静态工作点是否合适,对放大器的性能和输出波形都有很大影响。如工作点偏高,放大器在加入交流信号以后易产生饱和失真,此时 u_o 的负半周将被削底,如图 2.1-2(a)所示;如工作点偏低则易产生截止失真,即 u_o 的正半周被缩顶(一般截止失真不如饱和失真明显),如图 2.1-2(b)所示。这些情况都不符合不失真放大的要求。所以在选定工作点以后还必须进行动态调试,即在放大器的输入端加入一定的输入电压 u_i,检查输出电压 u_o 的大小和波形是否满足要求。如不满足,则应调节静态工作点的位置。

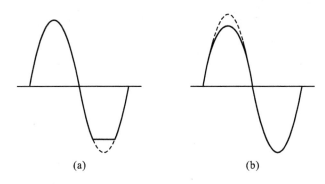

图 2.1-2　静态工作点对 u_o 波形失真的影响

改变电路参数 U_{CC}、R_C、$R_B(R_{B1}、R_{B2})$ 都会引起静态工作点的变化,如图 2.1-3 所示。但通常多采用调节偏置电阻 R_{B2} 的方法来改变静态工作点,如减小 R_{B2},则可使静态工作点提高等。

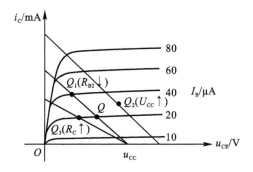

图 2.1-3　电路参数对静态工作点的影响

最后还要说明的是,上面所说的工作点"偏高"或"偏低"不是绝对的,而是相对信号的幅度而言的,如输入信号幅度很小,即使工作点较高或较低也不一定会出现失真。所以确切地说,产生波形失真是信号幅度与静态工作点设置配合不当所致。如需满足较大信号幅度的要求,静态工作点最好尽量靠近交流负载线的中点。

2. 放大器动态指标测试

放大器动态指标包括电压放大倍数、输入电阻、输出电阻、最大不失真输出电压(动态范围)和通频带等。

1)电压放大倍数 A_u 的测量

调整放大器到合适的静态工作点,然后加入输入电压 u_i,在输出电压 u_o 不失真的情况

下，用交流毫伏表测出 u_i 和 u_o 的有效值 U_i 和 U_o，则

$$A_u = \frac{U_o}{U_i}$$

2）输入电阻 R_i 和输出电阻 R_o 的测量

放大器的输入、输出电阻测量电路如图 2.1－4 所示。

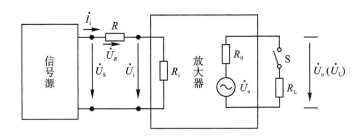

图 2.1－4　输入、输出电阻测量电路

（1）输入电阻 R_i。放大器的输入电阻 R_i 是从放大器的输入端看进去的交流等效电阻，即相当于信号源的负载电阻。在被测放大器的输入端与信号源之间串入一已知电阻 R，在放大器正常工作的情况下，用交流毫伏表测出 U_S 和 U_i，则根据输入电阻的定义可得

$$R_i = \frac{U_i}{I_i} = \frac{U_i}{U_R/R} = \frac{U_i}{U_S - U_i}R$$

测量时应注意：

由于电阻 R 两端没有电路公共接地点，所以测量 R 两端电压 U_R 时必须分别测出左端对地点位 U_S 和右端对地点位 U_i，然后按 $U_R = U_S - U_i$ 求出 U_R 值。

（2）输出电阻 R_o。放大器的输出电阻 R_o 就是在放大器交流等效电路中，与等效电压源串联的电源内阻 R_o，也可以说是从放大器输出端看进去的交流等效电阻，即 $R_o = R_o$。在放大器正常工作条件下，测出输出端不接负载 R_L 的输出电压 U_o 和接入负载后的输出电压 U_L，根据

$$U_L = \frac{R_L}{R_o + R_L}U_o$$

即可求出

$$R_o = \left(\frac{U_o}{U_L} - 1\right)R_L$$

3）最大不失真输出电压 U_{OPP} 的测量（最大动态范围）

如上所述，为了得到最大动态范围，应将静态工作点调在交流负载线的中点。为此，在放大器正常工作情况下，逐步增大输入信号的幅度，并同时调节 R_P（改变静态工作点），用示波器观察 u_o；当输出波形同时出现削底和缩顶现象，如图 2.1－5 所示时，说明静态工作点已调在交流负载线的中点。然后反复调整输入信号，使波形输出幅度最大，且无明显失真时，用交流毫伏表测出 U_o（有效值），则动态范围等于 $2\sqrt{2}U_o$。或用示波器直接读出 U_{OPP} 来。

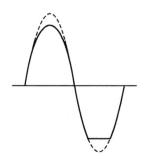

图 2.1-5　静态工作点正常，输入信号太大而引起的失真

4）放大器幅频特性的测量

放大器的幅频特性是指放大器的电压放大倍数 A_u 与输入信号频率 f 之间的关系曲线。本实验放大电路的幅频特性曲线如图 2.1-6 所示，A_{um} 为中频电压放大倍数，通常规定电压放大倍数随频率变化下降到中频放大倍数的 $1/\sqrt{2}$ 时，即 $0.707\,A_{um}$ 所对应的频率分别称为下限频率 f_L 和上限频率 f_H，则通频带 $f_{BW}=f_H-f_L$。

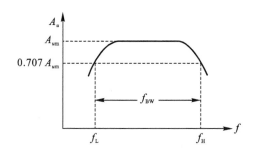

图 2.1-6　幅频特性曲线

放大器的幅频特性就是测量不同频率信号时的电压放大倍数 A_u。为此，可采用前述测 A_u 的方法，每改变一个信号频率，测量其相应的电压放大倍数。测量时应注意取点要恰当，在低频段与高频段应多测几个点，在中频段可以少测几个点。此外，在改变频率时，要保持输入信号的幅度不变，且输出波形不得失真。

四、实验内容

实验电路如图 2.1-1 所示，可使用实验箱上单管放大电路模块，也可选好器件在实验箱上自行搭接电路。为防止干扰，各仪器的公共地端必须连在一起，同时信号源、交流毫伏表和示波器的引线应采用专用电缆线或屏蔽线。如使用屏蔽线，则屏蔽线的外包金属网应接在公共接地端上。

1. 调试静态工作点

接通直流电源前，先将 R_P 调至最大量，函数信号发生器输出旋钮旋至零。接通+12 V 电源、调节 R_P，使 $I_C=2.0$ mA（即 $U_E=2.0$ V），用直流电压表测量 U_B、U_E、U_C 及万用电表测量 R_{B2} 值。测量结果记入表 2.1-1。

表 2.1-1　测量结果记录表($I_C = 2$ mA)

测　量　值				计　算　值		
U_B/V	U_E/V	U_C/V	R_{B2}/kΩ	U_{BE}/V	U_{CE}/V	I_C/mA

2. 测量电压放大倍数

在放大器输入端加入频率为 1 kHz 的正弦信号 U_S，调节函数信号发生器的输出旋钮，使放大器输入电压 $U_i = 10$ mV，用示波器同时观察放大器输入、输出波形 u_i 和 u_o，注意 u_o 和 u_i 的相位关系。在输出波形不失真的条件下用交流毫伏表测量下述两种情况下的 U_o 值，将测量结果填入表 2.1-2。

表 2.1-2

U_i/mV	R_L/kΩ	U_o/V	A_u	观察记录一组 u_o 和 u_i 波形
10	∞			
10	2.4			

3. 观察静态工作点对电压放大倍数的影响

置 $R_C = 2.4$ kΩ，$R_L = \infty$，$U_i = 10$ mV，调节 R_P，用示波器监视输出电压波形，在 u_o 不失真的条件下，测量数组 I_C 和 U_o 值，测量结果记入表 2.1-3。

表 2.1-3

I_C/mA			2.0		
U_o/V					
A_u					

测量 I_C 时，要先将信号源输出旋钮旋至零（即使 $U_i = 0$）。测量 U_o 时，应保持 $U_i = 10$ mV。

4. 观察静态工作点对输出波形失真的影响

置 $R_L = 2.4$ kΩ，$u_i = 0$，调节 R_P 使 $I_C = 2.0$ mA，测出 U_{CE} 值，再逐步加大输入信号，使输出电压 U_o 足够大但不失真。然后保持输入信号不变，分别增大和减小 R_P 的输出量，使波形出现失真，绘出 u_o 的波形，并测出失真情况下的 I_C 和 U_{CE} 值，记入表 2.1-4 中。每次测 I_C 和 U_{CE} 值时，都要将信号源的输出旋钮旋至零。

表 2.1 - 4

R_P	I_C/mA	U_{CE}/V	u_o波形	输出失真类型
增加				
调准	2.0(U_E＝2 V)			
减小				

5. 测量输入电阻和输出电阻

置 R_C＝2.4 kΩ，R_L＝2.4 kΩ，I_C＝2.0 mA(即 U_E＝2 V)。输入 f＝1 kHz 的正弦信号，在输出电压 u_o 不失真的情况下，用交流毫伏表测出 U_S、U_i 和 U_o、U_L，并将结果记入表 2.1 - 5。

表 2.1 - 5

R_S/kΩ	U_i/mV	U_i/mV	R_i/kΩ	U_L/V	U_o/V	R_o/kΩ

6. 测量幅频特性

取 I_C＝2.0 mA(即 U_E＝2 V)，R_C＝2.4 kΩ，R_L＝2.4 kΩ。保持输入信号 U_i 的幅度不变，只需改变信号源频率 f，逐点测出相应的输出电压 U_o(带载)，据 A_u＝U_o/U_i 算出各频点对应的放大倍数，即可画出 $A_u \sim f$ 特性曲线，并找出上下限频率及通频带宽度。测量结果填入表 2.1 - 6。

为了信号源频率 f 取值合适，可先粗测一下，找出中频范围，然后再仔细读数。

表 2.1 - 6

f/kHz			f_L					f_H	
U_o/V									
A_u＝U_o/U_i									

五、实验仪器与设备

（1）函数信号发生器、双踪示波器、交流毫伏表、直流稳压电源。
（2）模拟电路实验箱。
（3）数字万用表。

六、实验报告要求

（1）按各项实验内容，将所测数据填入相应表格并计算出要测量的参数。
（2）按相关实验内容，画出波形或曲线。
（3）讨论静态工作点变化对放大器输出波形的影响。
（4）分析讨论在调试过程中出现的问题。

实验二 两级电压串联负反馈放大器

一、预习要求

（1）认真复习有关负反馈的内容。
（2）按照实验要求估算两级静态工作点。
（3）反馈放大器的开环、闭环电压放大倍数及负反馈对放大器性能的影响。

二、实验目的

（1）了解两级阻容耦合放大器的级间耦合的相互影响。
（2）研究放大器中引入负反馈后对放大器性能的影响。
（3）掌握负反馈放大器性能的测试方法。

三、实验原理

负反馈在电子电路中有着非常广泛的应用，虽然它使放大器的放大倍数降低，但能在多方面改善放大器的动态指标，如稳定放大倍数，改变输入、输出电阻，减小非线性失真和展宽通频带等。因此，几乎所有的实用放大器都带有负反馈。

负反馈放大器有四种组态，即电压串联、电压并联、电流串联、电流并联。本实验以电压串联负反馈为例，分析负反馈对放大器各项性能指标的影响。图 2.2-1 为带有负反馈的两级阻容耦合放大电路，在电路中通过 R_f 把输出电压 U_o 引回到输入端，加在晶体管 VT_1 的发射极上，在发射极电阻 R_{F1} 上形成反馈电压 u_f。根据反馈的判断法可知，它属于电压串联负反馈。

（1）去掉反馈作用的放大电路称为开环电路，开环电压放大倍数：

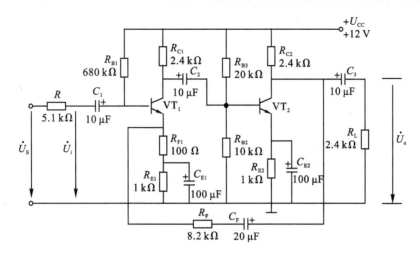

图 2.2-1 带有电压串联负反馈的两级阻容耦合放大器

$$\dot{A}_u = \frac{\dot{U}_O}{\dot{U}_i}$$

（2）具有反馈作用的放大电路称为闭环电路，闭环电压放大倍数

$$\dot{A}_{uF} = \frac{\dot{A}_u}{1 + \dot{A}_u \dot{F}_u}$$

式中，$1 + \dot{A}_u \dot{F}_u$ 为反馈深度，反映了负反馈对放大器性能影响的程度。其中 $F_u = \dfrac{R_{F1}}{R_F + R_{F1}}$ 为反馈系数，表现反馈量的大小取决于反馈电阻 R_F 及发射极电流反馈电阻 R_{F1}。

■ 四、实验内容

1. 测量负反馈放大器的两级静态工作点

按图 2.2-1 构成阻容耦合电压负反馈放大器，取 $U_{CC} = +12$ V，$U_i = 0$ V，用直流电压表分别测量第一级、第二级静态工作点，记入表 2.2-1，并观察两级静态工作点是否相互影响。

表 2.2-1

	U_B/V	U_E/V	U_C/V	$I_C = \dfrac{U_{CC} - U_C}{R_C}$ （mA）
VT$_1$		2		
VT$_2$		2		

2. 测量负反馈放大器开环电压放大倍数与闭环电压放大倍数

调节函数信号发生器输出的频率 $f = 1$ kHz，电压 $U_s = 10$ mV 的正弦信号，将它接入负反馈放大器的输入端。将示波器接入负反馈放大器的输出端，监视输出波形在不失真的情况下，分别测量负反馈放大器的开环与闭环放大倍数 $\dot{A}_u$ 与闭环电压放大倍数 $\dot{A}_{uF}$，并将测量值填入表 2.2-2。

表 2.2 - 2

	$R_L/\text{k}\Omega$	U_S/mV	U_i/mV	U_o/mV	$\dot{A}_u = \dfrac{\dot{U}_o}{\dot{U}_i}$	$\dot{A}_{uF} = \dfrac{\dot{A}_u}{1+\dot{A}_u F_u}$	$R_i = \dfrac{U_i}{U_S - U_i}R$ $R_o = \left(\dfrac{U_o}{U_L} - 1\right)R_L$
开环	∞					——	
	2.4					——	
闭环	∞				——		
	2.4				——		

3. 测量负反馈对输出波形失真的改善作用

(1) 实验电路接成基本放大器形式,在输入端加入 $f=1\,\text{kHz}$ 的正弦信号,输出端接示波器,逐渐增大输入信号的幅度,使输出波形开始出现失真,将此时的波形和输入电压的幅度填入表 2.2 - 3 中。

(2) 保持输入电压的幅度不变,将实验电路改接成负反馈放大器形式,将此时输出端的波形填入表 2.2 - 3 中。

(3) 电路保持在负反馈放大器形式上,逐渐增大输入信号幅度,使输出波形达到最大不失真,将此时的波形和输入电压的幅度填入表 2.2 - 3 中,并与内容(1)进行比较。

表 2.2 - 3

	U_i/mV(输出波形失真时)	输出失真波形
开环		u_o ↑ O → t
闭环	U_i/mV(同开环输出波形失真时 U_i)	输出波形 u_o ↑ O → t
闭环	U_i/mV(输出波形最大不失真时)	最大不失真波形 u_o ↑ O → t

4. 测量放大器频率特性

(1) 在开环状态下,适当选择 U_S(或 U_i),频率 $f=1\,\text{kHz}$,使输出信号在示波器上有满正弦波显示。

在此基础上，逐步增加和减小输入信号频率 f，注意保持输入信号幅度（U_i 不变），画出开环状态下放大器的频率特性曲线，并找出 f_H、f_L 及通频带。

（2）在闭环状态下，重复上述操作，画出闭环状态下负反馈放大器的频率特性曲线，并找出 f_H、f_L 及通频带。

将（1）和（2）测得的 $U_o - f$ 数据记录于表 2.2-4 中。

表 2.2-4

					f_L					f_H		
开环	f/kHz				f_L					f_H		
	U_o/mV											
闭环	f/kHz			f_L					f_H			
	U_o/mV											

注意： 频率特性曲线应该反映出电压放大倍数 A 与频率 f 的关系（因为 A 是 f 的函数），但本实验考虑到 $U_o \propto A$，所以为简便起见，只测 U_o，不必计算 A，这样画出的 $U_o - f$ 曲线，与 $A - f$ 曲线是一致的。

f_H 为上限频率，f_L 为下限频率，是由频率特性曲线找到的，是通过 $0.707U_{om}$ 点作平行于 f 轴的直线截得的曲线对应的 f 点，如图 2.2-2 所示。

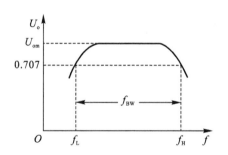

图 2.2-2 频率特性曲线示意图

五、实验仪器与设备

（1）函数信号发生器、双踪示波器、交流毫伏表、直流稳压电源。

（2）模拟电路实验箱。

（3）数字万用表。

六、实验报告要求

（1）在实验报告中要说明测量静态工作点时两级工作点是否独立，为什么？

（2）在测量表 2.2-3 实验内容时，应分别测量开环和闭环状态下的参数，在实验报告中应认真比较、分析负反馈放大器（闭环）与基本放大器（开环）的差异、特征，即负反馈放大器特性的改善及影响。

（3）写出实验体会。

实验三 差动放大器

一、预习要求

(1) 全面预习差动放大器的工作原理，估算典型差动放大器和具有恒流源的差动放大器的静态工作点及差模电压放大倍数(取 $\beta_1 = \beta_2 = 100$)。

(2) 思考：实验中怎样获得差模信号？怎样获得共模信号？画出 A、B 端与信号源之间的连接图。

(3) 思考：怎样进行静态调零点？用什么仪表测 U_o？

二、实验目的

(1) 加深对差动放大器性能及特点的理解。

(2) 学习差动放大器主要性能指标的测试方法。

(3) 了解差动放大器的差模、共模输入方式。

(4) 测量单端输出和双端输出时的电压放大倍数。

三、实验原理

差动放大器是一种可抑制零漂，既可放大交流信号又可放大直流信号的直接耦合的重要单元电路，经常被作为集成运放中的输入级。

图 2.3-1 是差动放大器的基本结构。它由两个元件参数相同的基本共射放大电路组成。当开关 S 拨向左边时，构成典型的差动放大器。R_E 为两管共用的发射极电阻，它对差

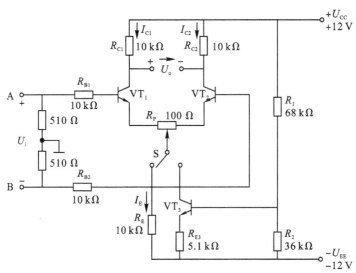

图 2.3-1 差动放大器实验电路

模信号无负反馈作用，因而不影响差模电压放大倍数，但对共模信号有较强的负反馈作用，故可以有效地抑制零漂，稳定静态工作点。当开关 S 拨向右边时，构成具有恒流源的差动放大器。它用晶体管恒流源代替发射极电阻 R_E，可以进一步提高差放大器抑制共模信号的能力。调零电位器 R_P 用来调节 VT_1、VT_2 管的静态工作点，使得输入信号 $U_i = 0$ 时，双端输出电压 $U_o = 0$。

1. 静态工作点的估算

典型差动电路（S 拨向左侧）

$$I_E \approx \frac{|U_{EE}| - U_{BE}}{R_E} \quad (\text{认为 } U_{B1} = U_{B2} \approx 0)$$

$$I_{C1} = I_{C2} = \frac{1}{2}I_E$$

$$U_{CE} = U_C - U_E$$

$$I_C = \frac{U_{CC} - U_C}{R_C}$$

具有恒流源的差动电路（S 拨向右侧）

$$I_{C3} \approx I_{E3} \approx \frac{\frac{R_2}{R_1 + R_2}(U_{CC} + |U_{EE}|) - U_{BE}}{R_{E3}}$$

$$I_{C1} = I_{C2} = \frac{1}{2}I_{C3}$$

2. 差模电压放大倍数和共模电压放大倍数

（1）差模指两输入端 A、B 对地输入的电压信号大小相等、极性（相位）相反，这样的一对输入信号称为差模信号，这样的输入方式称为差模输入。差模输入方式的获得是直接将信号加在 A、B 端之间，经分压网络作用后得到差模信号。

当差动放大器的射极电阻 R_E 足够大，或采用恒流源电路时，差模电压放大倍数 A_d 由输出端方式决定，而与输入方式无关。

在差模输入、双端输出（输出信号取自两管集电极之间）的情况下，其差模电压放大倍数

$$A_d = \frac{\Delta U_o}{\Delta U_i} = -\frac{\beta R_C}{R_B + r_{be} + \frac{1}{2}(1+\beta)R_P}$$

在差模输入、单端输出（输出信号取自一个管的集电极与地之间）的情况下，其差模电压放大倍数为双端输出时的一半

$$A_{d1} = \frac{\Delta U_{C1}}{\Delta U_i} = \frac{1}{2}A_d$$

$$A_{d2} = \frac{\Delta U_{C2}}{\Delta U_i} = -\frac{1}{2}A_d$$

（2）共模指两输入端 A、B 对地输入的电压信号大小相等、极性（相位）相同，这样的一对输入信号称为共模信号，这样的输入方式称为共模输入。当输入共模信号时，若为单端输出，则有

$$A_{C1} = A_{C2} = \frac{\Delta U_{C1}}{\Delta U_i} = \frac{-\beta R_C}{R_B + r_{be} + (1+\beta)\left(\frac{1}{2}R_P + 2R_E\right)} \approx -\frac{R_C}{2R_E}$$

若为双端输出，则在理想情况下，

$$A_C = \frac{\Delta U_o}{\Delta U_i} = 0$$

实际上由于元件不可能完全对称，因此 A_c 也不会绝对等于零。

3. 共模抑制比 K_{CMR}

为了表征差动放大器对有用信号（差模信号）的放大作用和对共模信号的抑制能力，通常用一个综合指标即共模抑制比来衡量：

$$K_{CMR} = \left|\frac{A_d}{A_c}\right| \quad 或 \quad K_{CMR} = 20\log\left|\frac{A_d}{A_c}\right|(dB)$$

可见，只要能测量并计算出 A_d、A_c 便能算出共模抑制比。且由式中看出，它表明差动放大器输出的有用信号与干扰成分的对比，其值越大越好，即该差动放大器放大差模信号的能力越强，受共模干扰的影响越小。

四、实验内容

1. 典型差动放大器的性能测试

实验电路如图 2.3-1 所示，可使用实验箱上差动放大器模块，也可选好器件在实验箱上自行搭接电路。将差动放大器中开关 S 拨向左侧构成典型差动放大器（VT_1、VT_2 的 $\beta=100$）。

1）测量静态工作点

将放大器接通 ±12 V 直流电源，暂不接入信号源。将放大器输入端 A、B 与地短接（处于零输入状态），用数字电压表测量输出电压 U_o，如不为零，则调节调零电位器 R_P，使 $U_o=0$。调节要仔细，力求准确。调零完毕后，用数字电压表测量 T_1、T_2 管各极电位及射极电阻 R_E 两端电压 U_{RE}，记入表 2.3-1。

表 2.3-1

	U_{C1}/V	U_{B1}/V	U_{E1}/V	U_{C2}/V	U_{B2}/V	U_{E2}/V	U_{RE}/V
测量值							
	I_{C1}/mA	I_{C2}/mA	I_{B1}/mA	I_{B2}/mA	U_{CE1}/V	U_{CE2}/V	
计算值							

2）测量差模电压放大倍数

断开直流电源，将函数信号发生器的输出端接放大器输入 A 端，地端接放大器输入 B 端，构成差模输入方式。调节输入信号为频率 $f=1$ kHz 的正弦信号，并使输出旋钮旋至零，用示波器监视输出端（集电极 C_1 或 C_2 与地之间）。

接通 ±12 V 直流电源，逐步增加输入信号，使 $u_i=100$ mV（用交流毫伏表监测），在输出波形无失真的情况下，用交流毫伏表测 u_o、u_{C1}、u_{C2}，记入表 2.3-2 中，并观察 u_i、u_{C1}、u_{C2} 之间的相位关系及 U_{RE} 随 u_i 改变而变化的情况。

3）测量共模电压放大倍数

将放大器输入端 A、B 短接，信号源接 A 端与地之间，构成共模输入方式。调节输入信号 $f=1\text{ kHz}$，$U_i=1\text{ V}$，在输出电压无失真的情况下，测量 U_o、U_{C1}、U_{C2}，记入表2.3-2中，并用示波器观察 U_i 与 U_{C1}、U_{C2} 之间的相位关系。根据测量数据，计算差模放大倍数、共模放大倍数及共模抑制比，并填入表2.3-2中。

2. 具有恒流源的差动放大电路性能测试

将图电路中开关 S 拨向右边，构成具有恒流源的差动放大电路。重复2）、3)内容进行测量，记入表2.3-2中，并计算出具有恒流源差动放大器的差模放大倍数、共模放大倍数及共模抑制比。

表 2.3-2

	典型差动放大电路		具有恒流源差动放大电路	
	差模输入	共模输入	差模输入	共模输入
U_i	100 mV	1 V	100 mV	1 V
U_o				
U_{C1}/V				
U_{C2}/V				
$A_{d1}=\dfrac{U_{C1}}{U_i}$		——		——
$A_d=\dfrac{U_o}{U_i}$		——		——
$A_{C1}=\dfrac{U_{C1}}{U_i}$	——		——	
$A_C=\dfrac{U_o}{U_i}$	——		——	
$K_{CMR}=\left|\dfrac{A_d}{A_C}\right|$				

五、实验仪器与设备

（1）函数信号发生器、双踪示波器、交流毫伏表、直流稳压电源。

（2）模拟电路实验箱。

（3）数字万用表。

六、实验报告要求

（1）完成以上实验内容，将测量数据和计算结果填入表格，分析实验结果与理论计算结果的误差产生原因。

（2）根据实验结果总结射极负反馈电阻 R_E 和恒流源的作用。

（3）其他相关体会。

实验四 对称互补功率放大器——OTL功率放大器

一、预习要求

（1）复习有关 OTL 功率放大器的工作原理。

（2）自举电路的构成及作用。

（3）功率放大器的电源供电直流功率，功放器输出功率及功率放大器效率的概念。

二、实验目的

（1）进一步理解 OTL 功率放大器的工作原理。

（2）学会 OTL 电路的调试及主要性能指标的测试方法。

三、实验原理

图 2.4-1 所示为 OTL 低频功率放大器。其中由晶体三极管 VT_1 组成推动级（也称前置放大级），VT_2、VT_3 是一对参数对称的 NPN 和 PNP 型晶体三极管，它们组成互补推挽 OTL 功放电路。由于每一根管子都接成射极输出器形式，因此具有输出电阻低、负载能力强等优点，适合于做功率输出级。VT_1 管工作于甲类状态，它的集电极电流 I_{C1} 由电位器 R_{P1} 进行调节。I_{C1} 的一部分流经电位器 R_{P2} 及二极管 VD，给 VT_2、VT_3 提供偏压。调节 R_{P2}，可以使 VT_2、VT_3 得到合适的静态电流而工作于甲、乙类状态，以克服交越失真。静态时要求输出端中点 A 的电位 $U_A = U_{CC}/2$，可以通过调节 R_{P1} 来实现。又由于 R_{P1} 的一端

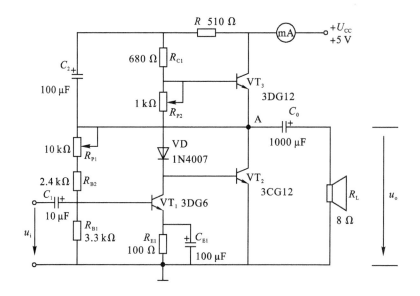

图 2.4-1 OTL 功率放大器实验电路

接在 A 点，因此在电路中引入交、直流电压并联负反馈，一方面能够稳定放大器的静态工作点，另一方面也改善了非线性失真。

当输入正弦交流信号 u_i 时，经 VT₁ 放大、倒相后同时作用于 VT₂、VT₃ 的基极。u_i 的负半周使 VT₂ 管导通（VT₃ 管截止），有电流通过负载 R_L，同时向电容 C_0 充电。在 u_i 的正半周，VT₃ 管导通（VT₂ 管截止），则已充好电的电容器 C_0 起着电源的作用，通过负载 R_L 放电，这样在 R_L 上就得到完整的正弦波。

C_2 和 R 构成自举电路，用于提高输出电压正半周的幅度，以得到大的动态范围。

OTL 电路的主要性能指标如下。

1）最大不失真输出功率 P_{om}

理想情况下，$P_{om} = \dfrac{1}{8} \dfrac{U_{CC}^2}{R_L}$。在实验中可通过测量 R_L 两端的电压有效值 U_o 来求得实际的 P_{om}，即

$$P_{om} = \frac{U_o^2}{R_L}$$

2）效率 η

$$\eta = \frac{P_{om}}{P_E} \times 100\%$$

式中，P_E 为直流电源供给的平均功率。

理想情况下，$\eta_{max} = 78.5\%$。在实验中，可测量电源供给的平均电流 I_{dC}，从而求得 $P_E = U_{CC} \times I_{dC}$；负载上的交流功率已用上述方法求出，因而也就可以计算实际效率了。

3）频率响应

这部分内容与"单管放大器"或"阻容耦合负反馈放大器"中的响应内容相同。

4）输入灵敏度

输入灵敏度是指输出最大不失真功率时，输入信号 u_i 之值。u_i 可以在实验中直接测量。

四、实验内容

在整个测试过程中，电路不应有自激现象。

1. 静态工作点的测试

按图 2.4-1 连接实验电路，将输入信号旋钮旋至零（$u_i = 0$），电源进线中串入直流毫安表，电位器 R_{P2} 置最小值，R_{P1} 置中间位置。接通 +5 V 电源，观察毫安表指示，同时用手触摸输出级管子，若电流过大，或管子温升显著，则应立即断开电源检查原因（如 R_{P2} 开路，电路自激，或输出管性能不好等）。如无异常现象，可开始调试。

1）调节输出端中点电位 U_A

调节电位器 R_{P1}，用直流电压表测量 A 点电位，使 $U_A = U_{CC}/2$。

2）调整输出极静态电流及测试各级静态工作点

调节 R_{P2}，使 VT₂、VT₃ 管的 $I_{C2} = I_{C3} = 5 \sim 10$ mA。从减小交越失真角度而言，应适当加大输出极静态电流，但该电流过大，会使效率降低，所以一般以 $5 \sim 10$ mA 为宜。由于毫安表是串在电源进线中，因此测得的是整个放大器的电流，但一般 VT₁ 的集电极电流 I_{C1}

较小，从而可以把测得的总电流近似当作末级的静态电流。如要准确得到末级静态电流，则可从总电流中减去 I_{C1} 之值。

调整输出极静态电流的另一方法是动态调试法。先使 $R_{P2}=0$，在输入端接入 $f=1\ kHz$ 的正弦信号 u_i。逐渐加大输入信号的幅值，此时，输出波形应出现较严重的交越失真（注意：没有饱和和截止失真），然后缓慢增大 R_{P2}，当交越失真刚好消失时，停止调节 R_{P2}，恢复 $u_i=0$，此时直流毫安表读数即为输出级静态电流，一般数值也应在 $5\sim10\ mA$ 之间，如过大，则要检查电路。

输出极电流调好以后，测量各级静态工作点，将结果记入表 2.4-1。

表 2.4-1　$I_{C2}=I_{C3}=$　mA　$U_A=2.5\ V$

	VT_1	VT_2	VT_3
U_B/V			
U_C/V			
U_E/V			

注意：

（1）在调整 R_{P2} 时，一是要注意旋转方向，不要调得过大，更不能开路，以免损坏输出管。

（2）输出管静态电流调好，如无特殊情况，不得随意旋动 R_{P2} 的位置。

2. 最大输出功率 P_{om} 和效率 η 的测试

1）测量 P_{om}

输入端接 $f=1\ kHz$ 的正弦信号 u_i，输出端用示波器观察输出电压 u_o 波形。逐渐增大 u_i，使输出电压达到最大不失真时输出，用交流毫伏表测出负载 R_L 上的电压 U_{om}，则 $P_{om}=U_{om}^2/R_L$。

2）测量 η

当输出电压为最大不失真输出时，读出直流毫安表中的电流值，此电流即为直流电源供给的平均电流 I_{DC}（有一定误差），由此可近似求得 $P_E=U_{CC}I_{DC}$，再根据上面测得的 P_{om}，即可求出 $\eta=P_{om}/P_E$。

3. 输入灵敏度测试

根据输入灵敏度的定义，只要测出输出功率 $P_o=P_{om}$ 时的输入电压值 U_i 即可。

4. 频率响应的测试

测试方法同实验 2。测量结果记入表 2.4-2。

表 2.4-2　$U_i=$　mV

f/Hz			f_L				f_H		
U_o/V									
A_u									

在测试时，为保证电路的安全，应在较低电压下进行，通常取输入信号为输入灵敏度的 50%。在整个测试过程中，应保持 U_i 为恒定值，且输出波形不得失真。

5. 研究自举电路的作用

(1) 测量有自举电路，且 $P_o = P_{om}$ 时的电压增益 $A_u = U_{om}/U_i$。

(2) 将图 2.4-1 中的 C_2 开路，R 短路(无自举)，再测量 $P_o = P_{om}$ 的 A_u。

用示波器观察(1)、(2)两种情况下的输出电压波形，并将以上两项测量结果进行比较，分析研究自举电路的作用。

6. 噪声电压的测试

测量时将输入端短路($u_i = 0$)，观察输出噪声波形，并用交流毫伏表测量输出电压，即为噪声电压 U_N。本电路若 $U_N < 15$ mV，则即满足要求。

7. 试听

输入信号改为录音机输出，输出端接试听音箱及示波器。开机试听，并观察语言和音乐信号的输出波形。

五、实验仪器与设备

(1) 函数信号发生器、双踪示波器、交流毫伏表、直流稳压电源。

(2) 模拟电路实验箱。

(3) 数字万用表。

六、实验报告要求

(1) 整理实验数据，计算静态工作点、最大不失真输出功率 P_{om}、效率 η 等，并与理论值进行比较。画出频率响应曲线。

(2) 分析自举电路的作用。

(3) 讨论实验中发生的问题及解决办法。

实验五　集成运放运算电路

一、预习要求

(1) 复习运算放大器一些基本概念及特性参数的意义。

(2) 复习理想运算放大器的两个重要特性(虚短、虚断)并加深理解。

(3) 深入理解运算放大器在模拟运算电路中的应用。

二、实验目的

(1) 学习运算放大器的使用方法。

（2）掌握运算放大器在信号运算方面的实际应用。

（3）掌握运算放大器的调零技术。

三、实验原理

1. 理想集成运放"虚短"和"虚断"概念及三组态接法

集成运算放大器（简称运放）是一种具有高电压增益（放大倍数）的直接耦合多级放大器，或者说集成运放是实现高增益放大功能的一种模拟集成电路。由于其内部各级放大器之间是直接耦合，因此，它也是一种高增益的直流放大器。其内部结构由输入级、中间放大级、输出级组成。

通常将运放视为理想状态，于是其理想指标为

（1）开环电压放大倍数：$A_u = \infty$；

（2）输入电阻（阻抗）：$R_i = \infty$；

（3）输出电阻（阻抗）：$R_o = 0$；

（4）共模抑制比：$K_{CMR} = \infty$；

（5）带宽：$f_{BW} = \infty$；

（6）失调与漂移均为零等。

在理想状态下，在线性区应用时，集成运放的两个重要特性是虚短与虚断。

由于电压增益趋于无穷大，而输出信号电压是有限的，于是理想运放的两个输入端（同相端与反相端）之间的电位差为零，即 $u_+ = u_-$，相当于两输入端短路，但又不是真正的短路，因此称为"虚短"。

由于输入电阻趋于无穷大，而输入信号电压是有限的，于是理想运放的输入端流入运放内部的电流为零，即 $I_i = 0$，相当于输入端与运放内部断路，但又不是真正的断路，因此称为"虚断"。

集成运放有两个输入端，按信号输入接法不同，可分为三种基本放大组态——反相放大、同相放大和差分放大三组态。

由于集成运放具有虚短、虚断的特性及三组态接法，所以分析集成运放电路就非常简便了，即理想运放的闭环特性完全由外接元件决定。

2. 实际集成运放的调零

实际应用的集成运放，由于制作工艺很难使内部元器件完全对称，所以普遍存在着输入失调电压、失调电流的问题，从而使直流放大器不能正常工作，交流放大器减小了动态范围。为消除失调电压、失调电流对输出值的影响，提高运算精度，必须进行调零。而且当改变运算功能时，应再次调零。

以 $\mu A741$ 为例，它的调零引脚为 1、5 脚，调零时只需在 1、5 脚间接入调零电位器，并将反相、同相输入端短路后接地，调整调零电位器，使输出电压 $U_o = 0$ 即可，如图 2.5-1 所示。其中 8 脚为空脚。

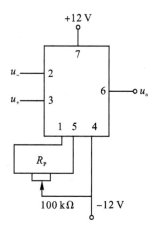

图 2.5-1　μA741 引脚功能及调零电路

3. 集成运放在信号运算方面的应用

1）反相比例运算电路

反相比例运算电路如图 2.5-2 所示。对于理想运放，该电路的输出电压与输入电压之间的关系为 $u_o = -\dfrac{R_F}{R_1} u_i$，为了减小输入级偏置电流引起的运算误差，在同相输入端应接入平衡电阻 $R_2 = R_1 /\!/ R_F$。

2）同相比例运算电路

图 2.5-3 是同相比例运算电路，它的输出电压与输入电压之间的关系为 $u_o = \left(1 + \dfrac{R_F}{R_1}\right) u_i$，$R_2 = R_1 /\!/ R_F$，当

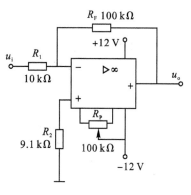

图 2.5-2　反相比例运算电路

$R_1 \rightarrow \infty$ 时，$u_o = u_i$，即得到如图 2.5-4 所示的电压跟随器。图中 $R_2 = R_F$，用以减小漂移和起保护作用。一般 R_F 取 10 kΩ，R_F 太小起不到保护作用，太大则影响跟随性。

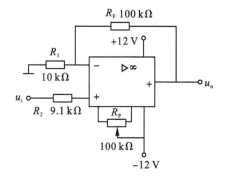

图 2.5-3　同相比例运算电路

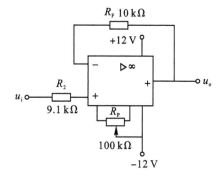

图 2.5-4　电压跟随器电路

3）反相加法运算电路

反相加法运算电路如图 2.5-5 所示，输出电压与输入电压之间的关系为 $u_O =$

$$-\left(\frac{R_F}{R_1}u_{i1}+\frac{R_F}{R_2}u_{i2}\right),\ R_3=R_1 /\!\!/ R_2 /\!\!/ R_F。$$

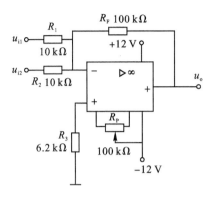

图 2.5-5　反相加法运算电路

4）差动放大电路(减法器)

对于图 2.5-6 所示的差动放大电路,当 $R_1=R_2$,$R_3=R_F$ 时,有 $u_o=\dfrac{R_F}{R_1}(u_{i2}-u_{i1})$。

5）积分运算电路

积分运算电路如图 2.5-7 所示。在理想化条件下,输出电压 u_o 等于

$$u_o(t)=-\frac{1}{R_1 C}\int_0^t u_i \mathrm{d}t+u_C(0)$$

式中,$u_C(0)$ 是 $t=0$ 时刻电容 C 两端的电压值,即初始值。

如果 $u_i(t)$ 是幅值为 E 的阶跃电压,并设 $u_C(0)=0$,则

$$u_o(t)=-\frac{1}{R_1 C}\int_0^t E\mathrm{d}t=-\frac{E}{R_1 C}t$$

即输出电压 $u_o(t)$ 随时间增长而线性下降。显然 RC 的数值越大,达到给定的 u_o 值所需的时间就越长。积分输出电压所能达到的最大值受集成运放最大输出范围的限制。

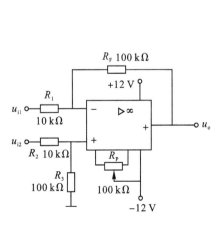

图 2.5-6　差动放大电路

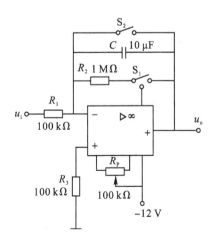

图 2.5-7　积分运算电路

在进行积分运算之前,首先应对运放调零。为了便于调节,将图中 S_1 闭合,即通过电

阻 R_2 的负反馈作用帮助实现调零。但在完成调零后，应将 S_1 打开，以免因 R_2 的接入造成积分误差。S_2 的设置一方面为积分电容放电提供通路，同时可实现积分电容初始电压 $u_C(0)=0$；另一方面，可控制积分起始点，即在加入信号 u_i 后，只要 S_2 一打开，电容就将被恒流充电，电路也就开始进行积分运算。

四、实验内容

实验前要看清运放组件各管脚的位置，切忌正、负电源极性接反和输出端短路，否则将会损坏集成块。

1. 反相比例运算电路

(1) 按图 2.5 - 2 连接实验电路，接通 ±12 V 电源，输入端对地短路，进行调零和消振。

(2) 输入 $f=1000$ Hz，$U_i=0.5$ V 的正弦交流信号，用交流电压表测量输出端电压 U_o，并用示波器观察 U_o 和 U_i 的相位关系，将实验数据结果记入表 2.5 - 1。

表 2.5 - 1 ($U_i=0.5$ V，$f=1000$ Hz)

U_i/V	U_o/V		A_u		u_i波形	u_o波形
	实测	计算	实测	计算		
					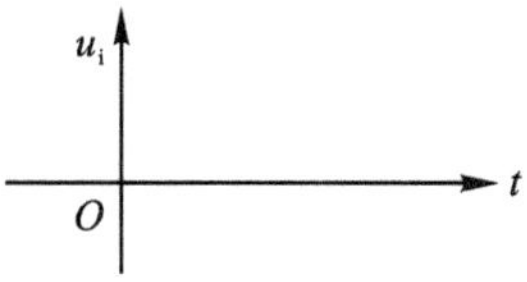	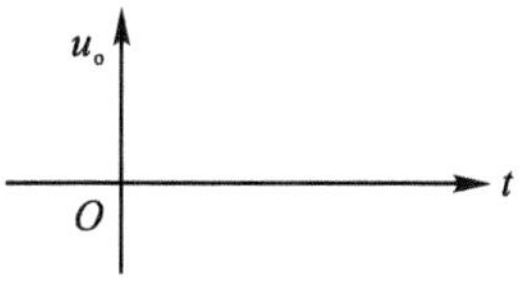

2. 同相比例运算电路

(1) 按图 2.5 - 3 连接实验电路。实验步骤同内容 1，将结果记入表 2.5 - 2。

(2) 按图 2.5 - 4 连接电路，即改成电压跟随器，实验步骤同内容 1，将结果记入表 2.5 -3。

表 2.5 - 2 ($U_i=0.5$ V，$f=1000$ Hz)

U_i/V	U_o/V		A_u		u_i波形	u_o波形
	实测	计算	实测	计算		
					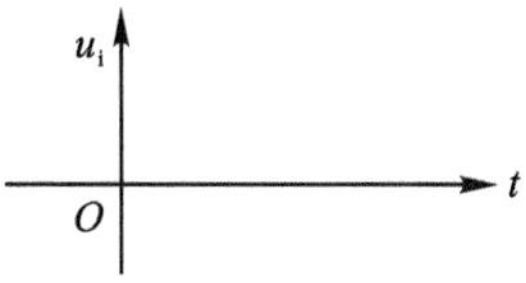	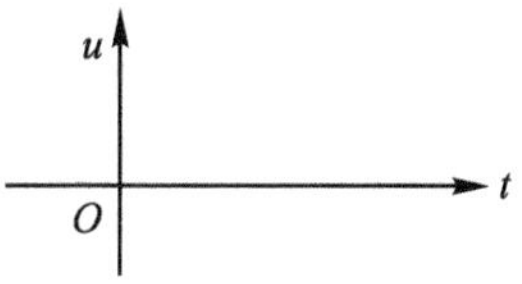

表 2.5 - 3 ($U_i = 0.5$ V，$f = 1000$ Hz)

U_i/V	U_o/V		A_u		u_i 波形	u_o 波形
	实测	计算	实测	计算		

3. 反相加法运算电路

（1）按图 2.5 - 5 连接实验电路，调零和消振。

（2）输入信号采用直流信号，可从实验箱可调电源调取，实验者也可按图 2.5 - 8 自行调取。实验时要注意选择合适的直流信号幅度以确保集成运放工作在线性区。用直流电压表测量输入电压 U_{i1}、U_{i2} 及输出电压 U_o，将实验数据记入表 2.5 - 4。

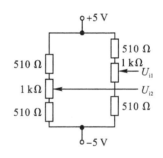

图 2.5 - 8 简易可调直流信号源

表 2.5 - 4 (U_{i1}、U_{i2} 取值可参考表中所示)

U_{i1}/V	0	−0.4	+0.2	+0.2	−0.4
U_{i2}/V	0	+0.2	−0.4	+0.2	−0.4
实测 U_o/V					
计算 U_o/V					

4. 差动放大电路

（1）按图 2.5 - 6 连接实验电路，调零和消振。

（2）采用直流输入信号，实验步骤同内容 3，将实验数据记入表 2.5 - 5。

表 2.5 - 5 (U_{i1}、U_{i2} 取值可参考表中所示)

U_{i1}/V	0	−0.4	+0.2	+0.2	−0.4
U_{i2}/V	0	+0.2	−0.4	+0.2	−0.4
实测 u_o/V					
计算 u_o/V					

5. 积分运算电路

实验电路如图 2.5-7 所示。

(1) 打开 S_2，闭合 S_1，对运放输出进行调零。

(2) 调零完成后，再打开 S_1，闭合 S_2，使 $u_C(0)=0$。

(3) 预先调好直流输入电压 $U_i=0.5\text{ V}$，接入实验电路，再打开 S_2，然后用直流电压表测量输出电压 U_o，每隔 5 s 读一次 U_o，将实验数据记入表 2.5-6，直到 U_o 不继续明显增大为止。

表 2.5-6

t/s	0	5	10	15	20	25	30	…
U_o/V								

五、实验仪器与设备

(1) 函数信号发生器、双踪示波器、交流毫伏表、直流稳压电源。

(2) 模拟电路实验箱。

(3) 数字万用表。

六、实验报告要求

(1) 整理实验数据，画出波形图(注意波形间的相位关系)。

(2) 将理论计算结果和实测数据相比较，分析产生误差的原因。

(3) 讨论实验中出现的现象及问题，阐述相关体会。

实验六　集成运放电压比较器

一、预习要求

(1) 电压比较器的相关知识。

(2) 不同型号集成运放的相关应用。

二、实验目的

(1) 掌握电压比较器的电路构成及特点。

(2) 学会测试比较器的方法。

三、实验原理

电压比较器是集成运放非线性应用电路，它将一个模拟量电压信号和一个参考电压相比较，在二者幅度相等的附近，输出电压将产生跃变，相应输出高电平或低电平。比较器可以组成非正弦波形变换电路及应用于模拟与数字信号转换等领域。

图 2.6-1 所示为一个最简单的电压比较器，U_R 为参考电压，加在运放的同相输入端，输入电压 u_i 加在反相输入端。

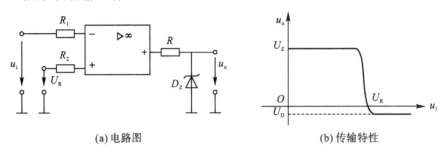

(a)电路图　　　　　　　　　　(b)传输特性

图 2.6-1　电压比较器

当 $u_i < U_R$ 时，运放输出高电平，稳压管 D_Z 反向稳压工作。输出端电位被其钳位在稳压管的稳定电压 U_Z，即 $u_o = U_Z$。

当 $u_i > U_R$ 时，运放输出低电平，D_Z 正向导通，输出电压等于稳压管的正向压降 U_D，即 $u_o = -U_D$。

因此，以 U_R 为界，当输入电压 u_i 变化时，输出端反映出两种状态：高电平和低电平。

表示输出电压与输入电压之间关系的特性曲线，称为传输特性。图 2.6-1(b)为(a)图比较器的传输特性。

常用的电压比较器有过零比较器、滞回比较器、窗口(双限)比较器等。

1. 过零比较器

过零比较器电路如图 2.6-2(a)所示，为加限幅电路的过零比较器，VZ 为限幅稳压管。信号从运放的反相输入端输入，参考电压为零，从同相端输入。当 $u_i > 0$ 时，输出 $u_o = -(U_Z + U_D)$；当 $u_i < 0$ 时，$u_o = +(U_Z + U_D)$。其电压传输特性如图 2.6-2(b)所示。

过零比较器结构简单，灵敏度高，但抗干扰能力差。

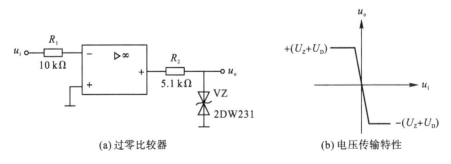

(a)过零比较器　　　　　　　　　　(b)电压传输特性

图 2.6-2　过零比较器

2. 滞回比较器

图 2.6-3(a)为具有滞回特性的过零比较器，即滞回比较器。过零比较器在实际工作时，如果 u_i 恰好在过零值附近，则由于零点漂移的存在，u_o 将不断由一个极限值转换到另一个极限值，这在控制系统中对执行机构将是很不利的。为此，就需要输出特性具有滞回

现象。如图2.6-3所示，从输出端引一个电阻分压正反馈支路到同相输入端，若u_o改变状态，Σ点也随着改变电位，使过零点离开原来位置。当u_o为正(记作U_+)$U_\Sigma = \dfrac{R_2}{R_f + R_2}U_+$，则当$u_i > U_\Sigma$后，$u_o$即由正变负(记作$U_-$)，此时$U_\Sigma$变为$-U_\Sigma$。故只有当$u_i$下降到$-U_\Sigma$以下时，才能使$u_o$再度回升到$U_+$，于是出现图2.6-3(b)中所示的滞回特性。$-U_\Sigma$与$U_\Sigma$的差别称为回差。改变$R_2$的数值可以改变回差的大小。

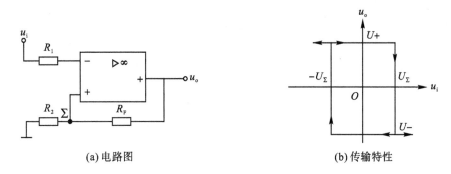

(a) 电路图 (b) 传输特性

图 2.6-3 滞回比较器

3. 窗口比较器

简单的比较器仅能鉴别输入电压u_i比参考电压U_R高或低的情况，窗口比较器是由两个简单比较器组成的，如图2.6-4(a)所示，它能指示出u_i值是否处于U_R^+和U_R^-之间。如$U_R^- < U_i < U_R^+$，则窗口比较器的输出电压U_o等于运放的正饱和输出电压($+U_{omax}$)；如果$U_i < U_R^-$或$U_i > U_R^+$，则输出电压U_o等于运放的负饱和输出电压($-U_{omax}$)。其传输特性如图2.6-4(b)所示。

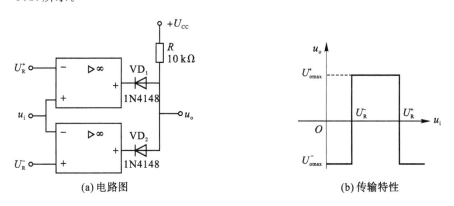

(a) 电路图 (b) 传输特性

图 2.6-4 由两个简单比较器组成的窗口比较器

四、实验内容

1. 过零比较器

过零比较器实验电路如图2.6-2所示。

（1）接通±12 V电源。

（2）测量 u_i 悬空时的 U_o 值。

（3）u_i 输入 500 Hz、幅值为 2 V 的正弦信号，观察 $u_i \rightarrow u_o$ 波形并记于表 2.6-1 中。

（4）改变 u_i 幅值，测量传输特性曲线。

表 2.6-1　测量结果记录表

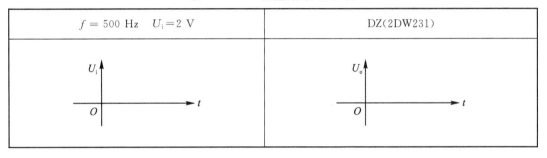

$f = 500$ Hz　$U_i = 2$ V	DZ(2DW231)

2. 反相滞回比较器

反相滞回比较器实验电路如图 2.6-5 所示。

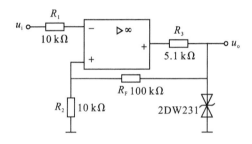

图 2.6-5　反相滞回比较器

（1）按图接线，u_i 接 +5 V 可调直流电源，测出 u_o 由 $+U_{omax} \rightarrow -U_{omax}$ 时 u_i 的临界值。

（2）同上，测出 u_o 由 $-U_{omax} \rightarrow +U_{omax}$ 时 u_i 的临界值。

（3）u_i 接 500 Hz，峰值为 2 V 的正弦信号，观察并记录 $u_i \rightarrow u_o$ 波形。

（4）将分压支路 100 kΩ 电阻改为 200 kΩ，重复上述实验，测定传输特性。

3. 同相滞回比较器

同相滞回比较器实验线路如图 2.6-6 所示。

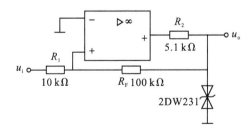

图 2.6-6　同相滞回比较器

（1）参照内容 2，自拟实验步骤及方法。

（2）将结果与内容 2 进行比较。

4. 窗口比较器

参照图 2.6 - 4 自拟实验步骤和方法测定其传输特性。

五、实验仪器与设备

（1）函数信号发生器、双踪示波器、交流毫伏表、直流稳压电源。
（2）模拟电路实验箱。
（3）数字万用表。

六、实验报告要求

（1）整理实验数据，绘制各类比较器的传输特性曲线。
（2）总结几种比较器的特点，阐明它们的应用。

实验七　集成运放有源滤波器

一、预习要求

（1）有源滤波器的相关概念。
（2）熟悉有源滤波器的工作原理。

二、实验目的

（1）熟悉低通、高通、带通、带阻有源滤波器电路结构。
（2）学会有源滤波器的幅频特性的测试方法。

三、实验原理

由 RC 元件与运算放大器组成的滤波器称为 RC 有源滤波器，其功能是让一定频率范围内的信号通过，抑制或急剧衰减此频率范围以外的信号。RC 有源滤波器可用在信息处理、数据传输、抑制干扰等方面，但因受运算放大器频带限制，这类滤波器主要用于低频范围。根据对频率范围的选择不同，可分为低通（LPF）、高通（HPF）、带通（BPF）与带阻（BEF）四种滤波器，它们的幅频特性如图 2.7 - 1 所示。

具有理想幅频特性的滤波器是很难实现的，只能用实际的幅频特性去逼近理想的。一般来说，滤波器的幅频特性越好，其相频特性越差，反之亦然。滤波器的阶数越高，幅频特性衰减的速率越快，但 RC 网络的节数越多，元件参数计算越烦琐，电路调试越困难。任何高阶滤波器均可以用较低的二阶 RC 有滤波器级联实现。

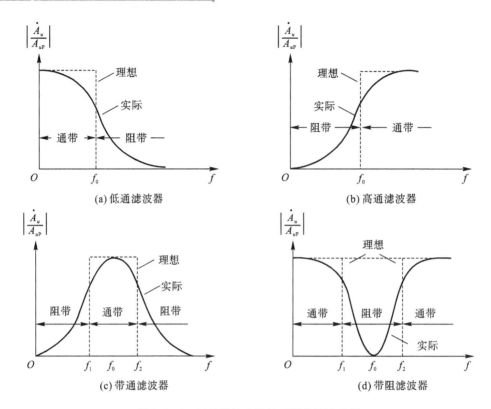

图 2.7 - 1　四种滤波电路的幅频特性示意图

1. 低通滤波器(LPF)

低通滤波器是用来通过低频信号衰减或抑制高频信号。图 2.7 - 2(a)为典型的二阶有源低通滤波器。它由两级 RC 滤波环节与同相比例运算电路组成，其中第一级电容 C 接至输出端，引入适量的正反馈，以改善幅频特性。其频率特性如图 2.7 - 2(b)所示。

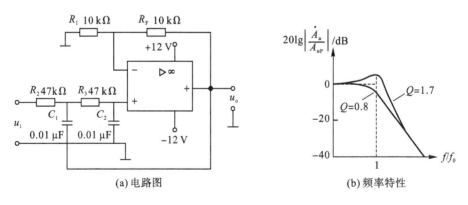

图 2.7 - 2　二阶低通滤波器

二阶低通滤波器的主要性能参数如下：

$A_{uP} = 1 + \dfrac{R_F}{R_1}$ 二阶低通滤波器的通带增益(闭环放大倍数)。

$f_0 = \dfrac{1}{2\pi RC}$ 截止频率，它是二阶低通滤波器通带与阻带的界限频率。

$Q = \dfrac{1}{3 - A_{uP}}$ 品质因素，它的大小影响低通滤波器在截止频率处幅频特性形状。

2. 高通滤波器(HPF)

与低通滤波器相反，高通滤波器用来通过高频信号，衰减或抑制低频信号。只要将图 2.7-2 的二阶低通滤波电路中起滤波作用的电阻、电容互换，即可变成二阶有源高通滤波器，如图 2.7-3(a)所示。高通滤波器性能与低通滤波器相反，其频率响应和低通滤波器是"镜像"关系，仿照 LPH 分析方法，不难求得 HPF 的幅频特性。高通滤波器的频率特性如图 2.7-3(b)所示。

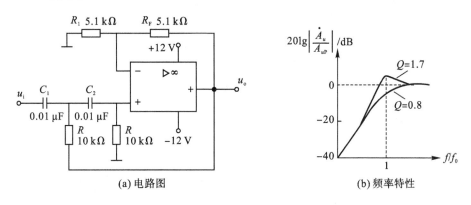

(a)电路图　　(b)频率特性

图 2.7-3　二阶高通滤波器

3. 带通滤波器(BPF)

这种滤波器的作用是只允许在某一个通频带范围内的信号通过，而比通频带下限频率低和比上限频率高的信号均加以衰减或抑制。典型的带通滤波器可以从二阶低通滤波器中将其中一级改成高通而成，如图 2.7-4(a)所示。其频率特性如图 2.7-4(b)所示。

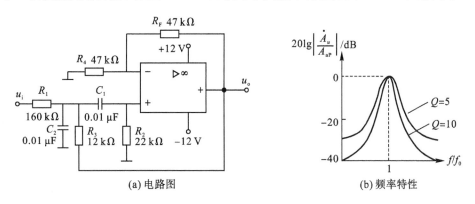

(a)电路图　　(b)频率特性

图 2.7-4　二阶带通滤波器

其电路性能参数如下：

通带增益：$A_{uP} = \dfrac{R_4 + R_f}{R_4 R_1 CB}$；

中心频率：$f_0 = \dfrac{1}{2\pi} \sqrt{\dfrac{1}{R_2 C^2} \left(\dfrac{1}{R_1} + \dfrac{1}{R_3} \right)}$；

通带宽度：$B = \dfrac{1}{C}\left(\dfrac{1}{R_1} + \dfrac{2}{R_2} - \dfrac{R_F}{R_3 R_4}\right)$；

选择性：$Q = \dfrac{\omega_0}{B}$。

此电路的优点是改变 R_F 和 R_4 的比例就可改变频宽而不影响中心频率。

4. 带阻滤波器(BEF)

如图 2.7 - 5(a)所示，这种电路的性能和带通滤波器相反，即在规定的频带内，信号不能通过(或受到很大衰减或抑制)，而在其余频率范围，信号则能顺利通过。在双 T 网络后加一级同相比例运算电路就构成了基本的二阶有源 BEF。其频率特性如图 2.7 - 5(b)所示。

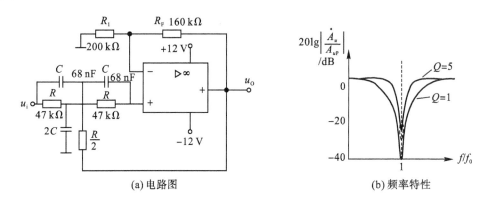

(a)电路图　　　　　　　(b)频率特性

图 2.7 - 5　二阶带阻滤波器

电路性能参数如下：

通带增益：$A_{uP} = 1 + \dfrac{R_F}{R_1}$；

中心频率：$f_0 = \dfrac{1}{2\pi RC}$；

带阻宽度：$B = 2(2 - A_{uP})f_0$；

选择性：$Q = \dfrac{1}{2(2 - A_{uP})}$。

四、实验内容

1. 二阶低通滤波器

实验电路如图 2.7 - 2(a)所示。

(1) 粗测：接通 ±12 V 电源。u_i 接函数信号发生器，令其输出为 $u_i = 1$ V 的正弦波信号，在滤波器截止频率附近改变输入信号频率，用示波器或交流毫伏表观察输出电压幅度的变化是否具备低通特性，如不具备，应排除电路故障。

(2) 在输出波形不失真的条件下，选取适当幅度的正弦输入信号，在维持输入信号幅度不变的情况下，逐点改变输入信号频率。测量输出电压，并将数据记入表 2.7 - 1 中，描绘频率特性曲线。

表 2.7-1

f/Hz					f_0					
U_o/V										

2. 二阶高通滤波器

实验电路如图 2.7-3(a)所示。

(1) 粗测：输入 $u_i=1\text{ V}$ 正弦波信号，在滤波器截止频率附近改变输入信号频率，观察电路是否具备高通特性。

(2) 测绘高通滤波器的幅频特性曲线，并将数据记入表 2.7-2 中。

表 2.7-2

f/Hz					f_0					
U_o/V										

3. 带通滤波器

实验电路如图 2.7-4(a)所示，测量其频率特性，将数据记入表 2.7-3 中。

(1) 实测电路的中心频率 f_0。

(2) 以实测中心频率为中心，测绘电路的幅频特性。

表 2.7-3

f/Hz			f_L			f_0			f_H		
U_o/V											

4. 带阻滤波器

实验电路如图 2.7-5(a)所示。

(1) 实测电路的中心频率 f_0。

(2) 测绘电路的幅频特性，并将数据记入表 2.7-4 中。

表 2.7-4

f/Hz			f_L			f_0			f_H		
U_o/V											

五、实验仪器与设备

(1) 函数信号发生器、双踪示波器、交流毫伏表、直流稳压电源。

(2) 模拟电路实验箱。

(3) 数字万用表。

六、实验报告要求

(1) 整理实验数据，画出各电路实测的幅频特性曲线。

(2) 根据实验曲线，计算截止频率、中心频率、带宽及品质因数。

(3) 总结有源滤波电路的特性。

实验八　集成运放波形产生电路

一、预习要求

（1）复习有关 RC 正弦波振荡器、三角波及方波发生器的工作原理。
（2）设计实验表格。

二、实验目的

（1）学习用集成运放构成正弦波、方波和三角波发生器。
（2）学习波形发生器的调整和主要性能指标的测试方法。

三、实验原理

由集成运放构成的正弦波、方波和三角波发生器有多种形式，本实验选用最常用的、线路比较简单的几种电路加以分析。

1. RC 桥式正弦波振荡器（文氏电桥振荡器）

图 2.8-1 为 RC 桥式正弦波振荡器。其中 RC 串并联电路构成正反馈支路，同时兼作选频网络。R_1、R_2、R_P 及二极管等元件构成负反馈和稳幅环节。调节电位器 R_P，可以改变负反馈深度，以满足振荡的振幅条件和改善波形。利用两个反向并联二极管 VD_1、VD_2 正向电阻的非线性特性来实现稳幅。VD_1、VD_2 采用硅管（温度稳定性好），且要求特性匹配，才能保证输出波形正、负半周对称。R_3 的接入是为了削弱二极管非线性的影响，以改善波形失真。

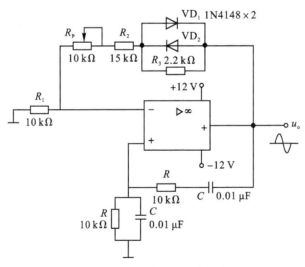

图 2.8-1　RC 桥式正弦波振荡器

电路的振荡频率为

$$f_0 = \frac{1}{2\pi RC}$$

起振的幅值条件为

$$\frac{R_F}{R_1} \geqslant 2$$

式中，$R_F = R_P + R_2 + (R_3 /\!/ r_D)$，$r_D$ 为二极管正向导通电阻。

　　调整反馈电阻 R_F（调 R_P），使电路起振，且波形失真最小。如不能起振，则说明负反馈太强，应适当加大 R_F。如波形失真严重，则应适当减小 R_F。

　　改变选频网络的参数 C 或 R，即可调节振荡频率。一般采用改变电容 C 作频率量程切换，而调节 R 作量程内的频率细调。

2. 方波发生器

　　由集成运放构成的方波发生器和三角波发生器，一般均包括比较器和 RC 积分器两大部分。图 2.8-2 所示为由滞回比较器及简单 RC 积分电路组成的方波、三角波发生器。它的特点是线路简单，但三角波的线性度较差。方波发生器主要用于产生方波，或对三角波要求不高的场合。

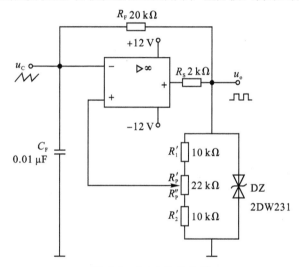

图 2.8-2　方波发生器

电路振荡频率为

$$f_o = \frac{1}{2R_F C_F \ln\left(1 + \dfrac{2R_2}{R_1}\right)}$$

式中：$R_1 = R_1' + R_P'$；$R_2 = R_2' + R_P''$

　　方波输出幅值为

$$U_{om} = \pm U_Z$$

　　三角波输出幅值为

$$U_{om} = \frac{R_2}{R_1 + R_2} U_Z$$

　　调节电位器 R_P（即改变 R_2/R_1），可以改变振荡频率，但三角波的幅值也随之变化。如要互不影响，则可通过改变 R_F（或 C_F）来实现振荡频率的调节。

3. 三角波和方波发生器

　　如把滞回比较器和积分器首尾相接形成正反馈闭环系统，如图 2.8-3 所示，则比较器

A_1 输出的方波经积分器 A_2 积分可得到三角波，三角波又触发比较器自动翻转形成方波，这样即可构成三角波、方波发生器。图 2.8 - 4 为方波、三角波发生器输出波形图。由于采用运放组成的积分电路，因此可实现恒流充电，使三角波线性有很大改善。

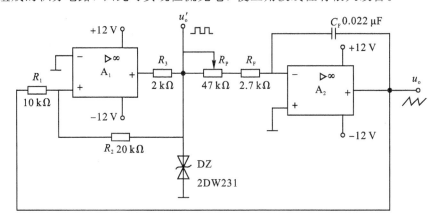

图 2.8 - 3　三角波、方波发生器

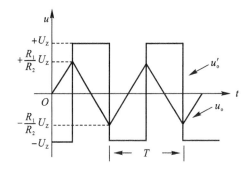

图 2.8 - 4　三角波、方波发生器输出波形图

电路振荡频率为

$$f_0 = \frac{R_2}{4R_1(R_F + R_P)C_F}$$

方波幅值为

$$U'_{om} = \pm U_Z$$

三角波幅值

$$U_{om} = \frac{R_1}{R_2}U_Z$$

调节 R_P 可以改变振荡频率，改变比值 R_1/R_2 可调节三角波的幅值。

四、实验内容

1. RC 桥式正弦波振荡器

按图 2.8 - 1 连接实验电路。

（1）接通 ±12 V 电源，调节电位器 R_P，使输出波形从无到有，从正弦波到出现失真。描绘 u_o 的波形，记下临界起振、正弦波输出及失真情况下的 R_P 值，分析负反馈强弱对起振条件及输出波形的影响。

（2）调节电位器 R_P，使输出电压 u_o 幅值最大且不失真，用交流毫伏表分别测量输出电压 U_o、反馈电压 U_+ 和 U_-，分析研究振荡的幅值条件。

（3）用示波器或频率计测量振荡频率 f_o，然后在选频网络的两个电阻 R 上并联同一阻值电阻，观察记录振荡频率的变化情况，并与理论值进行比较。

（4）断开二极管 VD_1、VD_2，重复（2）的内容，将测试结果与（2）进行比较，分析 VD_1、VD_2 的稳幅作用。

（5）RC 串并联网络幅频特性观察。

将 RC 串并联网络与运放断开，由函数信号发生器注入 3 V 左右正弦信号，并用双踪示波器同时观察 RC 串并联网络输入、输出波形。保持输入幅值（3 V）不变，从低到高改变频率，当信号源达到某一频率时，RC 串并联网络输出将达最大值（约 1 V），且输入、输出同相位。此时的信号源频率为

$$f = f_0 = \frac{1}{2\pi RC}$$

2. 方波发生器

按图 2.8 - 2 连接实验电路。

（1）将电位器 R_P 调至中心位置，用双踪示波器观察并描绘方波 u_o 及三角波 u_C 的波形（注意对应关系），测量其幅值及频率，并记录之。

（2）改变 R_P 动点的位置，观察 u_o、u_C 幅值及频率变化情况。把动点调至最上端和最下端，测出频率范围，并记录之。

（3）将 R_P 恢复至中心位置，将一只稳压管短接，观察 u_o 波形，分析 DZ 的限幅作用。

3. 三角波和方波发生器

按图 2.8 - 3 连接实验电路。

（1）将电位器 R_P 调至合适位置，用双踪示波器观察并描绘三角波输出 u_o 及方波输出 u_o'，测其幅值、频率及 R_P 值，并记录之。

（2）改变 R_P 的位置，观察对 u_o、u_o' 幅值及频率的影响。

（3）改变 R_1（或 R_2），观察对 u_o、u_o' 幅值及频率的影响。

五、实验仪器与设备

（1）函数信号发生器、双踪示波器、交流毫伏表、直流稳压电源。

（2）模拟电路实验箱。

（3）数字万用表。

六、实验报告要求

（1）按自己拟定的表格记录各项实验数据。

（2）分析实验过程中所遇到的问题。

（3）其他相关体会。

实验九 晶闸管可控整流电路

一、预习要求

(1) 复习晶闸管可控整流部分内容。
(2) 可否用万用电表"R×10 kΩ"挡测试晶闸管，为什么？
(3) 为什么可控整流电路必须保证触发电路与主电路同步？本实验是如何实现同步的？
(4) 可以采取哪些措施改变触发信号的幅度和移相范围？

二、实验目的

(1) 学习单结晶体管和晶闸管的简易测试方法。
(2) 熟悉单结晶体管触发电路(阻容移相桥触发电路)的工作原理及调试方法。
(3) 熟悉用单结晶体管触发电路控制晶闸管调压电路的方法。

三、实验原理

可控整流电路的作用是把交流电变换为电压值可以调节的直流电。图 2.9-1 所示为单相半控桥式整流实验电路。主电路由负载 R_L(灯泡)和晶闸管 VT_1 组成，触发电路为单结晶体管 VT_2 及一些阻容元件构成的阻容移相桥触发电路。改变晶闸管 VT_1 的导通角，便可调节主电路的可控输出整流电压(或电流)的数值，这点可由灯泡负载的亮度变化看出。晶闸管导通角的大小决定触发脉冲的频率 f，由公式

$$f = \frac{1}{RC}\ln\left(\frac{1}{1-\eta}\right)$$

可知，当单结晶体管的分压比 η(一般在 $0.5\sim0.8$ 之间)及电容 C 值固定时，则频率 f 大小由 R 决定，因此，通过调节电位器 R_P，使可以改变触发脉冲频率、主电路的输出电压也随之改变，从而达到可控调压的目的。

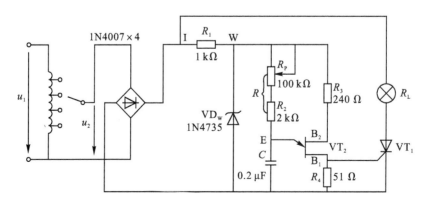

图 2.9-1 单相半控桥式整流实验电路

用万用电表的电阻挡(或用数字万用表二极管挡)可以对单结晶体管和晶闸管进行简易测试。

图 2.9-2 为单结晶体管 BT33 管脚排列、结构图及电路符号。好的单结晶体管 PN 结正向电阻 R_{EB1}、R_{EB2} 均较小,且 R_{EB1} 稍大于 R_{EB2},PN 结的反向电阻 R_{B1E}、R_{B2E} 均应很大,根据所测阻值,即可判断出各管脚及管子的质量优劣。

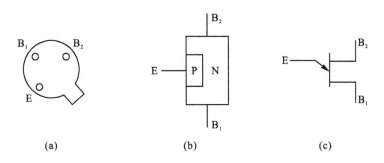

图 2.9-2　单结晶体管 BT33 管脚排列、结构图及电路符号

图 2.9-3 为晶闸管 3CT3A 管脚排列、结构图及电路符号。晶闸管阳极(A)和阴极(K)及阳极(A)和门极(G)之间的正、反向电阻 R_{AK}、R_{KA}、R_{AG}、R_{GA} 均应很大,而 G、K 之间为一个 PN 结,PN 结正向电阻应较小,反向电阻应很大。

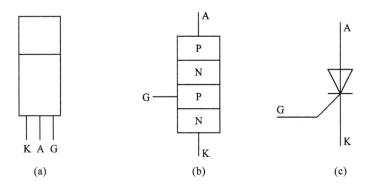

图 2.9-3　晶闸管 3CT3A 管脚排列、结构图及电路符号

四、实验内容

1. 单结晶体管的简易测试

用万用电表"R×10 kΩ"挡分别测量 EB_1、EB_2 间正、反向电阻,并记入表 2.9-1 中。

表 2.9-1

R_{EB1}/Ω	R_{EB2}/Ω	$R_{B1E}/k\Omega$	$R_{B2E}/k\Omega$	结论

2. 晶闸管的简易测试

用万用电表"R×1 kΩ"挡分别测量 A—K、A—G 间正、反向电阻;用 R×10 Ω 挡测量 G—K 间正、反向电阻,并记入表 2.9-2 中。

表 2.9 – 2　测量数据记录表

$R_{AK}/k\Omega$	$R_{KA}/k\Omega$	$R_{AG}/k\Omega$	$R_{GA}/k\Omega$	$R_{GK}/k\Omega$	$R_{KG}/k\Omega$	结论

3. 晶闸管导通、关断条件测试

断开±12 V、±5 V 直流电源，按图 2.9 – 4 连接实验电路。

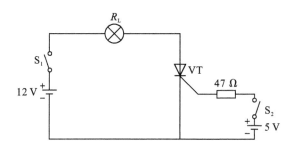

图 2.9 – 4　晶闸管导通、关断条件测试

（1）晶闸管阳极加 12 V 正向电压，门极①开路，②加 5 V 正向电压，观察管子是否导通（导通时灯泡亮，关断时灯泡熄灭）。管子导通后，③去掉＋5 V 门极电压，④反接门极电压（接−5 V），观察管子是否继续导通。

（2）晶闸管导通后，①去掉＋12 V 阳极电压，②反接阳极电压（接−12 V），观察管子是否关断，并加以记录。

4. 晶闸管可控整流电路

按图 2.9 – 1 连接实验电路。取可调工频电源 14 V 电压作为整流电路输入电压 u_2，电位器 R_P 置中间位置。

1）单结晶体管触发电路

（1）断开主电路（把灯泡取下），接通工频电源，测量 u_2 值。用示波器依次观察并记录交流电压 u_2、整流输出电压 u_1（I−0）、削波电压 u_W（W−0）、锯齿波电压 u_E（E−0）、触发输出电压 u_{B1}（B₁−0）。记录波形时，注意各波形间对应关系，并标出电压幅度及时间。将数据记入表 2.9 – 3 中。

（2）改变移相电位器 R_P 阻值，观察 u_E 及 u_{B1} 波形的变化及 u_{B1} 的移相范围，并将数据记入表 2.9 – 3 中。

表 2.9 – 3

u_2	u_1	u_W	u_E	u_{B1}	移相范围

2）可控整流电路

断开工频电源，接入负载灯泡 R_L，再接通工频电源，调节电位器 R_P，使电灯由暗到中等亮，再到最亮，用示波器观察晶闸管两端电压 u_{T1}、负载两端电压 u_L，并测量负载直流电压 U_L 及工频电源电压 U_2 有效值，将数据记入表 2.9 – 4 中。

表 2.9 - 4

	暗	较 亮	最 亮
u_L 波形			
u_T 波形			
导通角 θ			
U_L/V			
U_2/V			

五、实验仪器与设备

（1）函数信号发生器、双踪示波器、交流毫伏表、直流稳压电源。

（2）模拟电路实验箱。

（3）数字万用表。

六、实验报告要求

（1）总结晶闸管导通、关断的基本条件。

（2）画出实验中记录的波形（注意各波形间的对应关系），并进行讨论。

（3）对实验数据 U_L 与理论计算数据 $U_L = 0.9 U_2 \dfrac{1 + \cos\alpha}{2}$ 进行比较，并分析产生误差的原因。

（4）分析实验中出现的异常现象。

实验十 直流稳压电源与充电电源

一、设计内容要求

（1）输出电压：3 V、6 V 两挡，正、负极性输出。

（2）输出电流：额定电流为 150 mA，最大电流为 500 mA。

（3）额定电流输出时，$\Delta U_o/U_o \leqslant 10\%$。

（4）用快充和慢充两种方式对 4 节 5 号或 7 号电池充电。慢充电流为 50 mA～60 mA，快充电流为 110 mA～130 mA。

二、直流稳压电源与充电电源的基本设计

整机电路由整流滤波电路、稳压电路和快慢充电电路组成。

1. 稳压电路的设计

（1）稳压电路采用带有限流型保护电路的晶体管串联型稳压电路，电路设计的基本方案如下：

① 由于稳压电路输出电流 $I_o > 100$ mA，因此调整管应采用复合管。

② 通常提供基准电压的稳压管可以用发光二极管 LED 代替(一般工作电压约为 2 V)，兼作电源指示灯。

③ 由于 U_o 为 3 V、6 V 两挡固定值，且不要求调整，因此可将取样电路的上取样电阻设计为两个合适的值，用 1×2 波段开关进行转换。

④ 输出端用 2×2 波段开关实现正、负极性选择。

⑤ 过载保护电路采用二极管限流型保护电路，且二极管用发光二极管 LED 代替，兼作过流指示灯使用。

(2) 稳压电路原理图如图 2.10-1 所示。电路参数计算和元件的选择如下：

① 确定输入电压 U_i(整流滤波电路的输出电压)。当忽略检测电阻 R_2 上的电压时，有

$$U_i = U_o' = U_{omax} + U_{ce1} = 6 + U_{ce1}$$

式中，调整管管压降 U_{ce1}，一般在 $3 \sim 8$ V 间选取，以保证 VT$_1$ 能工作于放大区。当市电电网电压波动不大时，U_{ce1} 可选取得小一些，此时调整管和电源变压器的功耗也可以小一些。

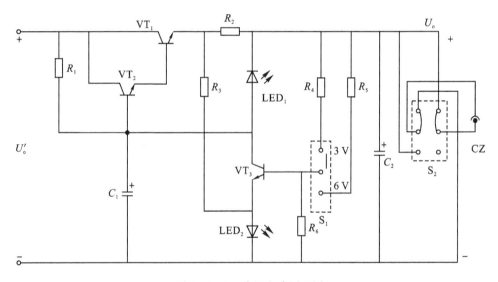

图 2.10-1　稳压电路原理图

② 确定晶体管。估算出晶体管的 I_{cmax}、U_{cemax} 和 P_{cmax} 值，再根据晶体管的极限参数 I_{cm}、$U_{(BR)CEO}$ 和 P_{cm} 来选择晶体管。

$$I_{cmax} \approx I_o = 150 \text{ mA}$$
$$U_{cemax} = U_i - U_{omin} = U_i - 3$$
$$P_{cmax} = I_{cmax}U_{cemax}$$

通过查晶体管手册可知，只要 I_{cm}、$U_{(BR)CEO}$、P_{cm} 大于上述计算值的晶体管都可以作为调整管 VT$_1$ 使用。VT$_2$、VT$_3$ 由于电流电压都不大，功耗也小，因此不需要计算其值，一般可选用小功率管。

③ 确定基准电压。

由 $U_o = \dfrac{1}{n}(U_Z + U_{be3})$ 有

$$U_Z = nU_o - U_{be3}$$

则

$$U_Z < nU_o$$

式中，n 为取样电路的取样比（分压比），且 $n \leqslant 1$。所以 U_Z 应小于 U_{omin}（3 V）。LED 的工作电压为 1.8～2.4 V，且正向特性曲线较陡，因此它可以代替稳压管提供基准电压。

④ 限流电阻的计算。限流电路如图 2.10-2 所示。

$$I_D = I_{R_3} + I_{e3} = \frac{U_o - U_Z}{R_3} + I_{e3}$$

式中，U_Z 为 LED 的工作电压，其值可取为 2 V；I_D 为 LED 的工作电流，在 2～10 mA 之间取值；I_{e3} 为 VT$_3$ 的工作电流，可在 0.5～2 mA 间取值。

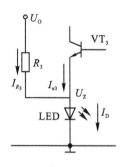

图 2.10-2　基准电压限流稳压电路

当选定 I_{e3} 的值后，为保证 LED 能完全可靠地工作，R_3 的取值应满足条件：2 mA$<I_D<$10 mA。

当 $U_o = U_{omin} = 3$ V 时，I_D 最小，即

$$I_D = \frac{U_{omin} - U_Z}{R_3} + I_{e3} = \frac{3 - U_Z}{R_3} + I_{e3} > 2 \text{ mA}$$

得

$$R_3 < \frac{3 - U_Z}{2 - I_{e3}}$$

当 $U_o = U_{omax} = 6$ V 时，I_D 最大，即

$$I_D = \frac{U_{omax} - U_Z}{R_3} + I_{e3} = \frac{6 - U_Z}{R_3} + I_{e3} < 10 \text{ mA}$$

得

$$R_3 < \frac{6 - U_Z}{10 - I_{e3}}$$

因此有

$$\frac{6 - U_Z}{10 - I_{e3}} < R_3 < \frac{3 - U_Z}{2 - I_{e3}}$$

在取值范围内，R_3 应尽量取大一些，这样有利于 U_Z 的稳定。另外，计算的电阻值还应该选取标称值。

同时，相关的功率计算如下：

$$P_{R_3} = \frac{(U_{omax} - U_Z)^2}{R_3} = \frac{(6 - U_Z)^2}{R_3}$$

需要注意的是，计算出的电阻功率也应取标称值。

⑤ 取样电路的参数计算。

首先，确定取样电路的工作电流 I_1（流过取样电阻的电流）。若 I_1 取得过大，则取样电路的功耗也大；若 I_1 取得过小，则取样比 n 会因 VT$_3$ 的基极电流的变化而不稳定，同时也会造成 U_o 不稳定。

实际应用中，一般取 $I_1 = (0.05 \sim 0.1)I_o$，然后计算取样电阻。

当 $U_o = 3$ V 时，取样电路如图 2.10-3 所示。由 $I_1(R_4 + R_6) = 3$ V，得取样电路的总电阻为 $R = R_4 + R_6 = \dfrac{3}{I_1}$。

又由于 $\dfrac{R}{R_6}(U_z + U_{be3}) = 3\,\mathrm{V}$，所以

$$R_6 = \frac{R(U_z + U_{be3})}{3}$$

$$R_4 = R - R_6$$

当 $U_o = 6\,\mathrm{V}$ 时，应将图 2.10-3 中的电阻 R_4 换成 R_5，计算方法与 $U_o = 3\,\mathrm{V}$ 时相同。取样电路的总电阻为

$$R = R_5 + R_6 = \frac{6}{I_1}$$

$$R_5 = R - R_6$$

此时，计算出的电阻值应取标称值，然后利用公式 $U_o = \dfrac{R}{R_6}(U_z + U_{be3})$ 计算 U_o，并测量 U_o 是否满足设计指标的要求，否则应重新取值计算。最后，还应对所取电阻进行功率计算，并取其标称值。

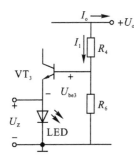

图 2.10-3　取样电路

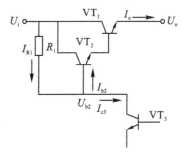

图 2.10-4　比较放大电路

⑥ 计算比较放大器集电极电阻 R_1。比较放大器如图 2.10-4 所示。R_1 的值取决于稳压电源的 U_o 和 I_o，由此可得

$$I_{R_1} = \frac{U_i - U_{b2}}{R_1} = I_{b2} + I_{c3}$$

式中，$U_{b2} = U_o + U_{be1} + U_{be2} \approx U_o + 1.4$，$I_{b2} \approx \dfrac{I_o}{\beta_1 \beta_2}$。

若 R_1 的值太大，则 I_{R_1} 的值变小，I_{b2} 也小，因此不能提供额定电流 I_o；若 R_1 的值太小，则比较放大器增益变低，会造成稳压性能不好。

当 $U_o = U_{omax} = 6\,\mathrm{V}$ 时，R_1 的值应满足条件：

$$\frac{U_i - 7.4}{R_1} \approx I_{b2} + I_{c3}$$

或

$$R_1 \approx \frac{U_i - 7.4}{I_{b2} + I_{c3}}$$

式中，I_{b2} 由 $I_{b2} \approx \dfrac{I_o}{\beta_1 \beta_2}$ 确定（$I_o = 150\,\mathrm{mA}$）。其中，β_1 的取值范围在 $20 \sim 50$ 之间（大功率管取 20，中功率管取 50）；β_2 的取值范围在 $50 \sim 100$ 之间。

I_{c3} 可用前面计算 R_3 时已选定的值 I_{e3}。

R_1 的功耗估算为

$$P_{R_1} = \frac{\left[U_i - (U_{omax} + 1.4)\right]^2}{R_1}$$

需要注意的是，阻值和功率应取标称值。

⑦ 限流保护电路参数的计算。限流保护电路如图 2.10 - 5 所示。

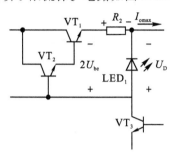

图 2.10 - 5　限流保护电路

检测电阻 R_2 的计算法如下：

因为 $U_D = 2U_{be} + I_{omax}R_2$，所以

$$R_2 = \frac{U_D - 2U_{be}}{I_{omax}} \approx \frac{2 - 1.4}{I_{omax}}$$

式中，U_D 取 2 V，U_{be} 取 0.7 V，最大输出电流 I_{omax} 取 500 mA。电阻功耗的估算为

$$P_{R_2} = I_{omax}^2 R_2$$

同样，阻值和功耗应取标称值。

2. 充电电路部分的设计

充电电路一般采用晶体管恒流源电路，下面分别介绍慢充电路和快充电路。

1) 慢充电路

如图 2.10 - 6 所示，LED 给晶体管发射结提供约为 2 V 的直流稳电压，再利用 R_e 的电流负反馈作用使集电极电流 I_{o1} 保持恒定。

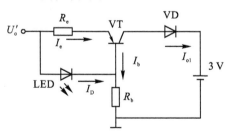

图 2.10 - 6　慢充电路原理图

充电电流 I_{o1} 由式 $I_{o1} = I_c \approx I_e = \dfrac{U_D - U_{be}}{R_e}$ 决定。

元件参数的计算如下：

① 晶体管 $I_{cmax} = I_{o1}$；$U_{cemax} \approx U_o' - 3$；$P_{omax} = I_{cmax}U_{cemax}$。所选用晶体管的参数 I_{cm}、U_{ceo}、P_{cm} 应大于上述计算值。

② LED 用红色发光二极管。工作电压 $U_D \approx 2$ V，可兼作过流报警指示灯用。

③ 二极管 VD 可用普通二极管，正向额定电流应大于 I_{o1}。

④ 电阻为

$$R_e = \frac{U_d - U_{be}}{I_{o1}}; \quad P_{R_e} = I_{o1}^2 R_e$$

$$R_b = \frac{U_o' - U_D}{I_D + I_b}; \quad P_{R_b} = I_{Rb}^2 R_b$$

式中，I_D 为 LED 的工作电流，在 5～10 mA 间取值；I_b 为晶体管基极电流，$I_b = \frac{I_{o1}}{\beta}$（$\beta$ 的取值在 50～100 之间）。

2）快充电路

如图 2.10-7 所示，由于快充时，充电电流 I_{o2} 较大，因此晶体管管耗也变大，为降低管耗，可在集电极回路上增加一个降压电阻 R，此时 $U_{ce} = U_o' - 3 - U_d - I_{o2}(R_e + R)$ 减小，管耗也随之减小。其中，R_e、R_b 的计算与慢充电路相同，在此不再赘述。

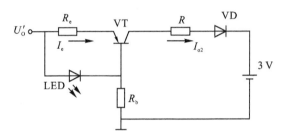

图 2.10-7　快充电路原理图

降压电阻 R 的计算方法：首先，根据所选晶体管的 P_{cmax} 和充电电流 I_{o2} 确定 U_{ce}，即 $U_{ce} < \frac{P_{cmax}}{I_{o2}}$，且 $U_{ce} > 1$ V；其次，选定 U_{ce} 后，再由式 $R = \frac{U_o' - 3 - U_{ce} - 0.7}{I_{o1}} - R_e$ 计算电阻 R 的值。

3. 整流滤波电路的设计

整流滤波电路部分的设计采用桥式整流、电容滤波电路，如图 2.10-8 所示。

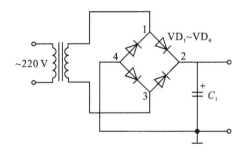

图 2.10-8　整流滤波电路

（1）确定整流电路的输出电流 I_o'。整流输出电路如图 2.10-9 所示。当稳压电源和充电电源同时工作时，

$$I_o' = I_o + (I_1 + I_2 + I_3) + I_4 \approx (1.1 - 1.2)I_o + (I_{o1} + I_{o2})$$

式中，$(I_1 + I_2 + I_3)$ 的取值范围是 $(0.1～0.2)$，I_o、I_{o1}、I_{o2} 为慢充和快充时的充电电流。

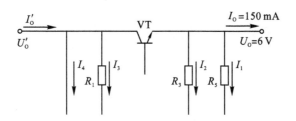

图 2.10-9　整流输出电路

（2）确定电源变压器参数。

① 次级线圈电压：$U_2 = \dfrac{U'_o}{1.1 \sim 1.2}$。

② 次级线圈电流：$I_2 \approx (1.0 \sim 1.1) I'_o$。

③ 功率：$P = U_2 I_2$。

（3）确定整流二极管。

① 额定整流电流：$I_{dm} > 0.5 I'_o$。

② 最高反向工作电压：$U_{rm} > \sqrt{2} U_2$。

（4）确定滤波电容。

① 容量：$C_1 \geqslant (3 \sim 5) \dfrac{T}{2R_1}$。式中，$T = 20$ ms（输入交流电流的周期），$R_1 = \dfrac{U'_o}{I'_o}$（整流滤波电路的负载）。

② 耐压：$U \approx 1.5 U'_o$ 和 C_1 的容量耐压均应取标称值。

三、整机电路参考图

直流稳压电源与充电电源主体电路如图 2.10-10 所示。

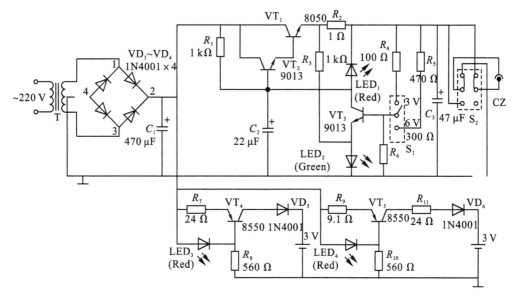

图 2.10-10　直流稳压电源与充电电源整机参考电路图

实验十一 集成直流稳压电源的设计

一、设计目的

通过集成直流稳压电源的设计、安装和调试，要求学会：

(1) 选择变压器、整流二极管、滤波电容及集成稳压器来设计直流稳压电源。

(2) 掌握直流稳压电路的调试及主要技术指标的测试方法。

二、设计任务及要求

(1) 电源变压器只做理论设计。

(2) 合理选择集成稳压器及扩流三极管。

(3) 保护电路拟采用限流型。

(4) 完成全电路理论设计、绘制电路图、自行设计印刷电路板并进行安装调试。

(5) 撰写设计报告（包括调试总结）及体会。

三、实验原理

1. 直流稳压电源的基本原理

直流稳压电源一般由电源变压器 T、整流滤波电路及稳压电路所组成，基本原理如图 2.11 - 1 所示。

图 2.11 - 1 直流稳压电源基本组成框图

直流稳压电源部分电路的作用如下：

1）电源变压器 T

电源变压器 T 的作用是将电网 220 V 的交流电压变换成整流滤波电路所需要的交流电压 u_i。变压器负边与原边的功率比为

$$\frac{P_2}{P_1} = \eta \quad （\eta \text{ 为变压器的效率}）$$

2）整流滤波电路

整流电路将交流电压 u_i 变换成脉动的直流电压。再经滤波电路滤除纹波，输出直流电压 U_1。常用的整流滤波电路有全波整流电容滤波、桥式整流电容滤波、二倍压整流电容滤波电路等，如图 2.11 - 2 所示。

各滤波电容 C 满足：

$$R_{L1}C = (3 \sim 5) \frac{T}{2}$$

式中，T 为输入交流信号周期；R_{L1} 为整流滤波电路的等效负载电阻。

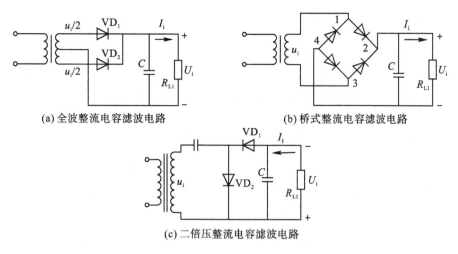

(a) 全波整流电容滤波电路　　　　　　　(b) 桥式整流电容滤波电路

(c) 二倍压整流电容滤波电路

图 2.11－2　几种常见的整流滤波电路

3）三端集成稳压器

常用的集成稳压器有固定式三端稳压器与可调式三端稳压器（均属电压串联型），下面分别介绍其典型应用。

（1）固定式三端集成稳压器。

正压系列：78XX 系列，该系列稳压块有过流、过热和调整管安全工作区保护，以防过载而损坏。一般不需要外接元件即可工作，有时为改善性能也加少量元件。78XX 系列又分三个子系列，即 78XX、78MXX、78LXX。其差别只在输出电流和外形，78XX 输出电流为1.5 A，78MXX 输出电流为 0.5 A，78LXX 输出电流为 0.1 A。

负压系列：79XX 系列与 78XX 系列相比，除了输出电压极性、引脚定义不同外，其他特点都相同。典型电路如图 2.11－3(a)、(b)、(c)所示。

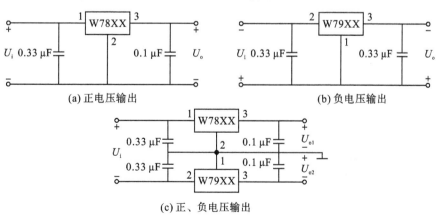

(a) 正电压输出　　　　　　　　　　　　(b) 负电压输出

(c) 正、负电压输出

图 2.11－3　固定式三端稳压器的典型应用

（2）可调式三端集成稳压器。

正压系列：W317 系列稳压块能在输出电压为 1.25～37 V 的范围内连续可调，外接元件只需一个固定电阻和一只电位器。其芯片内也有过流、过热和安全工作区保护。最大输出电流为 1.5 A。

可调式三端集成稳压器典型电路如图 2.11-4(a)、(b)所示，其中电阻 R_1 与电位器 R_P 组成电压输出调节电器，输出电压 U_o 的表达式为

$$U_o \approx 1.25\left(1+\frac{R_P}{R_1}\right)$$

式中，R_1 一般取值为(120~240 Ω)，输出端与调整压差为稳压器的基准电压(典型值为 1.25 V)，所以流经电阻 R_1 的泄放电流为 5~10 mA。

负压系列：W337 系列，与 W317 系列相比，除了输出电压极性、引脚定义不同外，其他特点都相同。

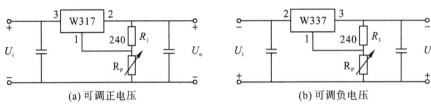

图 2.11-4 (a)、(b)可调式三端稳压器的典型应用

(3) 集成稳压器的电流扩展。

若想连续取出 1 A 以上的电流，可采用图 2.11-5 所示的加接三极管增大电流的方法。图中 VT_1 称为扩流功率管，应选大功率三极管。VT_2 为过流保护三极管，正常工作时该管为截止状态。三极管 VT_1 的直流电流放大倍数 β 必须满足 $\beta \geqslant I_i/I_o$。另外，I_i 的最大值由 VT_1 的额定值决定，如需更大的电流，可把三极管接成达林顿管方式。

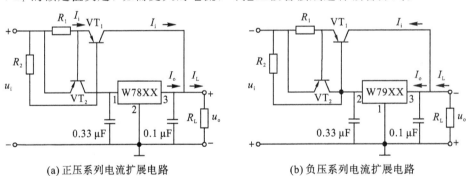

图 2.11-5 输出电流扩展电路

可以得出输出电流为

$$I_L = I_o + I_i$$

但这时，三端稳压器内部过流保护电路已失去作用，必须在外部增加保护电路，这就是 VT_2 和 R_2。当电流 I_i 在 R_2 上产生的电压降达到 VT_2 的 U_{BE2} 时，VT_2 导通，于是向 VT_1 基极注入电流，使 VT_1 关断，从而达到限制电流的目的。保护电路的动作点：

$$I_{1max} \approx I_{imax} = \frac{U_{BE2}}{R_2}$$

三极管的 U_{BE2} 具有负温度系数，设定 R_2 数值时，必须考虑此温度系数。

以上通过采用外接功率管 VT_1 的方法，达到扩流的目的，但这种方法会降低稳压精度，增加稳压器的输入与输出压差，这对大电流工作的电源是不利的。若希望稳压精度不变，可采用集成稳压器的并联方法来扩大输出电流，具体电路形式请参考有关电源类资料。

2. 稳压电源的性能指标及测试方法

稳压电源的性能指标分为两种：一种是特性指标，包括允许的输入电压、输出电压、输出电流及输出电压调节范围等；另一种是质量指标，用来衡量输出直流电压的稳定程度，包括稳压系数（或电压调整率）、输出电阻（或电流调整率）、温度系数及纹波电压等。测试电路如图 2.11-6 所示。这些质量指标的含义，可简述如下：

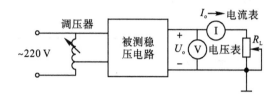

图 2.11-6　稳压电源性能指标测试电路

1）纹波电压

纹波电压是指叠加在输出电压 U_o 上的交流分量。用示波器观测其峰－峰值，ΔU_{opp} 一般为毫伏量级。也可以用交流电压表测量其有效值，但因 ΔU_o 不是正弦波，所以用有效值衡量其纹波电压，存在一定误差。

2）稳压系数及电压调整率

稳压系数是在负载电流、环境温度不变的情况下输入电压的相对变化引起输出电压的相对变化，即

$$S_u = \frac{\Delta U_o / U_o}{\Delta U_i / U_i}$$

电压调整率为输入电压相对变化为 $\pm 10\%$ 时的输出电压相对变化量，即

$$K_u = \frac{\Delta U_o}{U_o}$$

稳压系数 S_u 和电压调整率 K_u 均说明输入电压变化对输出电压的影响，因此只需测试其中之一即可。

3）输出电阻及电流调整率

与放大器的输出电阻相同，输出电阻的值为当输入电压不变时，输出电压变化量与输出电流变化量之比的绝对值，即

$$R_o = \frac{|\Delta U_o|}{|\Delta I_o|}$$

电流调整率是输出电流从 0 变到最大值 I_{Lmax} 时所产生的输出电压相对变化值，即

$$K_i = \frac{\Delta U_o}{U_o}$$

输出电阻 R_o 和电流调整率 K_i 均说明负载电流变化对输出电压的影响，因此也只需测试其中之一即可。

四、设计指导

直流稳压电源的一般设计思路为：由输出电压 U_o、电流 I_o 确定稳压电路形式，通过计

算极限参数(电压、电流和功耗)选择器件;由稳压电路所要求的直流电压 (U_i)、直流电流 (I_i) 输入确定整流滤波电路形式,选择整流二极管及滤波电容并确定变压器的负边电压 U_i 的有效值、电流 I_i(有效值)及变压器功率。最后由电路的最大功耗工作条件确定稳压器、扩充功率管的散热措施。

图 2.11-7 为集成稳压电源的典型电路。其主要器件有变压器 T、整流二极管 $VD_1 \sim VD_4$、滤波电容 C、集成稳压器及测试用的负载电阻 R_L。

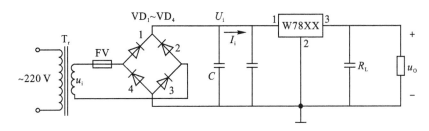

图 2.11-7　集成稳压电源的典型电路

下面介绍这些器件选择的一般原则。

1. 集成稳压器

稳压电路输入电压 U_i 的确定:

为保证稳压器在电网量低时仍处于稳压状态,要求

$$U_i \geqslant U_{omax} + (U_i - U_o)_{min}$$

式中,$(U_i - U_o)_{min}$ 是稳压器的最小输入输出压差,典型值为 3 V。按一般电源指标的要求,当输入交流电压 220 V 变化 $\pm 10\%$ 时,电源应稳压,所以稳压电路的最低输入电压为

$$U_{imin} \approx \frac{U_{omax} + (U_i - U_o)_{min}}{0.9}$$

另一方面,为保证稳压器安全工作,要求

$$U_i \leqslant U_{omin} + (U_i - U_o)_{max}$$

式中,$(U_i - U_o)_{max}$ 是稳压器允许的最大输入输出压差,典型值为 35 V。

2. 电源变压器

确定整流滤波电路形式后,由稳压器要求的最低输入直流电压 U_{imin} 计算出变压器的负边电压 U_i、负边电流 I_i。

▌五、设计示例

按如下要求设计一个集成直流稳压电源。

(1) 性能指标要求:$U_o = +5 \sim +12$ V 连续可调,输出电流 $I_{omax} = 1$ A。

(2) 纹波电压:$\leqslant 5$ mV。

(3) 电压调整率:$K_u \leqslant 3\%$。

(4) 电流调整率:$K_i \leqslant 1\%$。

选可调式三端稳压器 W317,其典型指标满足设计要求,电路形式如图 2.11-8 所示。

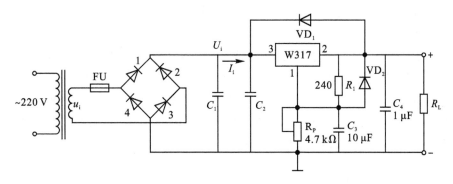

图 2.11-8 设计示例

1. 器件选择

电路参数计算如下:

(1) 确定稳压电路的最低输入直流电压 U_{imin}。

$$U_{imin} \approx \frac{U_{omax} + (U_i - U_o)_{min}}{0.9}$$

代入各指标,计算得

$$U_{imin} \geqslant \frac{12 + 3}{0.9} = 16.67 \text{ V}$$

我们取值 17 V。

(2) 确定电源变压器负边电压、电流及功率。

$$U_i \geqslant U_{Imax}/1.1, \quad I_i \geqslant I_{imax}$$

所以我们取 I_i 为 1.1 A。$U_i \geqslant 17/1.1 = 15.5$ V,变压器负边功率 $P_2 \geqslant 17$ W。

变压器的效率 $\eta = 0.7$,则原边功率 $P_1 \geqslant 24.3$ W。由上分析,可选购负边电压为16 V,输出电流 1.1 A,功率为 30 W 的变压器。

(3) 选整流二极管及滤波电容。

因电路形式为桥式整流电容滤波,通过每个整流二极管的反峰电压和工作电流求出滤波电容值。已知整流二极管 1N5401,其极限参数为 $U_{RM} = 50$ V,$I_D = 5$ A。滤波电容为

$$C_1 \approx (3 \sim 5)T \times \frac{I_{imax}}{2U_{imin}} = (1941 \sim 3235) \ \mu\text{F}$$

故取 2 只 2200 μF/25 V 的电解电容作滤波电容。

2. 稳压器功耗估算

当输入交流电压增加 10% 时,稳压器输入直流电压最大,$U_{imax} = 1.1 \times 1.1 \times 16 = 19.36$ V。所以稳压器承受的最大压差为 $19.36 - 5 \approx 15$ V。

最大功耗为 $U_{imax} \times I_{imax} = 15 \times 1.1 = 16.5$ W。故应选用散热功率 $\geqslant 16.5$ W 的散热器。

3. 其他措施

如果集成稳压器离滤波电容 C_1 较远时,应在 W317 靠近输入端处接上一只 0.33 μF 的旁路电容 C_2。接在调整端和地之间的电容 C_3,是用来旁路电位器 R_P 两端的纹波电压。当 C_3 容量为 10 μF 时,纹波抑制比可提高 20 dB,减到原来的 1/10。由于在电路中接了电容 C_3,此时一旦输入端或输出端发生短路,C_3 中储存的电荷会通过稳压器内部的调整管和基

准放大管而损坏稳压器。为了防止在这种情况下 C_3 的放电电流通过稳压器，在 R_1 两端并接一只二极管 VD_2。

W317 集成稳压器在没有容性负载的情况下可以稳定地工作，但当输出端有 $500\sim5000\ pF$ 的容性负载时，就容易发生自激。为了抑制自激，在输出端接一只 $1\ \mu F$ 的钽电容或 $25\ \mu F$ 的铝电解电容 C_4。该电容还可以改善电源的瞬态响应。但是接上该电容以后，集成稳压器的输入端一旦发生短路，C_4 将对稳压器的输出端放电，其放电电流可能损坏稳压器，故在稳压器的输入与输出端之间，接一只保护二极管 VD_1。

六、电路安装与指标测试

1. 安装整流滤波电路

首先应在变压器的副边接入保险丝 FU，以防电源输出端短路损坏变压器或其他器件，整流滤波电路主要检查整流二极管是否接反，否则会损坏变压器。检查无误后，通电测试（可用调压器逐渐将输入交流电压升到 220 V），用滑线变阻器作等效负载，用示波器观察输出是否正常。

2. 安装稳压电路部分

集成稳压器要安装适当数量的散热器，根据散热器安装的位置决定是否需要集成稳压器与散热器之间绝缘，输入端加直流电压 U_i（可用直流电源作输入，也可用调试好的整流滤波电路作输入），滑线变阻器作等效负载，调节电位器 R_P，输出电压应随之变化，说明稳压电路正常工作。注意检查在额定负载电流下稳压器的发热情况。

3. 总装及指标测试

将整流滤波电路与稳压电路相连接并接上等效负载，测量下列各值是否满足设计要求：

（1）U_i 为最高值（电网电压为 242 V），U_o 为最小值（此例为 +5 V），测稳压器输入、输出端压差是否小于额定值，并检查散热器的温升是否满足要求（此时应使输出电流为最大负载电流）。

（2）U_i 为最低值（电网电压为 198 V），U_o 为最大值（此例为 +12 V），测稳压器输入、输出端压差是否大于 3 V，并检查输出稳压情况。

如果上述结果符合设计要求，便可按照前面介绍的测试方法，进行质量指标测试。

实验十二　水温控制系统的设计

一、实验目的

温度控制器是实现可测温和控温的电路，通过对温度控制电路的设计、安装和调试了解温度传感器件的性能，学会在实际电路中应用。进一步熟悉集成运算放大器的线性和非线性应用。

二、设计任务

要求设计一个温度控制器，其主要技术指标如下：

(1) 测温和控温范围为室温～80℃（实时控制）。

(2) 控温精度 ±1℃。

(3) 控温通道输出为双向晶闸管或继电器，一组转换接点为市电 220 V、10 A。

三、实验原理

温度控制器的基本组成框图如图 2.12-1 所示。本电路由温度传感器、K -℃变换、温度设置、数字显示和输出功率级等部件组成。温度传感器的作用是把温度信号转换成电流或电压信号，K -℃变换器将绝对温度 K 转换成摄氏温度℃。信号经放大和刻度定标（0.1 V/℃）后由三位半数字电压表直接显示温度值，并同时送入比较器与预先设定的固定电压（对应控制温度点）进行比较，由比较器输出电平高低变化来控制执行机构（如继电器）工作，实现温度自动控制。

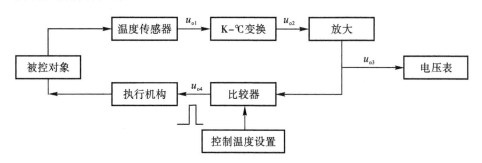

图 2.12-1　温度控制器原理框图

四、设计指导

1. 温度传感器

建议采用 AD590 集成温度传感器进行温度—电流转换，它是一种电流型二端器件，其内部已作修正，具有良好的互换性和线性，有消除电源波动的特性。输出阻抗达 10 MΩ，转换当量为 1 μA/K。器件采用 B -1 型金属壳封装。

温度—电压变换电路如图 2.12-2 所示。由图可得 $u_{o1} = 1\ \mu A/K \times R = R \times 10^{-6}/K$。如 $R = 10\ k\Omega$，则 $u_{o1} = 10\ mV/K$。

2. K -℃ 变换器

因为 AD590 的温控电流值是对应绝对温度 K，而在温控中需要采用℃，由运放组成的加法器可实现这一转换，参考电路如图 2.12-3 所示。

元件参数的确定和 $-U_R$ 选取的指导思想是：0℃（即 273K 时，$u_{o2} = 0$ V）。

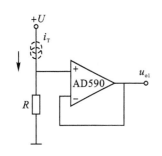

图 2.12-2　温度—电压变换电路

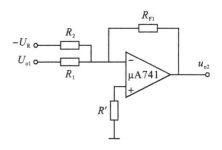

图 2.12-3　K-℃变换电路

3. 放大器

设计一个反相比例放大器，使其输出 u_{o3} 满足 100 mV/℃。用数字电压表可实现温度显示。

4. 比较器

比较器由电压比较器组成，如图 2.12-4 所示。U_{REF} 为控制温度设定电压（对应控制温度），R_{F2} 用于改善比较器的迟滞特性，决定控温精度。

5. 继电器驱动电器

继电器驱动电器电路如图 2.12-5 所示。当被测温度超过设定温度时，继电器动作，使触点断开停止加热，反之被测温度低于设置温度时，继电器触点闭合，进行加热。

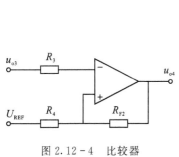

图 2.12-4　比较器

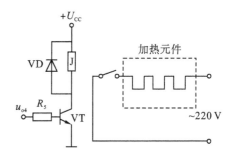

图 2.12-5　继电器驱动电路

█ 五、调试要点和注意事项

用温度计测传感器处的温度 T（℃），如 $T = 27$℃（300K）。若取 $R = 10$ kΩ，则 $u_{o1} = 3$ V，调整 U_R 的值，使 $u_{o2} = -270$ mV；若放大器的放大倍数为 -10 倍，则 u_{o3} 应为 2.7 V。测比较器的比较电压 u_{REF} 的值，使其等于所要控制的温度乘以 0.1 V，如设定温度为 50℃，则 u_{REF} 的值为 5 V。比较器的输出可接 LED 指示。把温度传感器加热（可用电吹风吹）在温度小于设定值前 LED 一直处于点亮状态，反之，则熄灭。

如果控温精度不良或过于灵敏造成继电器在被控点抖动，可改变电阻 R_{F2} 的值。

█ 六、设计报告要求

（1）根据技术要求及实验室条件自选设计出原理电路图，分析工作原理。

（2）列出元器件清单。

（3）整理实验数据。

（4）在测试过程中发现了什么故障？如何排除？

（5）写出实验的心得体会。

实验十三　语音放大电路的设计

一、预习要求

（1）复习差分放大电路、有源滤波电路及功率放大电路的工作原理，熟悉静态与动态的调试方法。

（2）根据设计任务与要求，确定各级的电压放大倍数和各级的电路方案，并计算和选取外电路的元件参数。

（3）计算放大电路的性能指标。

前置输入级：差模电压增益 A_{ud1}，共模电压增益 A_{uc1}，共模抑制比 K_{CMR}，输入电阻 R_i。

有源滤波级：通带电压增益 A_{u2}，带宽 BW_2。

功率放大级：最大不失真输出功率 P_{om}，电源提供的直流功率 P_V，效率 η。

（4）根据测试内容，自拟实验方法和调试步骤。

二、实验目的

（1）掌握集成运算放大器的工作原理及其应用。

（2）掌握低频小信号放大电路和功放电路的设计方法。

（3）了解语音识别知识。

三、设计任务与要求

1. 任务

设计并制作一个由集成运算放大器组成的语音放大电路。该放大电路的原理框图如图2.13－1所示。

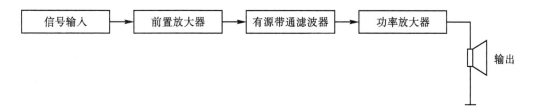

图 2.13－1　语音放大电路原理框图

在图 2.13－1中，各基本单元电路的设计条件分别为

（1）前置放大器。输入信号 U_{id} 小于等于 10 mV；输入阻抗 R_i 不小于 100 kΩ；共模抑制比 K_{CMR} 不小于 60 dB。

（2）有源带通滤波器。带通频率范围为 300 Hz～3 kHz。

（3）功率放大器。最大不失真输出功率为 $P_{om} \geqslant 5$ W；负载阻抗为 $R_L = 4$ Ω；电源电压为 +5 V，+12 V。

（4）输出功率连续可调。直流输出电压小于等于 50 mV（输出短路时）；静态电源电流小于等于 100 mA（输出短路时）。

2. 要求

（1）选取单元电路及元件。根据设计要求和已知条件，确定前置放大电路、有源带通滤波电路、功率放大电路的方案，计算和选取单元电路的元件参数。

（2）前置放大电路的组装与调试。测量前置放大电路的差模电压增益 A_{ud1}、共模电压增益 A_{uc1}、共模抑制比 K_{CMR1}、带宽 BW_1、输入电阻 R_i 等各项技术指标，并与设计要求值进行比较。

（3）有源带通滤波电路的组装与调试。测量有源带通滤波电路的差模电压增益 A_{ud2}、带宽 BW_2，并与设计要求值进行比较。

（4）功率放大电路的组装与调试。测量功率放大电路的最大不失真输出功率 P_{om}、电源供给功率 P_V、输出效率 η、直流输出电压、静态电源电流等技术指标。

（5）整体电路的联调与试听。

四、设计原理与参考电路

1. 前置放大电路

前置放大电路亦为测量用小信号放大电路。在测量用的放大电路中，一般传感器送来的直流或低频信号，经放大后多用单端方式传输。在典型情况下，有用信号的最大幅度可能仅有若干毫伏，而共模噪声可能高到几伏，故放大器输入漂移和噪声等因素对于总的精度至关重要，放大器本身的共模抑制特性也是同等重要的问题。因此前置放大电路应该是一个高输入阻抗，高共模抑制比、低漂移的小信号放大电路。

在设计前置小信号放大电路时，可以参考图 2.13-2 或图 2.13-3 所示电路。

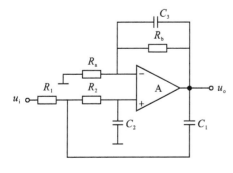

图 2.13-2　二阶有源 LPF

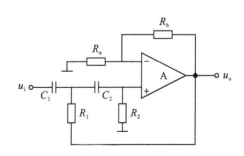

图 2.13-3　二阶有源 HPF

2. 有源滤波电路

有源滤波电路是用有源器件与 *RC* 网络组成的滤波电路。有源滤波电路的种类很多，如按通带的性能划分，又分为低通（LPF）、高通（HPF）、带通（BPF）、带阻（BEF）滤波器。

在满足 LPF 的通带截止频率高于 HPF 的通带截止频率的条件下，把相同元件压控电压源滤波器的 LPF 和 HPF 串接起来可以实现 Butteworth 通带响应，如图 2.13 - 4 所示。用该方法构成的带通滤波器的通带较宽，通带截止频率易于调整，因此多用作测量信号噪声比（S/N）的音频带通滤波器，如在电话通令系统中，采用图 2.13 - 4 所示的滤波器，能抑制低于 300 Hz 和高于 3000 Hz 的信号，整个通带增益为 8 dB，运算放大器为 μA741。

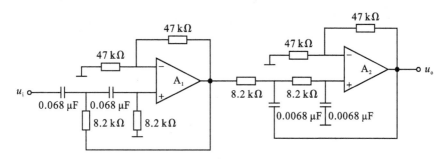

图 2.13 - 4　宽带 BPF

3. 功率放大电路

功率放大的主要作用是向负载提供功率，要求输出功率尽可能大，转换功率尽可能高，非线性失真尽可能小。

功率放大电路的电路形式很多，有双电源供电的 OCL 互补对称功放电路，单电源供电的 OTL 功放电路，BTL 桥式推挽功放电路和变压器耦合功放电路等。这些电路都各有特点，可根据设计要求和具备的实验条件综合考虑，作出选择。下面介绍两种功放电路供参考。五端集成功放电路如图 2.13 - 5 所示，用运算放大器驱动的功放电路如图 2.13 - 6 所示。

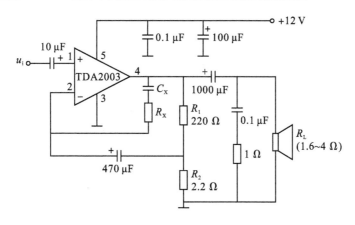

图 2.13 - 5　五端功放

五端集成功放 TDA200X 系列，包括 TDA2002/TDA2003（或 D2002/D2003/D2030 或 MPC2002H 等）为单片集成功放器件。其性能优良、功能齐全，并附加各种保护，消除噪声电路，外接元件大大减小，仅有五个引出端（脚），易于安装、作用。集成功放基本都工作在接近乙类(B类)的甲乙类(AB类)状态，静态电流大都在 10 mA～50 mA 以内，因此静态功耗很小，但动态功耗很大，且随输出的变化而变化。五端功放的内部等效电路主要技术指标与管脚图可参见集成电路有关手册。

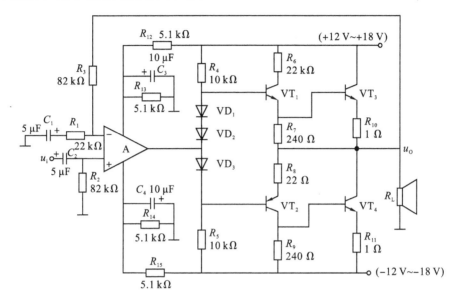

图 2.13-6 集成运算放大器驱动的 OCL 功放电路

图 2.13-6 是直接利用运算放大器驱动互补输出极的功放电路，这种电路总的增益取决于比值 $(R_1+R_3)/R_1$，而互补输出极能扩展输出电流，不能扩展输出电压(运算放大器输出一般仅有 $\pm(10\sim20)$ V)，所以输出功率不大，特点是结构简单。

该电路的输出功率 $P_o = I_o^2 \times R_L$。当输入信号幅值足够大，输出电压峰值 U_{om} 达到 $U_{CC} - U_{CES}$ 时，此时的最大不失真输出功率为

$$P_{om} = \frac{1}{2} \frac{(U_{CC} - U_{CES})^2}{R_L} \approx \frac{1}{2} \frac{U_{CC}^2}{R_L}$$

直流电源提供的功率为

$$P_V = \frac{2}{\pi} \frac{U_{CC}^2}{R_L}$$

电路的效率为

$$\eta = \frac{P_o}{P_V}$$

在选择输出晶体管时，应使每只晶体管的最大允许管耗 $P_{CM} > \dfrac{U_{CC}^2}{\pi^2 R_L}$（或 $0.2P_{om}$），最大集电极电流 $I_{CM} > \dfrac{U_{CC}}{R_L}$，反向击穿电压 $|U_{(BR)ECO}| > U_{CC}$。

五、实验内容

1. 分配各级放大电路的电压放大倍数
由电路设计要求得知，该放大器由三级组成，其总的电压放大倍数 $A_u = A_{u1} \cdot A_{u2} \cdot A_{u3}$。

应根据放大器所要求的总放大倍数 A_u 来合理分配各级的电压放大倍数（$A_{u1}\sim A_{u3}$），同时还要考虑到各级基本放大电路所能达到的放大倍数。因此在分配和确定各级电压放大倍数时，应注意以下几点：

（1）由输入信号 u_{id}，最大不失真输出功率 P_{om}，负载阻抗 R_L，求出总的电压放大倍数（增益）A_u。

（2）为了提高信噪比 S/N，前置放大电路的放大倍数可以适当取大。一般来说，一级放大倍数可达几十倍。

（3）为了使输出波形不致产生饱和失真，输出信号的幅值应小于电源电压。

2. 确定各单元电路及元件参数

根据已分配确定的电压放大倍数和设计已知条件，分别确定前置级、有源滤波级与输出级的电路方案，并计算和选取各元件参数。

3. 在实验箱或实验电路板上组装所设计的电路

检查无误后接通电源，进行调试。在调试时要注意先进行基本单元电路的调试，然后再系统联调。也可以对基本单元采取边组装边调试的办法，最后系统联调。

4. 前置放大电路的调试

（1）静态调试：调零和消除自激振荡。

（2）动态调试：

① 在两输入端加差模输入电压 u_{id}（输入正弦电压，幅值与频率自选），测量输出电压 u_{od1}，观测与记录输出电压与输入电压的波形（幅值，相位关系），算出差模放大倍数 A_{ud1}。

② 在两输入端加共模输入电压 u_{ic}（输入正弦电压，幅值与频率自选），测量输出电压 u_{oc1}，算出共模放大倍数 A_{uc1}。

③ 算出共模抑制比 K_{CMR}。

④ 用逐点法测量幅频特性，并作出幅频特性曲线，求出上、下限截止频率。

⑤ 测量差模输入电阻。

5. 有源带通滤波电路的调试

（1）静态调试：调零和消除自激振荡。

（2）动态调试：

① 输出电压的测量以及输出波形同上。

② 测量幅频特性，作出幅频特性曲线，求出带通滤波电路的带宽 BW_2。

③ 在通带范围内，输入端加差模输入电压（输入正弦信号、幅值与频率自选），测量输出电压，算出通带电压放大倍数（通带增益）A_{u2}。

6. 功率放大电路的调试

1）静态调试

集成功放（如 TDA200x）或用运算放大器驱动的功放电路，其静态调试均应在输入端对地短路的条件下进行。

① 按图 2.13-5 进行电路静态调试。输入对地短路，观察输出有无振荡，如有振荡，采取消振措施以消除振荡。

② 按图 2.13-6 进行电路静态调试。静态调试时调整参数，使 VT_1、VT_3 和 VT_2、VT_4 组成的 NPN 复合管和 PNP 复合管的特性一致，即 $I_{C3} \approx I_{C4}$，此时有 $u_o = 0$。从减小交越失真考虑，$I_{C3}(I_{C4})$ 应大些为好，但静态电流大，会使效率 η 相应下降，因此一般取 $I_{C3} \approx I_{C4} = (5 \sim 10)$ mA 为宜。

2）功率参数测试

集成或分立元件电路的功率参数测试方法基本相同。测试中应注意在输出信号不失真的条件下进行，因此测试过程中，必须用示波器监视输出信号。

（1）测量最大输出功率 P_{om}。

输入 $f = 1$ kHz 的正弦输入信号（u_{i3}），并逐渐加大输入电压幅值直至输出电压 u_o 的波形出现临界削波时，测量此时 R_L 两端输出电压的最大值 U_{om} 或有效值 U_o，则

$$P_{om} = \frac{U_{om}^2}{2R_L} = \frac{U_o^2}{R_L}$$

（2）测量电源供给的平均功率 P_{av}。

近似认为电源供给整流电路的功率即为 P_{av}（前级消耗功率不大），所以在测试 U_{om} 的同时，只要在供电回路串入一只直流电流表测出直流电源提供的平均电流 $I_{C(av)}$，即可求出 P_{av}。

$$P_{av} = U_{CC} \cdot I_C \quad (A \cdot V)$$

此平均电流 $I_{C(av)}$ 也就是静态电源电流。

（3）计算效率 η。

$$\eta = \frac{P_{om}}{P_{av}}$$

（4）计算电压增益 A_{u3}。

$$A_{u3} = \frac{U_o}{U_{i3}}$$

7. 系统联调

经过以上对各级放大电路的局部调试之后，可以逐步扩大到整个系统的联调。联调时：

（1）令输入信号 $u_i = 0$（前置级输入对地短路），测量输出的直流电压。

（2）输入 $f = 1$ kHz 的正弦信号，改变 u_i 幅值，用示波器观察输出电压 u_o 波形的变化情况，记录输出电压 u_o 最大不失真幅度所对应的输入电压 u_i 的变化范围。

（3）输入 u_i 为一定值的正弦信号（在 u_o 不失真范围内取值），改变输入信号的频率，观察 u_o 的幅值变化情况，记录 u_o 下降到 $0.707u_o$ 之内的频率变化范围。

（4）计算总的电压放大倍数 $A_u = u_o/u_i$。

8. 试听

系统的联调与各项性能指标测试完毕之后，可以模拟试听效果；去掉信号源，改接微

音器或收音机(接收音机的耳机输出口即可),用扬声器(4 Ω 喇叭)代替 R_L,从扬声器即可传出说话声或收音机里播出的美妙音乐声,从试听效果来看,应该是音质清楚、无杂音、音量大,电路运行稳定为最佳设计。

六、实验报告要求

(1)原理电路的设计,内容包括以下几个方面内容。

① 方案比较,分别画出各方案的原理图,说明其原理、优缺点和最后的方案。

② 每一级电压放大倍数的分配数和分配理由。

③ 每一级主要性能指标的计算(抄录预习要求(3)的预习结果)。

④ 每一级主要参数的计算与元器件选择。

(2)整理各项实验数据,并画出有源带通滤波器和前置输入级的幅频特性曲线,画出各级输入、输出电压的波形(标出幅值、相位关系),分析实验结果,得出结论。

(3)将实验测量值分别与理论计算值进行比较,分析误差原因。

(4)整体测试结果和试听结果,分析是否满足设计要求。

(5)写出在整个调试过程中和试听中所遇到的问题以及解决的方法。

(6)写出收获及体会。

实验十四 小信号单调谐回路谐振放大器

一、预习要求

(1)复习选频网络的特性分析方法。

(2)复习谐振回路的工作原理。

(3)了解谐振放大器的电压放大倍数、动态范围、通频带及选择性等分析方法和知识。

二、实验目的

(1)熟悉高频电路实验箱的组成及其电路中各组件的作用。

(2)熟悉并联谐振回路的通频带与选择性等相关知识。

(3)熟悉负载对谐振回路的影响,从而了解频带扩展。

(4)熟悉和了解单调谐回路谐振放大器的性能指标和测量方法。

三、实验原理

本实验电路如图 2.14-1 所示。单调谐回路利用谐振负载的选频特性,对经过选频的频率进行放大。电路中 R_P、R_1、R_2 和 $R_{E1}(R_{E2})$ 为直流偏置电路,调节 R_P 可改变直流工作点。C_2、C_3、L_1 构成谐振回路，调节 C_2 可改变谐振回路的谐振频率，改变电路的选频特性。R_3 为回路电阻，R_L 为负载电阻。

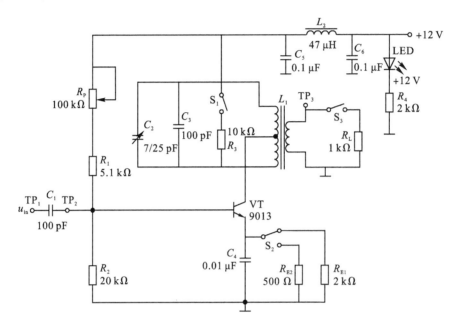

图 2.14-1　小信号单调谐回路谐振放大器

四、实验内容

1. 测量谐振放大器的谐振频率

（1）拨动开关 S_3 至"R_L"挡；

（2）拨动开关 S_1 至"OFF"挡，断开 R_3；

（3）拨动开关 S_2，选中 R_{E2}；

（4）检查无误后接通电源；

（5）高频信号发生器接到电路输入端 TP_1，示波器接电路输出端 TP_3；

（6）使高频信号发生器的正弦信号输出电压为 100 mV 左右，调节其频率在 2～11 MHz 之间变化，找到谐振放大器输出电压幅度最大且波形不失真的频率并记录下来（注意：如找不到不失真的波形，应同时调节 R_P 来配合）。

2. 测量放大器在谐振点的动态范围

（1）拨动开关 S_1，接通 R_3；

（2）拨动开关 S_2，选中 R_{E1}；

（3）高频信号发生器接到电路输入端 TP_1，示波器接电路输出端 TP_3；

（4）调节高频信号发生器的正弦信号输出频率为 4 MHz，调节 C_2 使谐振放大器输出电压 u_o 最大且波形不失真。此时调节高频信号发生器的信号输出电压由 100 mV 变化到

1 V,使谐振放大器的输出经历由不失真到失真的过程,记录下最大不失真的 u_o 值(如找不到不失真的波形,可同时微调一下 R_P 和 C_2 来配合),将数据填入表 2.14－1中。

表 2.14－1

	U_i/mV	100							1000
u_o/V	$R_{E1}=2\ k\Omega$								
	$R_{E2}=500\ k\Omega$								

(5) 再选 $R_{E2}=500\ \Omega$,重复第(4)步的过程;

(6) 在相同的坐标上画出不同 I_C(由不同的 R_E 决定)时的动态范围曲线,并进行分析和比较。

3. 测量放大器的通频带

(1) 拨动开关 S_1,接通 R_3。

(2) 拨动开关 S_2,选中 R_{E2}。

(3) 拨动开关 S_3 至"RL"挡。

(4) 高频信号发生器接到电路输入端 TP_1,示波器接电路输出端 TP_3。

(5) 调节高频信号发生器的正弦信号输出频率为 4 MHz,信号输出电压为 100 mV 左右,调节 C_2 使输出电压 u_o 最大且波形不失真(注意检查一下此时谐振放大器,如无放大倍数可调节 R_P)。以此时回路的谐振频率 4 MHz 为中心频率,保持高频信号发生器的信号输出电压不变,改变频率由中心频率向两边偏离,测得在不同频率时对应的输出电压 u_o,频率偏离的范围根据实际情况确定。将测量的结果记录下来,并计算回路的谐振频率为 4 MHz时电路的电压放大倍数和回路的通频带。

(6) 拨动开关 S_1,断开 R_3,重复第(5)步,比较通频带的情况。

五、实验仪器与设备

(1) 双踪示波器、交流电压表、数字频率计。

(2) 高频实验箱。

(3) 数字万用表。

六、实验报告要求

(1) 画出实验电路的交流等效电路。

(2) 整理各实验步骤所得的资料和图形,绘制出单谐振回路接与不接回路电阻时的幅频特性和通频带,并分析其原因。

(3) 分析 I_C 的大小不同对放大器的动态范围所造成的影响。

(4) 谈谈实验的心得体会。

实验十五　小信号双调谐回路谐振放大器

一、预习要求

（1）复习谐振回路的工作原理。

（2）了解实验电路中各组件作用。

（3）了解双调谐回路谐振放大器与单调谐回路谐振放大器的异同之处。

二、实验目的

（1）进一步熟悉高频电路实验箱。

（2）熟悉双调谐回路放大器幅频特性分析方法。

三、实验原理

本实验电路如图 2.15-1 所示。双调谐放大器是利用谐振回路作为负载，利用谐振回路的选频特性实现具有滤波性能的窄带放大器。电路中，R_P、R_1、R_2 和 R_E 为 9013 的直流偏置电路，调节 R_P 可改变其直流工作点。C_2、C_3、L_1 构成一级调谐回路，C_{10}、C_9、L_2 构成二级谐振回路，C_7、C_8 为级间耦合电容。R_L 为负载电阻。

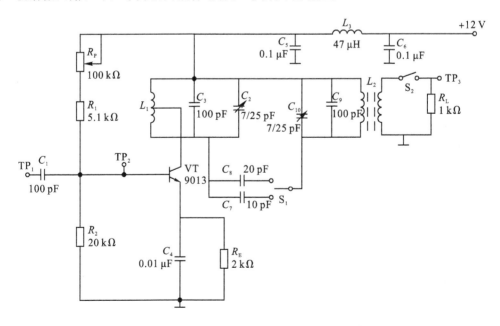

图 2.15-1　小信号双调谐回路谐振放大电路

四、实验内容

本实验内容为测量双调谐回路谐振放大器的频率特性。

（1）拨动开关 S_1，选中 $C_7 = 10\text{ pF}$；拨动开关 S_2 至"R_L"挡。

（2）检查无误后接通电源。

（3）高频信号源输出端接到双调谐回路谐振放大器电路的输入端 TP_1，示波器接电路输出端 TP_3。

（4）使高频信号源的正弦信号输出幅度为 100 mV 左右，输出频率为 3.5 MHz，反复调节 C_2、C_{10}、R_P，使双调谐回路谐振放大器的输出电压幅度最大且波形不失真。

（5）以此时回路的谐振频率 3.5 MHz 为中心频率，保持高频信号源的信号输出幅度不变，改变频率由中心频率向两边偏离，测得在不同频率时对应的输出电压 u_o。频率偏离的范围根据实际情况确定。将测量的结果填入表 2.15 - 1 中。

表 2.15 - 1

	F/MHz				3.5				
U_o/mV	$C_8 = 20\text{ pF}$								
	$C_7 = 10\text{ pF}$								

（6）选 $C_8 = 20\text{ pF}$，重复第（3）~（5）步的过程。

五、实验仪器与设备

（1）双踪示波器、交流电压表、数字频率计。

（2）高频实验箱。

（3）数字万用表。

六、实验报告要求

（1）画出实验电路的交流等效电路。

（2）整理各实验步骤所得的资料和图形，绘制出双调谐回路接不同耦合电容时的幅频特性和通频带，并分析原因。

（3）比较单、双调谐回路的优缺点。

（4）谈谈实验的心得体会。

实验十六　电容反馈三点式振荡器

一、预习要求

（1）复习 LC 振荡器的工作原理，了解影响振荡器起振、波形和频率的各种因素。

（2）了解实验电路中各组件的作用。

二、实验目的

（1）通过实验深入理解电容反馈三点式振荡器的工作原理，熟悉电容反馈三点式振荡器的构成和电路各组件的作用。

（2）研究不同静态工作点对振荡器起振、振荡幅度和振荡波形的影响。

（3）学习使用示波器和频率计测量高频振荡器振荡频率的方法。

（4）观察电源电压和负载变化对振荡幅度和振荡频率及频率稳定性的影响。

三、实验原理

实验电路原理如图 2.16-1 所示。C_2、C_3、C_4、C_5 和 L_1 组成振荡回路。VT_1 的集电极直流负载为 R_3，偏置电路由 R_1、R_2、R_P 和 R_4 构成，改变 R_P 可改变 VT_1 的静态工作点。静态电流的选择既要保证振荡器处于截止平衡状态，也要兼顾开始建立振荡时有足够大的电压增益。VT_2 与 R_6、R_8 组成射随器起隔离作用。振荡器的交流负载实验电阻为 R_5。R_7 的作用是用频率计（一般输入阻抗为几十 Ω）测量振荡器工作频率时不影响电路的正常工作。

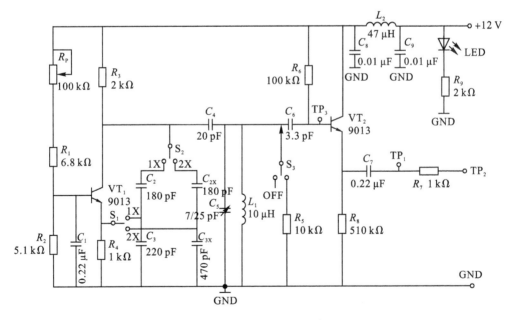

图 2.16-1　电容反馈三点式振荡器电路

四、实验内容

1. 研究晶体三极管静态工作点不同时对振荡器输出幅度和波形的影响

（1）将开关 S_1 和 S_2 均拨至 1X 挡，负载电阻 R_5 暂不接入，接通 +12 V 电源，调节 R_P 使振荡器振荡，此时用示波器在 TP_1 观察不失真的正弦电压波形。

（2）调节 R_P 使 VT_1 静态电流在 $0.5\sim4$ mA 之间变化（可用万用表测量 R_4 两端的电压来计算相应的 I_{EQ}，至少取 4 个点），用示波器测量并记下 TP_1 点的幅度与波形变化情况。

2. 研究外界条件变化时对振荡频率的影响及正确测量振荡频率

（1）选择一合适的稳定工作点电流 I_{EQ}，使振荡器正常工作，利用示波器在 TP_3 点和 TP_2 点分别估测振荡器的振荡频率；

（2）用频率计重测，比较在 TP_3 点和 TP_2 点测量有何不同。

（3）将负载电阻 R_5 接入电路（将开关 S_3 拨至"ON"挡），用频率计测量振荡频率的变化（为估计振荡器频稳度的数量级，可每 10 s 记录一次频率，至少记录 5 次），并将数据填入表 2.16-1 中。

表 2.16-1

	f_1	f_2	f_3	f_4	f_5
R_5					

（4）分别将开关 S_3 拨至"OFF"和"ON"挡，比较负载电阻 R_5 不接入电路和接入电路两种情况下，输出振幅和波形的变化。用示波器在 TP_1 点观察并记录。

3. 研究不同电容值对振荡器起振情况的影响

将开关 S_1 和 S_2 均拨至 2X 挡。比较选取电容值不同的 C_2、C_3 和 C_{2X}、C_{3X}，反馈系数不同时的起振情况。注意改变电容值时应保持静态电流值不变。

五、实验仪器与设备

（1）双踪示波器、交流电压表、数字频率计。
（2）高频实验箱。
（3）数字万用表。

六、实验报告要求

（1）整理各实验步骤所得的资料和波形，绘制输出振幅随静态电流变化的实验曲线。
（2）说明本振荡电路的特点。

实验十七　石英晶体振荡器

一、预习要求

（1）查阅晶体振荡器的有关数据，了解为什么用石英晶体作为振荡回路组件能使振荡器的频率稳定度大大提高。

（2）画出并联谐振型晶体振荡器和串联谐振型晶体振荡器的电路图，并说明两者在电路结构和应用上的区别。

（3）了解实验电路中各组件的作用。

二、实验目的

（1）了解晶体振荡器的工作原理及特点。

（2）掌握晶体振荡器的设计方法及参数计算方法。

三、实验原理

本实验电路采用并联谐振型晶体振荡器，如图 2.17-1 所示。XT、C_2、C_3、C_4 组成振荡回路。偏置电路由 R_1、R_2、R_P 和 R_4 构成，改变 R_P 可改变 VT_1 的静态工作点。静态电流的选择既要保证振荡器处于截止平衡状态也要兼顾开始建立振荡时有足够大的电压增益。振荡器的交流负载实验电阻为 R_5。R_6、R_7、R_8 组成一个 π 型衰减器，起到阻抗匹配的作用。

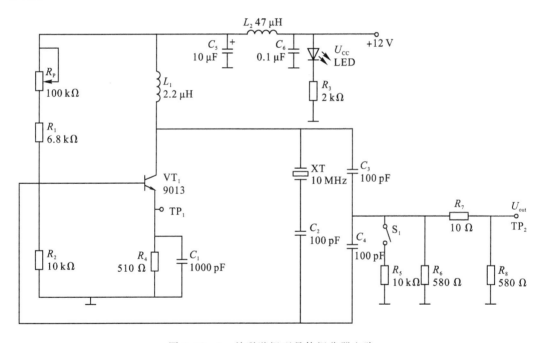

图 2.17-1　并联谐振型晶体振荡器电路

四、实验内容

（1）接通电源。

（2）测量振荡器的静态工作点。调整图中的 R_P，测得 I_{Emin} 和 I_{Emax}（可测量 R_4 两端的电压来计算相应的 I_E 值）。

（3）测量当工作点在上述范围时的振荡器频率及输出电压。

（4）研究有无负载对频率的影响：先将 S_1 拨至"OFF"挡，测出电路振荡频率，再将 S_1 拨至 R_5，测出电路振荡频率，将数据填入表 2.17-1 中，并与 LC 振荡器比较。

表 2.17-1

	OFF	R_5
f		

五、实验仪器与设备

（1）双踪示波器、交流电压表、数字频率计。

（2）高频实验箱。

（3）数字万用表。

六、实验报告要求

（1）画出实验电路的交流等效电路。

（2）整理实验资料。

（3）比较晶体振荡器与 LC 振荡器带负载能力的差异，并分析原因。

（4）说明本电路的优点。

实验十八　幅度调制器

一、预习要求

（1）预习幅度调制器的有关知识。

（2）预习实验电路中所用的 1496 乘法器调制的工作原理，并分析、计算各引脚的直流电压。

（3）了解调制系数 m 的意义及测量方法。

（4）了解实验电路中各组件作用。

二、实验目的

（1）掌握集成模拟乘法器的基本工作原理。

（2）掌握集成模拟乘法器构成的振幅调制电路的工作原理及特点。

（3）学习调制系数 m 及调制特性（$m \sim U_{om}$）的测量方法，了解 $m<1$ 和 $m=1$ 及 $m>1$ 时调幅波的波形特点。

三、实验原理

本实验电路如图 2.18-1 所示。MC1496 是一个集成模拟乘法器电路。模拟乘法器是一种完成两路互不相关的模拟信号(连续变化的两个电压或电流)相乘作用的电子器件。它是利用晶体管特性的非线性巧妙地进行结合以实现调幅的电路。使输出中仅保留晶体管非线性所产生的两路输入信号的乘积这一项,从而获得良好的乘法特性。图中 MC1496 芯片引脚 1 和引脚 4 接两个 51 Ω 和两个 75 Ω 电阻及 51 kΩ 电位器用来调节输入馈通电压,调偏 R_P,有意引入一个直流补偿电压,由于调制电压 U_S 与直流补偿电压相串联,相当于给调制信号 U_S 叠加了某一直流电压后与载波电压 U_C 相乘,从而完成普通调幅。如需要产生抑制载波双边带调幅波,则应仔细调节 R_P,使 MC1496 输入端电路平衡。另外,调节 R_P 也可改变调制系数 m。MC1496 芯片引脚 2 和引脚 3 之间接有负反馈电阻 R_3,用来扩展 U_S 的输入动态范围。载波电压 U_C 由引脚 8 输入。

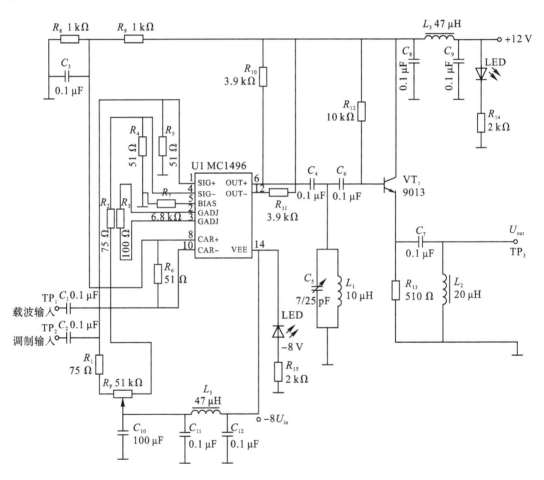

图 2.18-1 幅度调制器电路

MC1496 芯片输出端(引脚 6)接有一个由并联 L_1、C_5 回路构成的带通滤波器,原因是考虑到当 U_C 幅度较大时,乘法器内部双差分对管将处于开关工作状态,其输出信号中含有 $3\omega_C \pm \Omega$、$5\omega_C \pm \Omega \cdots$ 无用组合频率分量。为了抑制无用分量和选出 $\omega_C \pm \Omega$ 分量,故不能用纯阻负载,只能使用选频网络。

四、实验内容

（1）接通电源。

（2）调节高频信号源使其产生 $f_C=8$ MHz、幅度为 200 mV 左右的正弦信号作为载波接到幅度调制电路输入端 TP_1，从函数波发生器输出频率为 $f_S=1$ kHz、幅度为 600 mV 左右的正弦调制信号到幅度调制电路输入端 TP_2，示波器接幅度调制电路输出端 TP_3。

（3）反复调整 R_P 及 C_5 使之出现合适的调幅波，观察其波形并测量调制系数 m。

（4）调整 U_S 的幅度（调制信号幅度）和 R_P 及 C_5，同时观察并记录 $m<1$、$m=1$ 及 $m>1$ 时的调幅波形。

（5）在保证 f_C、f_S 和 U_{cm}（载波幅度）一定的情况下，测量 m-U_S 曲线。

五、实验仪器与设备

（1）双踪示波器、交流电压表、数字频率计。

（2）高频实验箱。

（3）数字万用表。

六、实验报告要求

（1）整理各实验步骤所得的资料和波形，绘制出 m-U_S 调制特性曲线。

（2）分析各实验步骤所得的结果。

实验十九　高频功率放大器

一、预习要求

（1）复习谐振功率放大器的原理及特点。

（2）分析图 2.19-1 所示的实验电路，说明各组件的作用。

二、实验目的

（1）了解谐振功率放大器的基本工作原理，掌握高频功率放大电路的计算和设计方法。

（2）了解电源电压与集电极负载对功率放大器功率和效率的影响。

三、实验电路说明

本实验电路如图 2.19 - 1 所示。电路由两级组成：VT_2 等构成前级推动放大，VT_1 为负偏压丙类功率放大器，VT_3 起过流保护作用。R_4、R_5 提供基极偏压（自给偏压电路），L_1 为输入耦合电路，主要作用是使谐振功放的晶体三极管的输入阻抗与前级电路的输出阻抗相匹配。L_2 为输出耦合回路，使晶体三极管集电极的最佳负载电阻与实际负载电阻相匹配。R_6 为负载电阻。

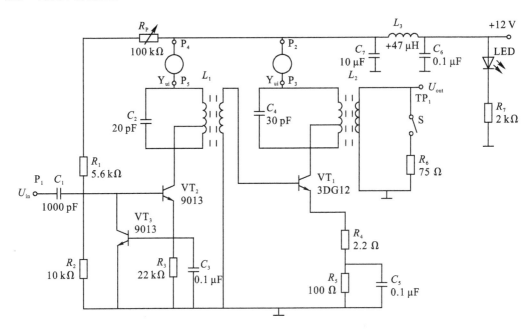

图 2.19 - 1 高频功率放大器电路

四、实验内容

(1) 将 P_2、P_3 用导线短接，将开关拨到接通 R_6 的位置，用万用表测量 3DG12 的发射极电压。通过原理图上的参数，可计算发射极电流。

(2) 检查无误后打开电源开关，调整 R_P 使万用表电压的指示最小（注意时刻监控电流，不要过大，否则损坏晶体三极管）。

(3) 将示波器接在 TP_1 和地之间，在输入端 P_1 接入 10 MHz 幅度约为 1000 mV 的高频正弦信号，缓慢增大高频信号的幅度，直到示波器出现波形。这时调节 L_1、L_2，使集电极回路谐振，即示波器的波形为最大值且不失真，电压表的指示为最小值。

(4) 根据实际情况选两个合适的输入信号幅值，分别测量各工作电压和峰值电压及电流，并根据测得的资料分别计算：

① 电源给出的总功率；② 放大电路的输出功率；③ 三极管的损耗功率；④ 放大器的效率。

五、实验仪器与设备

（1）双踪示波器、交流电压表、数字频率计、调制度测量仪。

（2）高频实验箱。

（3）数字万用表。

六、实验报告要求

（1）根据实验测量的数值，写出下列各项的计算结果。

① 电源给出的总功率；

② 放大电路的输出功率；

③ 三极管的损耗功率；

④ 放大器的效率。

（2）说明电源电压、输出电压、输出功率的关系。

实验二十　变容二极管频率调制电路

一、预习要求

（1）复习变容二极管的非线性特性以及变容二极管调频振荡器的调制特性。

（2）复习角度调制的原理和变容二极管调频电路的组成形式。

二、实验目的

（1）了解变容二极管调频电路原理和测试方法。

（2）了解调频器调制特性及主要性能参数的测量方法。

（3）观察寄生调幅现象，了解其产生原因及消除方法。

三、实验原理

本实验电路如图 2.20－1 所示。本电路由 LC 正弦波振荡器与变容二极管调频电路两部分组成。图中晶体三极管组成电容三点式振荡器。C_1 为基极耦合电容，VT 的静态工作点由 R_{P1}、R_1、R_2 及 R_4 共同决定。L_1、C_5 与 C_2、C_3 组成并联谐振回路。调频电路由变容二极管 VD 及耦合电容 C_6 组成，R_{P2} 与 R_7 为变容二极管提供静态时的反向直流偏置电压，R_5 为隔离电阻。C_7 与高频扼流圈 L_2 给调制信号提供通路，C_8 起高频滤波作用。

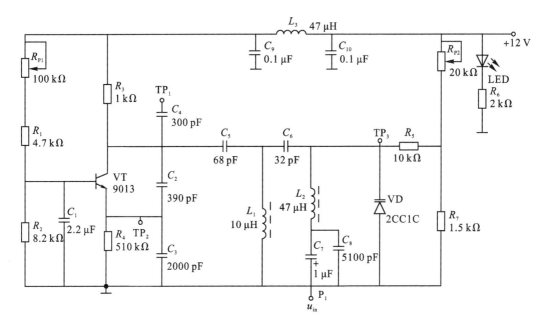

图 2.20 - 1　变容二极管频率调制电路

四、实验内容

1. 静态调制特性测量

（1）接通电源；

（2）输入端不接调制信号，将频率计接到 TP_1 端，示波器接至 TP_2 端，并观察波形；

（3）调节 R_{P1} 使振荡器起振，且波形不失真，振荡器频率约为 6.5 MHz；

（4）调节 R_{P2} 使 TP_3 处的电压变化，将对应的频率数据填入表 2.20 - 1。

表 2.20 - 1

U/V										
f/MHz										

2. 动态测试

调节频率调制电路的 $f = 6.5$ MHz，从 P_1 端输入频率为 2 kHz 的调制信号 U_m，用调制度测量仪在输出 TP_1 端观察 U_m 与调频波上下频偏的关系，将对应的频率数据填入表 2.20 - 2。

表 2.20 - 2

U_{in}/V	0	0.1	0.2	0.3	0.4	0.5	0.6	0.7	0.8	0.9
Δf(MHz) 上										
Δf(MHz) 下										

五、实验仪器与设备

（1）双踪示波器、交流电压表、数字频率计、调制度测量仪。
（2）高频实验箱。
（3）数字万用表。

六、实验报告要求

（1）整理各项实验所得的资料和波形，绘制静态调制特性曲线。
（2）求出调制灵敏度 S。

实验二十一　相位鉴频器电路

一、预习要求

（1）复习相位鉴频器的基本工作原理和电路组成。
（2）认真阅读实验内容，了解实验电路中各组件的作用。

二、实验目的

（1）掌握乘积型相位鉴频器电路的基本工作原理和电路结构。
（2）熟悉相位鉴频器的调整方法和其特性曲线的测量方法。
（3）观察移相网络参数变化对鉴频特性的影响。
（4）通过将变容二极管调频器与相位鉴频器进行联机实验，了解调频和解调的全过程。

三、实验原理

相位鉴频器是对调频信号进行解调的电路，其工作原理是先将调频波经过一个线性相移网络变成调频调相波，然后与原来的调频波一起加到相位鉴频器上，将原输入调频波中的调频信号解调出来。

乘积型相位鉴频器电路如图 2.21 - 1 所示，电路由线性移相网络、单片集成模拟乘法器、单位增益放大器和低通滤波器等组成。

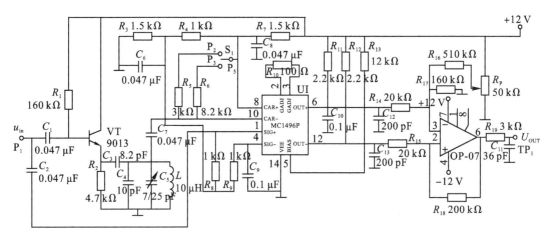

图 2.21-1　相位鉴频器电路

四、实验内容

1. 用逐点描绘法测绘乘积型相位鉴频器的静态鉴频特性

（1）用高频信号源从 P_1 端输入一幅度适中、6.5 MHz 的正弦信号；

（2）将开关 S_1 拨至 R_5 挡；

（3）用万用表测鉴频器的输出电压：在 5～8 MHz 的范围内，以每格 0.2 MHz 的间隔测量相应的输出电压，记录下来并绘制出静态鉴频特性曲线；

（4）将开关 S_1 拨至 R_6 挡，重复第（2）步的工作，并与之比较。

2. 观察调频信号解调的电压波形

（1）将调频电路中心频率调为 6.5 MHz；

（2）将鉴频电路的中心频率也调谐为 6.5 MHz；

（3）将 $F=2$ kHz 的调制信号加至调频电路的输入端进行调频，将调频输出信号（调频电路中的 TP_1 端）送入相位鉴频器的输入端 P_1；

（4）用双踪示波器同时观测调制信号和解调信号，比较二者的异同。将调制信号的幅度改变，观察波形变化，并分析其原因。

五、实验仪器与设备

（1）双踪示波器、交流电压表、数字频率计。

（2）高频实验箱。

（3）数字万用表。

六、实验报告要求

（1）整理各项实验所得的资料和波形，绘制出曲线。

（2）分析回路参数对鉴频特性的影响。

（3）分析讨论各项实验结果。

实验二十二　锁相环及压控振荡器电路

一、预习要求

（1）复习锁相环工作原理，掌握环路主要部件、环路性能参数的测量方法。

（2）熟悉实验电路元器件和各部分的作用。

二、实验目的

（1）通过实验深入了解锁相环的工作原理和特点。

（2）了解锁相环环路的锁定状态、失锁状态、同步带、捕捉带等基本概念。

（3）掌握锁相环主要参数的测试方法。

三、实验原理

本实验电路如图 2.22 - 1 所示。U_1 构成一个振荡器，作为锁相环的输入信号。改变 R_P，可改变其输出信号的频率。U_2 构成锁相环，它的输出信号频率受输入信号的控制。

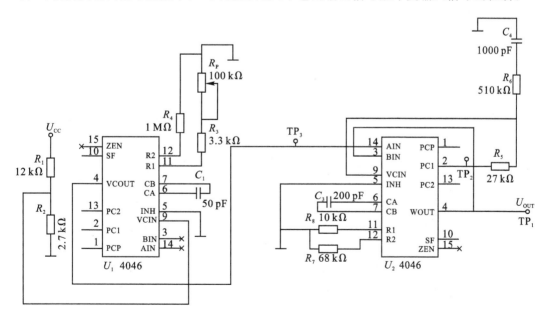

图 2.22 - 1　锁相环及压控振荡器电路

锁相环由鉴相器（PD）、环路滤波器（LF）及压控振荡器（VCO）组成，如图 2.22 - 2 所示。

模拟锁相环中，PD 是一个模拟乘法器，LF 是一个有源或无源低通滤波器。锁相环路

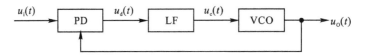

图 2.22 - 2　锁相环方框图

是一个相位负反馈系统，PD 检测 $u_i(t)$ 与 $u_o(t)$ 之间的相位误差，并运算形成误差电压 $u_d(t)$，LF 用来滤除乘法器输出的高频分量(包括和频及其他的高频噪声)形成控制电压 $u_c(t)$，在 $u_c(t)$ 的作用下、$u_o(t)$ 的相位向 $u_i(t)$ 的相位靠近。设 $u_i(t) = U_i \sin[\omega_i t + \theta_i(t)]$，$u_o(t) = U_o \cos[\omega_i t + \theta_o(t)]$，则 $u_d(t) = U_d \sin\theta_e(t)$，$\theta_e(t) = \theta_i(t) - \theta_o(t)$，故模拟锁相环的 PD 是一个正弦 PD。设 $u_c(t) = u_d(t)F(P)$，$F(P)$ 为 LF 的传输操作数，VCO 的压控灵敏度为 K_o，则环路的数学模型如图 2.22 - 3 所示。

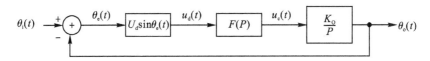

图 2.22 - 3　模拟环数学模型

当 $\theta_e(t) \leqslant \pi/6$ 时，$U_d \sin\theta_e(t) = U_d \theta_e$，令 $K_d = U_d$ 为 PD 的线性化鉴相灵敏度，单位为 V/rad，则环路线性化数学模型如图 2.22 - 4 所示。

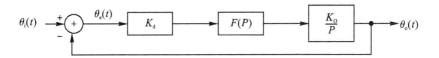

图 2.22 - 4　环路线性化数学模型

由上述数学模型进行数学分析，可得到以下重要结论。

(1) 当 $u_i(t)$ 是固定频率正弦信号($\theta_i(t)$ 为常数)时，在环路的作用下，VCO 输出信号频率可以由固有振荡频率 ω_o(即环路无输入信号、环路对 VCO 无控制作用时 VCO 的振荡频率)，变化到输入信号频率 ω_i，此时 $\theta_o(t)$ 也是一个常数，$u_d(t)$、$u_c(t)$ 都为直流。我们称此为环路的锁定状态。定义 $\Delta\omega_o = \omega_i - \omega_o$ 为环路固有频差，$\Delta\omega_p$ 表示环路的捕捉带，$\Delta\omega_H$ 表示环路的同步带，模拟锁相环中 $\Delta\omega_p < \Delta\omega_H$。当 $|\Delta\omega_o| < \Delta\omega_p$ 时，环路可以进入锁定状态。当 $|\Delta\omega_o| < \Delta\omega_H$ 时环路可以保持锁定状态。当 $|\Delta\omega_o| > \Delta\omega_p$ 时，则环路不能进入锁定状态，环路锁定后若 $\Delta\omega_o$ 发生变化使 $|\Delta\omega_o| > \Delta\omega_H$，则环路不能保持锁定状态。这两种情况下，环路都将处于失锁状态。失锁状态下 $u_d(t)$ 是一个上下不对称的差拍电压，当 $\omega_i > \omega_o$，$u_d(t)$ 是上宽下窄的差拍电压；反之 $u_d(t)$ 是一个下宽上窄的差拍电压。

(2) 环路对 $\theta_i(t)$ 呈低通特性，即环路可以将 $\theta_i(t)$ 中的低频成分传递到输出端，$\theta_i(t)$ 中的高频成分被环路滤除。或者说，$\theta_o(t)$ 中只含有 $\theta_i(t)$ 的低频成分，$\theta_i(t)$ 中的高频成分变成了相位误差 $\theta_e(t)$。所以当 $u_i(t)$ 是调角信号时，环路对 $u_i(t)$ 等效为一个带通滤波器，离 ω_i 较远的频率成分将被环路滤掉。

(3) 环路自然谐振频率 ω_n 及阻尼系数 ζ 两个重要参数。ω_n 越小，环路的低通特性截止频率越小、等效带通滤波器的带宽越窄；ζ 越大，环路稳定性越好。

(4) 当环路输入端有噪声时，$\theta_i(t)$ 将发生抖动，ω_n 越小，环路滤除噪声的能力越强。

在本实验中，鉴相器、环路滤波器、压控振荡器采用集成锁相环芯片 CD4046。CD4046 包括鉴相器和压控振荡器。该芯片内有两个鉴相器可供选择，一个是异或门鉴相器，另一个是鉴频—鉴相器。它的组成框图如图 2.22 - 5 所示。

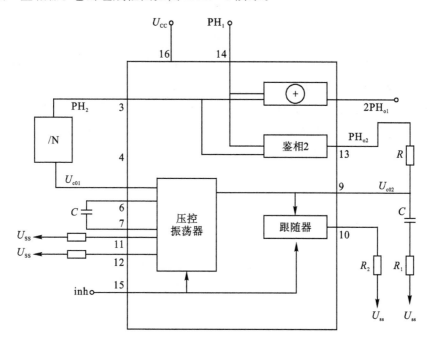

图 2.22 - 5　鉴相器和压控振荡器组成框图

四、实验内容

本实验内容为观察模拟锁相环的锁定状态、失锁状态及捕捉过程。

环路锁定时，TP_2 处的电压 u_d 为近似锯形波的稳定波形，环路输入信号频率等于反馈信号频率，即 TP_3 与 TP_1 处的频率相等。环路失锁时 u_d 为差拍电压(不稳定的波形、环路输入信号频率与反馈信号频率不相等，即此时 TP_3 与 TP_1 处的频率不相等。

根据上述特点可判断环路的工作状态，具体实验步骤如下。

1) 观察锁定状态与失锁状态

接通电源后用示波器观察 TP_2 处的电压 u_d，若 u_d 为稳定的方波，这说明环路处于锁定状态。用示波器同时在 TP_1 和 TP_3 处观察，可以看到两个信号频率相等。也可以用频率计分别测量 TP_1 和 TP_3 频率。在锁定状态下，向某一方向变化 R_{P1}，可使 TP_1 和 TP_3 处的频率不再相等，环路由锁定状态变为失锁。

接通电源后 u_d 也可能是差拍信号，表示环路已处于失锁状态。失锁时 u_d 的最大值和最小值就是锁定状态下 u_d 的变化范围(对应于环路的同步范围)。环路处于失锁状态时，TP_1 和 TP_3 处的频率不相等。调节 R_P 使 u_d 的频率改变，当频率改变到某一程度时 u_d 会突然变成稳定的方波，环路由失锁状态变为锁定状态。

2) 观察环路的捕捉带和同步带

环路处于锁定状态后，慢慢增大 R_{P1}，使 u_d 增大到锁定状态下的最大值 u_{d1}(此值不大

于 $+12\ \mathrm{V}$)；继续增大 R_{P1}，u_{d} 变为非稳定状态，环路失锁。再反向减小 R_{P1}，u_{d} 的频率逐渐改变，直至波形稳定。环路刚刚由失锁状态进入锁定状态时鉴相器输出电压为 u_{d2}；继续减小 R_{P}，使 u_{d} 减小到锁定状态下的最小值 u_{d3}；再继续减小 R_{P}，使环路再次失锁。然后反向增大 R_{P}，记环路刚刚由失锁状态进入锁定状态时鉴相器输出电压为 u_{d4}。

令 $\Delta U_1 = u_{\mathrm{d1}} - u_{\mathrm{d3}}$，$\Delta U_2 = u_{\mathrm{d2}} - u_{\mathrm{d4}}$，它们分别为同步范围内及捕捉范围内环路控制电压的变化范围，可以发现 $\Delta U_1 > \Delta U_2$。设 VCO 的灵敏度为 $K_{\mathrm{o}}(\mathrm{Hz/V})$，则环路同步带 Δf_{H} 及捕捉带 Δf_{P} 分别为 $\Delta f_{\mathrm{H}} = K_{\mathrm{o}}\Delta U_1/2$，$\Delta f_{\mathrm{P}} = K_{\mathrm{o}}\Delta U_2/2$。

应说明的是，由于 VCO 是晶体压控振荡器，它的频率变化范围比较小，调节 R_{P1} 时环路可能只能从一个方向由锁定状态变化到失锁状态，此时可用 $\Delta f_{\mathrm{H}} = K_{\mathrm{o}}(u_{\mathrm{d1}} - 6)$ 或 $\Delta f_{\mathrm{H}} = K_{\mathrm{o}}(6 - u_{\mathrm{d3}})$、$\Delta f_{\mathrm{P}} = K_{\mathrm{o}}(u_{\mathrm{d2}} - 6)$ 或 $\Delta f_{\mathrm{P}} = K_{\mathrm{o}}(6 - u_{\mathrm{d4}})$ 来计算同步带和捕捉带，式中 6 为 u_{d} 变化范围的中值(单位：V)。

做上述观察时应注意：

(1) TP$_2$ 处的差拍频率低但幅度大，而 TP$_1$ 和 TP$_3$ 的频率高但幅度很小，用示波器观察这些信号时应注意幅度旋钮和频率旋钮的调整。

(2) 失锁时，TP$_1$ 和 TP$_3$ 频率不相等，但当频差较大时，在鉴相器输出端电容的作用下，u_{d} 幅度较小。此时向某一方向改变 R_{P}，可使 u_{d} 幅度逐步变大、频差逐步减小，环路进入锁定状态。

五、实验仪器与设备

(1) 双踪示波器、交流电压表、数字频率计。

(2) 高频实验箱。

(3) 数字万用表。

六、实验报告要求

(1) 总结锁相环锁定状态及失锁状态的特点。

(2) 设 $K_{\mathrm{o}} = 18\ \mathrm{Hz/V}$，根据实验结果计算环路同步带 Δf_{H} 及捕捉带 Δf_{P}。

实验二十三　调频接收机的设计

一、预习要求

设计一个调频接收机。建议采用大规模集成电路，例如 CXA1019(1191) 或 1619，或其他大规模集成块均可。

(1) 主要器件：CXA1019(1191) 或 1619，扬声器(1 W，8 Ω)。

(2) 设计好线路，列出元器件清单，画出印制板图。

(3) 拟定好测试方案，列出所需要的仪器清单。

二、实验目的

（1）了解调频接收机的工作原理及组成。
（2）掌握调频接收机的制作方法。
（3）掌握调频接收机的测试方法。

三、设计内容

设计装调一个高频调频接收机。其技术要求：
（1）频率范围：87 MHz～108 MHz。
（2）灵敏度：优于 10 μV。
（3）选择性：优于 40 dB。
（4）信噪比：≥50 dB。
（5）频响：80 Hz～15 000 Hz，±1 dB。
（6）失真度：80 Hz～15 000 Hz，≤2%。
（7）输出功率：≥0.5 W。
（8）直流电源：9 V，1 A。

四、调频接收机工作原理

调频接收机原理框图如图 2.23-1 所示，接收信号从天线输入，天线可用拉杆天线，总长度为 1.5 m。调试时可用 1.5 m 的 Φ_1 铜线代替。带通滤波器可以自制也可用成品，其频率范围为 87 MHz～108 MHz，带外抑制为 20 dB。高频放大一般采用共基极电路，输入阻抗低，便于与天线匹配。本振为 LC 正弦振荡电路，调谐电容可与高频放大调谐电容联调，采用双联可变电容器，亦可采用变容二极管。本振频率 $F_c = (87 + 10.7)$ MHz ～ $(108 + 10.7)$ MHz。本振信号与接收信号经过混频，差出 10.7 MHz 中频信号，经过 10.7 MHz 陶瓷中频滤波器，中频滤波器主要满足选择性的要求。中放放大器应具有足够大的放大倍数，使信号进行限幅。被放大的中频信号经解调电路，还原成音频信号，再经过 50 μs 的去加重网络，然后再经过低放和功放，去推动扬声器发音。其参考原理图如图 2.23-2 所示。

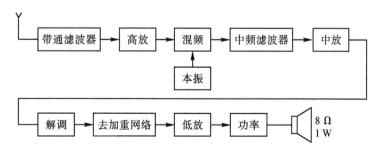

图 2.23-1　调频接收机原理框图

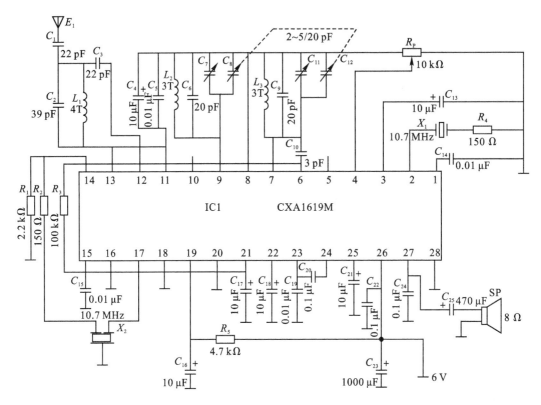

图 2.23 - 2　0.5 W 调频接收机原理图

五、实验仪器与设备

（1）高频信号发生器、函数信号发生器、扫频仪。

（2）频率计、示波器、失真度测试仪。

（3）万用表。

六、实验内容

（1）安装电路及元器件，注意不要虚焊。

（2）调试电路，掌握高频电路三点跟踪的调试方法。

（3）测试总机技术指标。

七、实验报告要求

（1）设计计算过程，并画出电路图。

（2）整理实验数据，画出陶瓷滤波器的幅频特性曲线。

（3）对实验结果进行分析和讨论。

（4）写出心得、体会及对本实验的建议。

实验一 基本逻辑门电路的功能测试

一、预习要求

(1) 复习门电路工作原理及相应的逻辑表达式。
(2) 预习所用集成电路芯片的引脚位置及各引线用途。

二、实验目的

(1) 熟悉门电路逻辑功能。
(2) 熟悉数字电路实验箱的使用方法。

三、实验原理

基本逻辑门电路(见表3.1-1),是数字电路的基础,是二进制逻辑运算在数字电路中的执行开关电路。以基本逻辑门电路为基础,可以构成各种触发器,组成半加器、全加器等逻辑运算电路,组成各种计数器、寄存器和译码器等数字集成电路。因此熟记基本逻辑门电路的逻辑功能和表达式,掌握它们的运用方法,是数字电路实验和应用的基本要求。

表 3.1-1 基本逻辑门电路

逻辑名称	逻辑表达式	逻辑符号	逻辑规律(功能)
与非门	$Y=\overline{A \cdot B}$		有 0 出 1 全 1 出 0
或非门	$Y=\overline{A+B}$		有 1 出 0 全 0 出 1
异或门	$Y=A \oplus B$		相异出 1 相同出 0
同或门	$Y=A \odot B$		相同出 1 相异出 0

　　与非门任一输入端接低电平，则其余输入端就被封锁，即其余输入端接任意电平，与非门输出端都为高电平。数字电路实验元件主要采用集成电路，因为集成电路具有体积小、重量轻、可靠性高、寿命长、功耗低、成本低和使用方便等优点。目前，应用最广的数字集成电路是 TTL 和 CMOS 这两类集成电路。芯片功能介绍如下：

1. 74LS00 为四 2 输入与非门

　　74LS00 芯片管脚排列如图 3.1－1 所示，它有四个与非门，每个与非门有 2 个输入端 A、B，一个输出端 Y，14 脚 V_{CC} 接电源"＋5 V"，7 脚 GND 为接"地"端。

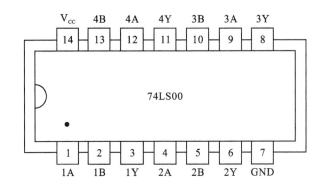

图 3.1－1　74LS00 芯片管脚排列

2. 74LS20 为二 4 输入与非门

　　74LS20 芯片管脚排列如图 3.1－2 所示，它有二个与非门，每个与非门有 4 个输入端 A、B、C、D，一个输出端 Y，14 脚 V_{CC} 接电源"＋5 V"，7 脚 GND 为接"地"端，其中 NC 为空脚。

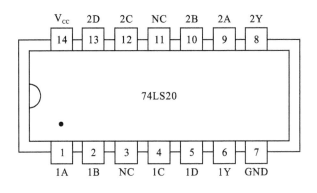

图 3.1－2　74LS20 芯片管脚排列

3. 74LS86 为四 2 输入异或门

　　74LS86 芯片管脚排列如图 3.1－3 所示，它有四个异或门，每个异或门有 2 个输入端 A、B，一个输出端 Y，14 脚 V_{CC} 接电源"＋5 V"，7 脚 GND 为接"地"端。

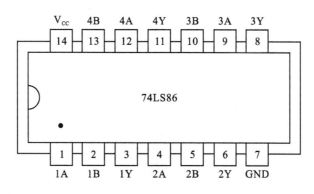

图 3.1-3 74LS86 芯片管脚排列

四、实验内容

1. 测试与非门电路逻辑功能

选用一块 74LS20 芯片,插入实验箱,输入端接电平开关输出插口,输出端接电平显示发光二极管。分别测输出逻辑状态,填入表 3.1-2 中。

表 3.1-2 74LS20 测试记录

输 入				输 出
A	B	C	D	Y
H	H	H	H	
L	H	H	H	
L	L	H	H	
L	L	L	H	
L	L	L	L	

2. 异或门逻辑功能测试

选用一块 74LS86 芯片,插入实验箱,按图 3.1-4 接线,输入端接电平开关输出插口,输出端接电平显示发光二极管。分别测输出逻辑状态,填入表 3.1-3 中。

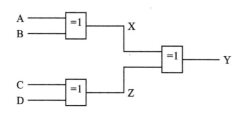

图 3.1-4 异或门逻辑功能测试

表 3.1－3　74LS86 测试记录

输　　入				输　　出		
A	B	C	D	X	Y	Z
L	L	L	L			
L	L	L	H			
L	L	H	H			
L	H	L	L			
L	H	L	H			
L	H	H	H			
H	H	H	H			

3. 逻辑电路的逻辑关系测试

（1）用 74LS00 芯片按图 3.1－5 所示搭接电路,将输入、输出逻辑关系填入表 3.1－4 中。

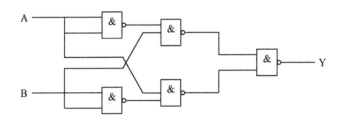

图 3.1－5　逻辑电路 1

表 3.1－4　逻辑电路 1 测试记录

输　　入		输　　出
A	B	Y
L	L	
L	H	
H	L	
H	H	

（2）用 74LS00 芯片按图 3.1－6 所示搭接电路,将输入、输出逻辑关系填入表 3.1－5 中。

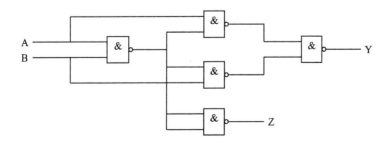

图 3.1－6　逻辑电路 2

表 3.1 - 5 逻辑电路 2 测试记录

输 入		输 出	
A	B	Y	Z
L	L		
L	H		
H	L		
H	H		

（3）写出上面两个逻辑电路的逻辑表达式。

4. 组成门电路并进行测试和画出电路原理图

用一片四 2 输入与非门组成或非门 $Y = \overline{A + B} = \overline{A} \cdot \overline{B}$，画出电路图，并在数字实验箱上搭接电路测试结果。

五、实验仪器与设备

（1）直流稳压电源（+5 V）。
（2）数字万用表。
（3）逻辑电平开关。
（4）逻辑电平显示器。
（5）集成芯片：74LS00、74LS20、74LS86。

六、实验报告要求

（1）按照实验内容要求将测试数据填入表格。
（2）撰写实验心得和体会。

实验二 组合逻辑电路的设计

一、预习要求

（1）复习组合逻辑电路的分析和设计过程。
（2）根据实验内容要求设计逻辑电路图。
（3）熟悉集成电路芯片的使用规则。

二、实验目的

（1）掌握组合逻辑电路的设计方法。
（2）用实验验证所设计电路的逻辑功能。

三、实验原理

组合逻辑电路(又称组合电路),是一类没有记忆功能的电路,它在任一时刻的输出仅取决于该时刻电路的输入,而与过去的输入状态无关。若输入一旦消失,则输出即随之消失。

根据给出的实际逻辑问题,求出实现这一逻辑功能的最简单逻辑电路,这就是设计组合逻辑电路时要完成的工作。组合电路设计的一般步骤如图 3.2-1 所示。

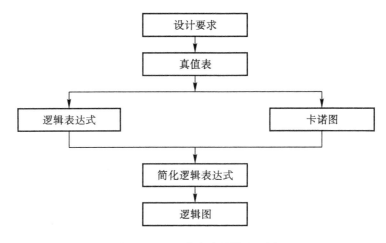

图 3.2-1 组合电路设计流程图

流程图的说明:根据设计任务的要求,确定输入、输出变量,并列出真值表。然后利用逻辑代数"与或表达法"或"卡诺图法"化简求出最简的逻辑表达式。并按实际选用逻辑门的类型修改逻辑表达式。根据逻辑表达式,画出逻辑图,用标准器件构成逻辑电路。最后,用实验来验证设计的正确性。

【例】 用"与非门"设计一个"三人无弃权"表决器的电路。

要求:(1)三个输入表决人中,至少有两个人赞成,被表决人才获通过;(2)输入端:同意为"1",输出端:通过为"1";(3)搭接电路并测试"三人无弃权"表决器的逻辑功能。

步骤:(1)根据题意,确定输入、输出变量的个数,列出真值表,如表 3.2-1 所示。

表 3.2-1 "三人无弃权"表决器真值表

输 入			输 出
A	B	C	Y
0	0	0	0
0	0	1	0
0	1	0	0
0	1	1	1
1	0	0	0
1	0	1	1
1	1	0	1
1	1	1	1

（2）根据真值表画出卡诺图，如图 3.2-2 所示。

C	AB			
	00	01	11	10
0	0	0	1	0
1	0	1	1	1

图 3.2-2　"三人无弃权"表决器卡诺图

（3）根据卡诺图写出表达式，并转化成"与非"的形式。

$$Y = AB + AC + BC = \overline{\overline{AB} \cdot \overline{AC} \cdot \overline{BC}}$$

（4）根据逻辑表达式，画出用"与非门"构成的逻辑电路，如图 3.2-3 所示，并利用实验箱来搭接电路，验证"三人无弃权"表决器的逻辑功能。

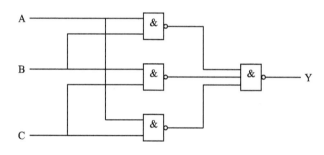

图 3.2-3　三人无弃权表决器的逻辑电路

四、实验内容

（1）设计一个能判断一位二进制数大小的比较电路。

（2）用"与非门"设计一个"四人无弃权"表决器的电路，四个输入表决人中，至少有三个人赞成，被表决人才获通过。

（3）设计一个监视交通信号灯工作状态的逻辑电路。每一组信号由红、黄、绿三盏灯组成。正常工作情况下，任何时刻必有一盏灯亮，而且只允许有一盏灯点亮。若某一时刻无一盏灯亮或两盏以上的灯同时点亮，则表示电路发生了故障；这时要求发出故障信号，以提醒维护人员前去修理。

（4）设计用两个开关同时控制一只楼梯电灯的逻辑电路。

（5）设计一个实现四舍五入的组合逻辑电路。

（6）用"与非门"设计"数字代码锁"的逻辑电路。开锁密码为："1011"。要求：① 设计"数字代码锁"的逻辑电路，要求有表示"数字代码锁"是否处于工作的使能端（一个输入信号）；② 开锁密码为四位二进制数；③ 开锁成功时输出信号为"1"；④ 密码错误时要求也有报警信号，输出为"1"；⑤ 设计的逻辑电路要最少数量的使用"与非门"。

（7）某工厂有三个车间，每个车间各需 1000 kW 电力。有一个发电站供给它电力，该电站有两台发电机组，一台 X 是 1000 kW，另一台 Y 是 2000 kW，此三个车间经常不同时工作，可能只有一个车间工作，有时也可能有两个车间或者三个车间同时工作。当只有一个车间工作时，只要 X 机组供电就行；两个车间同时工作时，仅需 Y 机组供电；只有三个车间同时工作，才需要同时启动 X 和 Y 机组。请设计一个逻辑电路能自动完成配电任务。

（8）设计两个 1 位二进制数 $A=B$、$A>B$、$A<B$ 的比较电路。

（9）人类有四种基本血型：A、B、AB、O 型。其中 O 型血可以输给任意血型的人，而他自己只能接受 O 型血；AB 型血的人可以接受任意血型，但他只能输给 AB 型血的人；A型血的能给 A 型或 AB 型血的人输血，可以接受 A 型或 O 型血；B 型血的人能给 B 型或AB 型血的人输血，可以接受 B 型或 O 型血。试用"与非门"设计一个检验输血者与受血者的血型是否匹配的电路，在符合规定时，电路输出为"1"。

五、实验仪器与设备

（1）直流稳压电源（+5 V）。

（2）数字万用表。

（3）逻辑电平开关。

（4）逻辑电平显示器。

（5）集成芯片：74LS00、74LS20。

六、实验报告要求

（1）写出实验任务的设计过程，画出设计的组合逻辑电路图。

（2）对所设计的电路进行实验测试，并记录测试结果。

（3）撰写实验心得和体会。

实验三　编码器、译码器及其应用

一、预习要求

（1）预习编码器、译码器的工作原理。

（2）了解使用 LED 数码管进行显示的方法。

（3）根据实验内容（3）、（4），尝试画出实验电路图。

二、实验目的

（1）掌握中规模集成编码器、译码器的逻辑功能和使用方法。

（2）学习用译码器实现逻辑函数的运算。

三、实验原理

1. 编码器

赋予若干位二进制码以特定含义称为编码。能实现编码功能的逻辑电路称为编码器。编码器的逻辑功能就是把每一个高低电平信号编成一个对应的二进制代码。

这里研究的编码器规定：在 n 个输入信号中，每一时刻都只有一个输入信号被转换成二进制码。例如：规定 1 为有效电平，某个编码器能实现表 3.3 - 1 所示的 4 线—2 线编码器功能，我们就把这个编码器称为 4 线—2 线编码器。

表 3.3 - 1　4 线—2 线编码器功能表

输　入				输　出	
I_3	I_2	I_1	I_0	Y_1	Y_0
0	0	0	1	0	0
0	0	1	0	0	1
0	1	0	0	1	0
1	0	0	0	1	1

（1）4 线—2 线编码器。

它有 $I_3 \sim I_0$ 共四个输入端，当 $I_3 \sim I_0$ 中的某一位输入为 1 时，输出 Y_1、Y_0 就会编为相应的代码。由表 3.3 - 1 可知 4 线—2 线编码器的逻辑表达式为

$$Y_1 = \bar{I}_3\, I_2\, \bar{I}_1\, \bar{I}_0 + I_3\, \bar{I}_2\, \bar{I}_1\, \bar{I}_0$$
$$Y_0 = \bar{I}_3\, \bar{I}_2\, I_1\, \bar{I}_0 + I_3\, \bar{I}_2\, \bar{I}_1\, \bar{I}_0$$

我们称这种先与后或的逻辑表达式为与—或逻辑式。对于与—或逻辑式，采用图 3.3 - 1 所示的逻辑电路图来进行设计。

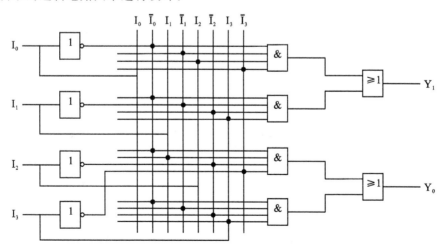

图 3.3 - 1　4 线—2 线编码器逻辑电路图

电路首先给每一个输入自变量提供了一个非门，这样就由原来的 4 个(n 个)自变量变成了 8 个($2n$ 个)变量，即每个自变量的原变量和反变量。为了绘图方便，可以将这 $2n$ 个变量画

成纵线形式，然后根据逻辑表达式对这些变量先求与再求或。在画出各与门和或门之后，我们将输入到各与门的连线用横线表示，这样只要决定 $2n$ 个变量和各与门的输入线有无连接，并将连接处用圆点表示，就决定了输入到各与门的变量，也就满足了原来的与—或逻辑式的要求。图3.3-1所示的电路结构是一种基本的与—或逻辑门结构，所有与—或逻辑式都可以用这种结构来实现其功能，它在可编程逻辑器件中已经被广泛应用，我们应该熟悉它。

图3.3-1所示的编码器电路虽然简单，但它有两个缺点：① 当 I_0 为1，$I_3 \sim I_1$ 都为0或 $I_3 \sim I_0$ 全都为0时，输出 $Y_1 Y_0$ 均为00，这两种情况在实际中必须加以区分；② 同时有多个输入被编码时，输出 $Y_1 Y_0$ 会混乱。在实际工作中，同时有多个输入被编码的情况会经常遇到，必须根据轻重缓急，规定好这些控制对象允许操作的先后次序，即先识别。识别信号的优先级并进行编码的逻辑部件称为优先编码器。

（2）8线-3线优先编码器74LS148。

编码器74LS148的作用是将8个输入 $I_7 \sim I_0$ 的状态分别编成二进制码输出，其功能见表3.3-2，引脚排列见图3.3-2。74LS148有8个输入端，3个二进制码输出端，还有输入使能端 E_1，输出使能端 E_0 和优先编码工作状态标志 GS。优先级依 $I_7 \sim I_0$ 序递减。

表 3.3-2 8线-3线优先编码器 74LS148 功能表

输　入									输　出				
E_1	I_0	I_1	I_2	I_3	I_4	I_5	I_6	I_7	C	B	A	GS	E_0
1	$\times$	$\times$	$\times$	$\times$	$\times$	$\times$	$\times$	$\times$	1	1	1	1	1
0	1	1	1	1	1	1	1	1	1	1	1	1	0
0	$\times$	$\times$	$\times$	$\times$	$\times$	$\times$	$\times$	0	0	0	0	0	1
0	$\times$	$\times$	$\times$	$\times$	$\times$	$\times$	0	1	0	0	1	0	1
0	$\times$	$\times$	$\times$	$\times$	$\times$	0	1	1	0	1	0	0	1
0	$\times$	$\times$	$\times$	$\times$	0	1	1	1	0	1	1	0	1
0	$\times$	$\times$	$\times$	0	1	1	1	1	1	0	0	0	1
0	$\times$	$\times$	0	1	1	1	1	1	1	0	1	0	1
0	$\times$	0	1	1	1	1	1	1	1	1	0	0	1
0	0	1	1	1	1	1	1	1	1	1	1	0	1

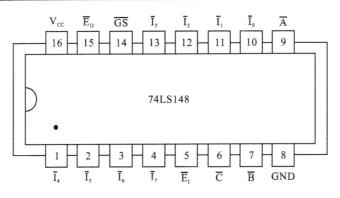

图 3.3-2 芯片 74LS148 引脚排列

2. 译码器

译码是编码的逆过程。译码器是一个多输入、多输出的组合逻辑电路。它的作用是把给定的代码进行"翻译",变成相应的状态,使输出通道中相应的一路有信号输出。

译码器在数字系统中有广泛的用途,不仅用于代码的转换、终端的数字显示,还用于数据分配,存储器寻址和实现简单的组合逻辑函数等。译码器有多种分类,根据不同的功能要求选用不同种类的译码器。译码器可分为通用译码器和显示译码器两大类。其中通用译码器又可分为二进制译码器(又称变量译码器)和代码变换译码器。

(1)二进制译码器(又称变量译码器),用以表示输入变量的状态,如2线—4线、3线—8线和4线—16线译码器。若有 n 个输入变量,则有 2^n 个不同的组合状态,就有 2^n 个输出端供其使用。而每一个输出所代表的函数对应于 n 个输入变量的最小项。

(2)2线—4线译码器74LS139的逻辑电路图如图3.3-3所示,功能见表3.3-3,引脚排列见图3.3-4。

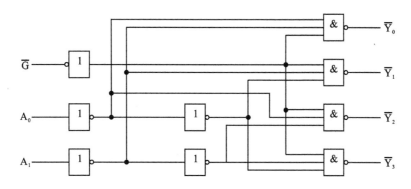

图3.3-3 74LS139的逻辑电路图

表3.3-3 74LS139功能表

输 入			输 出			
使能端	地址端					
$\overline{G}$	A_1	A_0	$\overline{Y_3}$	$\overline{Y_2}$	$\overline{Y_1}$	$\overline{Y_0}$
1	×	×	1	1	1	1
0	0	0	1	1	1	0
0	0	1	1	1	0	1
0	1	0	1	0	1	1
0	1	1	0	1	1	1

说明:① $\overline{G}$ 为使能端,低电平有效。② A_1、A_0 为地址输入端。③ $\overline{Y_3}$、$\overline{Y_2}$、$\overline{Y_1}$、$\overline{Y_0}$ 为译码器输出端。

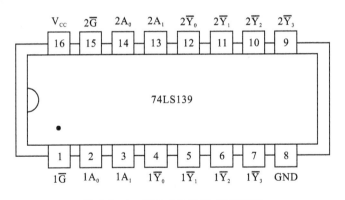

图 3.3-4　芯片 74LS139 引脚排列

（3）3 线—8 线译码器 74LS138。译码器 74LS138 的功能见表 3.3-4，引脚排列见图 3.3-5。

表 3.3-4　74LS138 功能表

输　入						输　出							
G_1	$\overline{G_2}$	$\overline{G_3}$	A_2	A_1	A_0	$\overline{Y_0}$	$\overline{Y_1}$	$\overline{Y_2}$	$\overline{Y_3}$	$\overline{Y_4}$	$\overline{Y_5}$	$\overline{Y_6}$	$\overline{Y_7}$
$\times$	1	$\times$	$\times$	$\times$	$\times$	1	1	1	1	1	1	1	1
$\times$	$\times$	1	$\times$	$\times$	$\times$	1	1	1	1	1	1	1	1
0	$\times$	$\times$	$\times$	$\times$	$\times$	1	1	1	1	1	1	1	1
1	0	0	0	0	0	0	1	1	1	1	1	1	1
1	0	0	0	0	1	1	0	1	1	1	1	1	1
1	0	0	0	1	0	1	1	0	1	1	1	1	1
1	0	0	0	1	1	1	1	1	0	1	1	1	1
1	0	0	1	0	0	1	1	1	1	0	1	1	1
1	0	0	1	0	1	1	1	1	1	1	0	1	1
1	0	0	1	1	0	1	1	1	1	1	1	0	1
1	0	0	1	1	1	1	1	1	1	1	1	1	0

说明：① $\overline{G_3}$、$\overline{G_2}$、G_1 为使能端。② A_2、A_1、A_0 为地址输入端。③ $\overline{Y_7}\sim\overline{Y_0}$ 为译码器输出端。

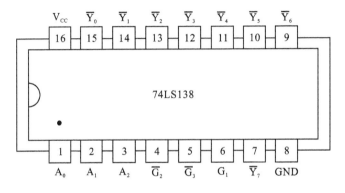

图 3.3-5　芯片 74LS138 引脚排列图

当 $G_1 = 1$，$\overline{G_2} + \overline{G_3} = 0$ 时，器件使能，地址码所指定的输出端有信号(为 0)输出，其他所有输出端均无信号(全为 1)输出。

当 $G_1 = 0$，$\overline{G_2} + \overline{G_3} = \times$ 时，或 $G_1 = \times$，$\overline{G_2} + \overline{G_3} = 1$ 时，译码器被禁止，所有输出同时为 1。

3. LED 数码管及译码显示

在数字测量仪表和各种数字系统中，数字量应该被直观地显示出来，以供人们读取结果和监视系统的情况。因此，数字显示电路是许多数字设备不可缺少的部分。

1) 数字显示电路的组成

数字显示电路通常由代码转换译码器、驱动器和显示器等部分组成，图 3.3-6 给出了常见的数字显示电路框图。

图 3.3-6　数字显示电路组成框图

代码转换译码器与二进制译码器不同，它的输出状态不再仅是一个有效位，而是一组与输入代码相对应的编码，这里是供显示用的段码。

数码的显示方式一般有三种：第一种是字形重叠式；第二种是分段式；第三种是点阵式。

数字显示器件一般又可采用发光二极管 LED 数码管、荧光显示管和液晶显示器。其中 LED 数码管和液晶显示器使用非常普遍。这里仅讨论 LED 数码管。

2) 七段发光二极管(LED)数码管

发光二极管数码管常称为 LED 数码管，或简称为数码管。它从内部电路上看，LED 数码管有七段发光二极管，如图 3.3-7 所示。LED 数码管是目前最常用的数字显示器。

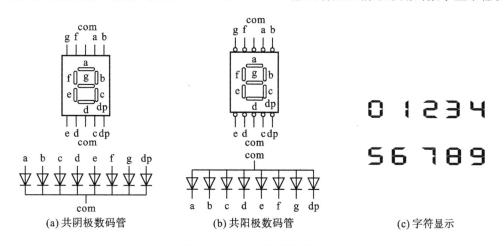

(a) 共阴极数码管　　(b) 共阳极数码管　　(c) 字符显示

图 3.3-7　七段数码管结构

一个 LED 数码管可用来显示一位 0~9 十进制数和一个小数点。小型数码管(0.5 英寸和 0.36 英寸)每段发光二极管的正向压降，随显示光(通常为红、绿、黄、橙色)的颜色不同略有差别，每个发光二极管的点亮电流在 5~10 mA。

LED 数码管要显示 BCD 码所表示的十进制数字就需要有一个专门的译码器，该译码器不但要完成译码功能，还要有相当的驱动能力。

3）常用 LED 数码管译码器

常用译码器型号有 74LS47（共阳极译码驱动器）、74LS48（共阴极译码驱动器）、74LS248（共阴极译码驱动器）、CD4511（共阴极译码驱动器）等。其中，CD4511 功能如表 3.3 - 5 所示，引脚排列如图 3.3 - 8 所示。

表 3.3 - 5　CD4511 功能表

输　入							输　出							
LE	$\overline{BI}$	$\overline{LT}$	D	C	B	A	a	b	c	d	e	f	g	显示字形
×	×	0	×	×	×	×	1	1	1	1	1	1	1	8
×	0	1	×	×	×	×	0	0	0	0	0	0	0	消隐
0	1	1	0	0	0	0	1	1	1	1	1	1	0	0
0	1	1	0	0	0	1	0	1	1	0	0	0	0	1
0	1	1	0	0	1	0	1	1	0	1	1	0	1	2
0	1	1	0	0	1	1	1	1	1	1	0	0	1	3
0	1	1	0	1	0	0	0	1	1	0	0	1	1	4
0	1	1	0	1	0	1	1	0	1	1	0	1	1	5
0	1	1	0	1	1	0	1	0	1	1	1	1	1	6
0	1	1	0	1	1	1	1	1	1	0	0	0	0	7
0	1	1	1	0	0	0	1	1	1	1	1	1	1	8
0	1	1	1	0	0	1	1	1	1	1	0	1	1	9
0	1	1	1	0	1	0	0	0	0	0	0	0	0	消隐
0	1	1	1	0	1	1	0	0	0	0	0	0	0	消隐
0	1	1	1	1	0	0	0	0	0	0	0	0	0	消隐
0	1	1	1	1	0	1	0	0	0	0	0	0	0	消隐
0	1	1	1	1	1	0	0	0	0	0	0	0	0	消隐
0	1	1	1	1	1	1	0	0	0	0	0	0	0	消隐
1	1	1	×	×	×	×	锁　存							锁存

说明：① A、B、C、D 为 BCD 码输入端。② a、b、c、d、e、f、g 为译码输出端，输出"1"有效，用来驱动共阴极 LED 数码管。③ LE 为锁定端，LE＝"1"时译码器处于锁定（保持）状态，译码输出保持在 LE＝0 时的数值，LE＝0 为正常译码。④ $\overline{BI}$ 为消隐输入端，$\overline{BI}$＝"0"时，译码输出全为"0"。⑤ $\overline{LT}$ 为测试输入端，$\overline{LT}$＝"0"时，译码输出全为"1"。

CD4511 内接有上拉电阻，故只需在输出端与数码管之间串入限流电阻即可工作。译码器还有拒伪码功能，当输入码超过 1001 时，输出全为"0"，此时数码管熄灭。

在本数字电路实验装置上已完成了译码器 CD4511 和数码管之间的连接。实验时，只要接通+5 V 电源和将十进制数的 BCD 码接至译码器的相应输入端 A、B、C、D 即可显示 0~9 的数字。四位数码管可接收四组 BCD 码输入。CD4511 与 LED 数码管的连接如图 3.3-9 所示。

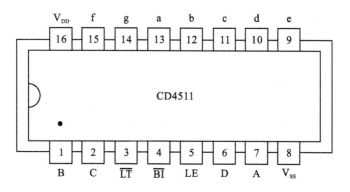

图 3.3-8　芯片 CD4511 引脚排列

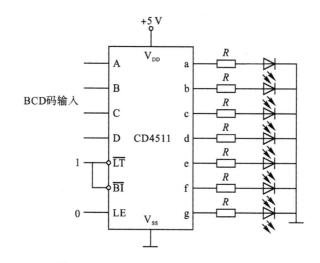

图 3.3-9　CD4511 驱动一位 LED 数码管

四、实验内容

(1) 测试 8 线-3 线优先编码器 74LS148。

按照图 3.3-2，将 74LS148 第 8 引脚接地(GND)，第 16 引脚接电源(V_{CC})，8 个输入端 $I_7 \sim I_0$ 和 E_I 端接逻辑电平开关，输出端 A、B、C 以及 GS、E_O 接发光二极管或逻辑笔进行逻辑电平显示。按照表 3.3-2 的要求分别给 $I_7 \sim I_0$ 以不同的电平输入，测试各个引脚输出情况并记录数据。

(2) 测试 2 线-4 线译码器 74LS139 的功能，并验证其真值表。

(3) 测试 3 线-8 线译码器 74LS138 的功能，并验证其真值表。

(4) 试将 2 线-4 线译码器转换为 3 线-8 线译码器，用 74LS139 实现。

(5) 试用 3 线-8 线译码器 74LS138 实现逻辑函数的运算。

逻辑函数：$Z = AB\overline{C} + A\overline{B}C + \overline{A}BC + ABC$

题目要求：① 画出用 3 线－8 线译码器 74LS138 实现逻辑函数运算的完整电路图。② 在实验箱上搭接电路并进行验证。

解题思路提示：将函数变量 A、B、C 分别接入 3 线－8 线译码器 74LS138 的地址输入端 A_2、A_1、A_0，那么有逻辑函数：

$$Z = A_2 A_1 \overline{A_0} + A_2 \overline{A_1} A_0 + \overline{A_2} A_1 A_0 + A_2 A_1 A_0$$

$$Z = Y_6 + Y_5 + Y_3 + Y_7$$

（6）用 3 线－8 线译码器实现一位二进制数半加器和全加器。

解题思路提示：

① 确定输入、输出的个数，写出一位二进制全加器的真值表（见表 3.3－6）。

表 3.3－6　一位二进制全加器真值表

输　入			输　出	
A_1	A_0	C_n	F_{cn}	F_{cn+1}
0	0	0	0	0
0	0	1	1	0
0	1	0	1	0
0	1	1	0	1
1	0	0	1	0
1	0	1	0	1
1	1	0	0	1
1	1	1	1	1

② 根据真值表写出输出的表达式。

③ 确定输出的连接方式，画出逻辑电路图，并在实验箱上搭接电路，测试结果。

（7）测试 CD4511 的主要功能，并验证译码器显示功能、试灯功能和灭灯功能。

五、实验仪器与设备

（1）直流稳压电源（＋5 V）。

（2）数字万用表。

（3）逻辑电平开关。

（4）逻辑电平显示器。

（5）LED 数码管显示器。

（6）集成芯片：74LS148、74LS138、74LS139、CD4511、74LS00、74LS20。

六、实验报告要求

（1）列举说明编码器、译码器的用途。

（2）画出实验接线逻辑电路图，并进行功能测试。

（3）撰写实验收获和体会。

实验四　数据选择器及其应用

一、预习要求

（1）预习数据选择器的工作原理。
（2）根据实验内容 2、4，尝试用数据选择器画出逻辑电路图。

二、实验目的

（1）掌握中规模集成数据选择器的逻辑功能及使用方法。
（2）学习使用数据选择器进行组合逻辑电路设计的方法。
（3）了解数据选择器的应用。

三、实验原理

数据选择器又叫"多路开关"。数据选择器在地址码（或称为选择控制端）的控制下，从几个输入数据中选择一个并将其送到一个公共的输出端。数据选择器是目前逻辑设计中应用十分广泛的逻辑部件，包括有 2 选 1、4 选 1、8 选 1、16 选 1 等类别。数据选择器的电路结构一般由与或门阵列组成，也有用传输门开关和门电路混合而成的。

数据选择器的功能类似一个多掷开关。如图 3.4-1 所示，图中 2^n 路数据输入，通过选择 n 个控制信号 $A_{n-1} \sim A_0$（地址码），从 2^n 数据中选中其中某一路数据送至输出端 Y。

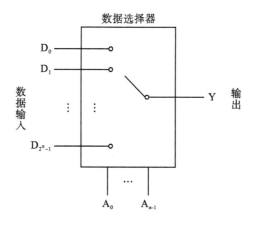

图 3.4-1　数据选择器示意图

与数据选择器相对应，在模拟电路中有一种模拟开关，它同样在地址码的控制下，从多路输入信号中选择其中一路，并将其传送到输出端。数据选择器和模拟开关不同的是：模拟开关传送的是模拟信号，而数据选择器只能传送高低电平两种状态，即只传送数字信号不传送模拟信号。

数据选择器的用途很多,例如多通道传输、数码比较、并行码变串行码以及实现逻辑函数等。

1. 双四选一数据选择器 74LS153

所谓双四选一数据选择器就是在一块集成芯片上集成两组四选一数据选择器。每一组数据选择器都有一个使能端S,四个输入端$D_3 \sim D_0$ 和一个输出端Y,两个数据选择器共用一组地址A_1、A_0,其引脚排列如图3.4-2所示,功能如表3.4-1所示。

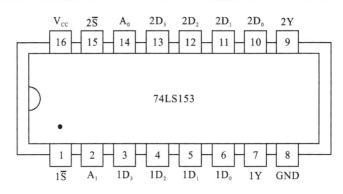

图3.4-2　芯片74LS153引脚图

表3.4-1　74LS153逻辑功能

输　入			输　出
$\overline{S}$	A_1	A_0	Y
1	×	×	0
0	0	0	D_0
0	0	1	D_1
0	1	0	D_2
0	1	1	D_3

说明:① $1\overline{S}$、$2\overline{S}$ 为两个独立的使能端。② A_1、A_0 为公用的地址输入端。③ $1D_0 \sim 1D_3$ 和 $2D_0 \sim 2D_3$ 分别为两组4选1数据选择器的数据输入端。④ 1Y、2Y 为两个输出端。

当使能端 $1\overline{S}(2\overline{S})=1$ 时,多路开关被禁止,无输出,Y=0。

当使能端 $1\overline{S}(2\overline{S})=0$ 时,多路开关正常工作,根据地址码 A_1、A_0 的状态,将相应的数据 $D_0 \sim D_3$ 送到输出端Y。

如:若 $A_1A_0=00$,则选择 D_0 数据到输出端,即 $Y=D_0$。若 $A_1A_0=01$,则选择 D_1 数据到输出端,即 $Y=D_1$,其余依次类推。

2. 八选一数据选择器 74LS151

74LS151为互补输出的八选一数据选择器。它的选择控制端(地址端)为 $A_2 \sim A_0$,按二进制译码,从8个输入数据 $D_0 \sim D_7$ 中,选择一个需要的数据送到输出端Y,$\overline{S}$ 为使能端,低电平有效。其引脚排列见图3.4-3所示,功能如表3.4-2所示。

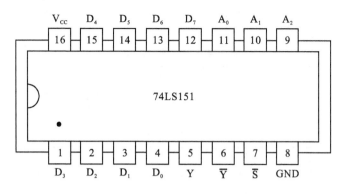

图 3.4-3 芯片 74LS151 引脚排列

表 3.4-2 74LS151 逻辑功能

输 入				输 出	
$\overline{S}$	A_2	A_1	A_0	Y	$\overline{Y}$
1	×	×	×	0	1
0	0	0	0	D_0	$\overline{D_0}$
0	0	0	1	D_1	$\overline{D_1}$
0	0	1	0	D_2	$\overline{D_2}$
0	0	1	1	D_3	$\overline{D_3}$
0	1	0	0	D_4	$\overline{D_4}$
0	1	0	1	D_5	$\overline{D_5}$
0	1	1	0	D_6	$\overline{D_6}$
0	1	1	1	D_7	$\overline{D_7}$

数据选择器 74LS151 功能说明如下：

① 当使能端 $\overline{S}=1$ 时，不论 $A_2 \sim A_0$ 状态如何，均无输出（$Y=0$，$\overline{Y}=1$），多路开关被禁止。

② 当使能端 $\overline{S}=0$ 时，多路开关正常工作，根据地址码 A_2、A_1、A_0 的状态选择 $D_0 \sim D_7$ 中某一个通道的数据输送到输出端 Y。

如：若 $A_2 A_1 A_0 = 000$，则选择 D_0 数据到输出端，即 $Y = D_0$。

如：若 $A_2 A_1 A_0 = 001$，则选择 D_1 数据到输出端，即 $Y = D_1$，其余依次类推。

四、实验内容

1. 数据选择器 74LS153 的功能测试

要求：

（1）在实验箱上准确找到 74LS153 芯片，并测试其功能。

（2）将测试结果按要求填写在表 3.4-3 中。

（3）根据功能表 3.4-1 的内容，写出数据选择器 74LS153 的逻辑表达式。

在使用数据选择器组合逻辑器件时,器件的各控制输入端必须按逻辑要求接入电路,不允许悬空。

表 3.4 - 3 测 试 表 格

输入选择		数据选择				选 通	输 出
A_1	A_0	D_3	D_2	D_1	D_0	$\overline{S}$	Y
×	×	×	×	×	×	1	
0	0	×	×	×	0	0	
0	0	×	×	×	1	0	
0	1	×	×	0	×	0	
0	1	×	×	1	×	0	
1	0	×	0	×	×	0	
1	0	×	1	×	×	0	
1	1	0	×	×	×	0	
1	1	1	×	×	×	0	

2. 数据选择器 74LS151 实现逻辑函数运算

用八选一数据选择器 74LS151 实现函数 $F = A\overline{B} + \overline{A}C + B\overline{C}$,画出逻辑电路图并在实验箱中搭接电路验证,填写表 3.4 - 4 中的内容。

表 3.4 - 4 测 试 表 格

输 入			输 出
A	B	C	F
0	0	0	
0	0	1	
0	1	0	
0	1	1	
1	1	0	
1	1	1	
1	0	0	
1	0	1	

3. 数据选择器 74LS153 实现逻辑函数运算

用四选一数据选择器 74LS153 实现 $F = \overline{A}BC + A\overline{B}C + AB\overline{C} + ABC$,画出逻辑电路图,并在实验箱中搭接电路验证,填写表 3.4 - 5 中的内容。

表 3.4-5　测 试 表 格

输　入			输　出
A	B	C	F
0	0	0	
0	0	1	
0	1	0	
0	1	1	
1	1	0	
1	1	1	
1	0	0	
1	0	1	

表 3.4-5 的分析：函数 F 有 3 个输入变量 A、B、C，而数据选择器 74LS153 只有两个地址输入端 A_1、A_0，少于函数输入变量个数，在设计时可任选 A 接 A_1，B 接 A_0，将表 3.4-5 改成表 3.4-6 的形式。当将输入变量 A、B、C 中的 A、B 接选择器的地址端 A_1、A_0 时，由表 3.4-6 可以看出：$D_0=0$，$D_1=D_2=C$，$D_3=1$，则四选一数据选择器 74LS153 实现了函数 $F=\overline{A}BC+A\overline{B}C+AB\overline{C}+ABC$。

表 3.4-6　函数功能表分析

输　入		选中的输入数据端	输　入	函数功能 F	F 分析	结　论
$A(A_1)$	$B(A_0)$		C			
0	0	$Y=D_0$	0	0	F=0	$D_0=0$
0	0		1	0		
0	1	$Y=D_1$	0	0	F=C	$D_1=C$
0	1		1	1		
1	0	$Y=D_2$	0	0	F=C	$D_2=C$
1	0		1	1		
1	1	$Y=D_3$	0	1	F=1	$D_3=1$
1	1		1	1		

4. 用数据选择器 74LS153 实现一位二进制全加器

(1) 写出一位二进制全加器的真值表，如表 3.4 - 7 所示。

表 3.4 - 7 一位二进制全加器的真值表

输入			输出	
A_1	A_0	C_n	F_{cn}	F_{cn+1}
0	0	0	0	0
0	0	1	1	0
0	1	0	1	0
0	1	1	0	1
1	0	0	1	0
1	0	1	0	1
1	1	0	0	1
1	1	1	1	1

(2) 写出输出 F_{cn}、F_{cn+1} 的表达式。

(3) 把(2)的表达式与数据选择器 74LS153 的逻辑表达式进行对比。

(4) 画出数据选择器 74LS153 实现一位全加器的逻辑电路图。

(5) 在实验箱上搭接电路，测试结果。

五、实验仪器与设备

(1) 直流稳压电源(+5 V)。

(2) 数字万用表。

(3) 逻辑电平开关。

(4) 逻辑电平显示器。

(5) 集成芯片：74LS151、74LS153、74LS00、74LS20。

六、实验报告要求

(1) 用数据选择器对实验内容进行设计，写出设计的全过程。

(2) 画出接线电路图，并进行逻辑功能测试。

(3) 撰写实验收获和体会。

实验五 触发器及其应用

一、预习要求

(1) 复习相关触发器原理内容。

(2) 列出 R-S 触发器、J-K 触发器、D 触发器的功能测试表格。

(3) 按实验内容的要求，复习触发器之间相互转换的方法。

二、实验目的

（1）掌握基本 R-S 触发器、J-K 触发器、D 触发器的逻辑功能。
（2）掌握集成触发器的逻辑功能及使用方法。
（3）熟悉不同触发器之间相互转换的方法。

三、实验原理

前面介绍了几种集成逻辑门以及由它们组成的各种组合逻辑电路，这些电路有一个共同特点，就是某一时刻的输出完全取决于当时的输入信号，所以它们没有记忆功能。在数字系统中，常常需要存储一些数字信息，而触发器就具有记忆功能，它是存储数字信息最常用的一种基本单元电路。

触发器具有两个稳定状态，用以表示逻辑状态"1"和"0"。在一定的外界信号作用下，触发器可以从一个稳定状态翻转到另一个稳定状态，它是一个具有记忆功能的二进制信息存储器件，是构成各种时序电路的最基本逻辑单元。按照逻辑功能不同，触发器可以分为 R-S 触发器、J-K 触发器、D 触发器和 T 触发器几种类型，下面重点介绍前三种触发器。

1. R-S 触发器

R-S 触发器是由两个与非门交叉耦合构成的，如图 3.5－1 所示，它是无时钟控制低电平直接触发的触发器。表 3.5－1 为 R-S 触发器的功能表。

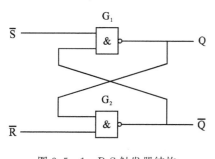

图 3.5－1　R-S 触发器结构

表 3.5－1　R-S 触发器功能表

输　入		输　出
$\overline{R}$	$\overline{S}$	Q^*
0	0	禁止
0	1	0
1	0	1
1	1	保持

$\overline{R}$ 及 $\overline{S}$ 是 R-S 触发器的输入端，低电平有效。$\overline{S}$ 进行置位或预置，使 Q 输出为 1；$\overline{R}$ 进行复位或清除，使 Q 输出为 0。Q 和 $\overline{Q}$ 是 R-S 触发器的输出端。当 Q=0，$\overline{Q}$=1 时，称 R-S 触发器处于 0 状态；当 Q=1，$\overline{Q}$=0 时，称 R-S 触发器处于 1 状态。R-S 触发器未经输入信号 $\overline{R}$、$\overline{S}$ 作用之前的状态称为原态 Q 和 $\overline{Q}$，经 $\overline{R}$、$\overline{S}$ 作用之后的状态称为新态 Q^* 和 $\overline{Q}^*$。

R-S 触发器的两个输入端 $\overline{R}$、$\overline{S}$ 输入组合有 00、01、10、11 四种情况，在这四种情况下 R-S 触发器的工作原理如下。

（1）$\overline{R}$=1、$\overline{S}$=0。由图 3.5－1 可知，当 $\overline{S}$=0 时，无论 $\overline{Q}$ 为何种状态，都有 Q^*=1，而 $\overline{R}$=1 不会影响 G_2 的输出；紧接着由新态方程可得 $\overline{Q}^*$=0，即电路被强制性地置位在 1 态。需要注意的是，这种情况下新态变化顺序是先有 Q^*=1，然后 $\overline{Q}^*$=0，或者说 Q^* 与 $\overline{Q}^*$ 并不是同时变化的，中间存在很短的时间间隔。

（2）$\overline{R}=0$、$\overline{S}=1$。由图 3.5-1 可知，当 $\overline{R}=0$ 时，无论 Q 为何种状态，都有 $\overline{Q}^*=1$，而 $\overline{S}=1$ 不会影响 G_1 的输出；紧接着由新态方程可得 $Q^*=0$，即电路被强制性地置位在 0 态。在这种情况下新状态变化顺序是先有 $\overline{Q}^*=1$，然后 $Q^*=0$。

（3）$\overline{R}=\overline{S}=1$。由图 3.5-1 可知，当 $\overline{R}$、$\overline{S}$ 都为 1 时，它们不会影响与非门 G_1、G_2 的输出，因而 R-S 触发器维持原来状态不变。

（4）$\overline{R}=\overline{S}=0$。由图 3.5-1 可知，$\overline{S}=0$ 会强行让 $Q^*=1$，而 $\overline{R}=0$ 会强行让 $\overline{Q}^*=1$，也就是说两个与非门 G_1、G_2 的输出端 Q 和 $\overline{Q}$ 全为 1，这种情况是不允许出现的。如果两个输入信号 $\overline{R}$、$\overline{S}$ 同时发生由 0 到 1 的变化，则 R-S 触发器是处于 1 态还是 0 态由两个与非门 G_1、G_2 的延迟时间决定。由于元件参数的离散性，一般事先不知道两个门的延迟时间的大小，因此不能确定 R-S 触发器的状态，因此 $\overline{R}=\overline{S}=0$ 规定为禁止输入的一种输入组合。

R-S 触发器的状态方程为：$Q^*=\overline{\overline{S}\cdot\overline{Q}}$，$\overline{Q}^*=\overline{\overline{R}\cdot Q}$。

同理，可以分析出由两个或非门组成的 R-S 触发器的工作原理，此时为高电平触发有效。

2. J-K 触发器

J-K 触发器是功能完善、使用灵活和通用性较强的一种双端输入信号的触发器，它可被用作缓冲寄存器、移位寄存器和计数器等。本书提到的 74LS112 为双 J-K 触发器，是下降边沿触发的边沿触发器，引脚功能如图 3.5-2 所示，功能如表 3.5-2 所示。

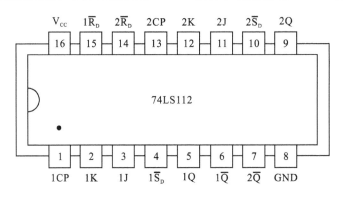

图 3.5-2　芯片 74LS112 双 J-K 触发器

表 3.5-2　J-K 触发器功能表

输　入					输　出
$\overline{R}_D$	$\overline{S}_D$	CP	J	K	Q^*
1	0	$\times$	$\times$	$\times$	1
0	1	$\times$	$\times$	$\times$	0
0	0	$\times$	$\times$	$\times$	φ
1	1	$\downarrow$	0	0	Q
1	1	$\downarrow$	1	0	1
1	1	$\downarrow$	0	1	0
1	1	$\downarrow$	1	1	$\overline{Q}$
1	1	$\uparrow$	$\times$	$\times$	Q

下面阐述 J-K 触发器的工作原理。

（1）当 J＝1、K＝0 时，不管触发器原状态如何，CP 作用后，触发器总是处于"1"状态，$Q^*＝Q＝1$。

（2）当 J＝0、K＝1 时，不管触发器的原状态如何，CP 作用后，触发器总是处于"0"状态，$Q^*＝0$。

（3）当 J＝K＝0 时，触发器维持原状态，$Q^*＝Q$。

（4）当 J＝K＝1 时，不管触发器原状态如何，CP 作用后，触发器的状态都要翻转，$Q^*＝\overline{Q}$。

J-K 触发器的状态方程为：$Q^*＝J\overline{Q}+\overline{K}Q$。

3. D 触发器

在一些数字系统中，数据只有一路信号，以高电平或低电平表示 1 或 0，因而只需要一个数据输入端。最简单的实现电路就是以同步 R-S 触发器的 S 端作为数据输入端，用一个非门将输入信号反向后作为 R 端的输入信号，这种电路称为 D 触发器。D 触发器的应用很广，可用作数字信号的寄存、移位寄存、分频和波形发生等。

本书提到的 74LS74 为双 D 触发器，是上升边沿触发的边沿触发器，引脚功能如图 3.5－3 所示，功能如表 3.5－3 所示。

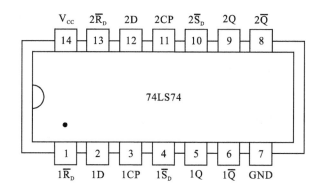

图 3.5－3 芯片 74LS74 双 D 触发器

表 3.5－3 D 触发器功能表

输 入				输 出
$\overline{R}_D$	$\overline{S}_D$	CP	D	Q^*
1	0	×	×	1
0	1	×	×	0
0	0	×	×	φ
1	1	↑	0	0
1	1	↑	1	1
1	1	↓	×	Q

D 触发器的特征方程：$Q^*＝D$。

4. 触发器选用规则

（1）通常根据数字系统的时序配合关系选用触发器，除特殊功能外，一般在同一系统中选择相同触发方式的同类型触发器较好。

（2）工作速度要求较高的情况下应选用边沿触发方式的触发器，但触发器速度越高，越易受外界干扰。上升沿触发还是下降沿触发，原则上没有优劣之分。如果是 TTL 电路的触发器，因为输出为"0"时的驱动能力远强于输出为"1"时的驱动能力，尤其是当集电极开路输出时上升沿更差，所以 TTL 电路触发器选用下降沿触发更好些。

（3）触发器在使用前必须经过全面测试才能保证可靠性。使用时必须注意置"1"脉冲和回复"0"脉冲的最小宽度及恢复时间。

（4）触发器翻转时的动态功耗远大于静态功耗，为此设计时应尽可能避免同一封装内的触发器同时翻转，尤其在其高速电路中要注意此问题。

（5）尽管 CMOS 集成触发器与 TTL 集成触发器在逻辑功能、触发方式上基本相同，但 CMOS 电路内部结构以及对触发时钟脉冲的要求与 TTL 电路存在较大差别，使用时不宜将这两种器件同时使用。

四、实验内容

1. 测试基本 R-S 触发器的逻辑功能

用 74LS00 两个与非门组成基本 R-S 触发器，输入端 $\overline{R}$、$\overline{S}$ 接逻辑开关的输出插口，输出端 Q、$\overline{Q}$ 接实验箱逻辑电平显示输入插口。按照表格 3.5-4 的内容测试，并记录测试的结果。

表 3.5-4 测试表格

$\overline{R}$	$\overline{S}$	Q^*	$\overline{Q}^*$
1	1→0		
	0→1		
1→0	1		
0→1			
0	0		

2. 测试 J-K 触发器 74LS112 的逻辑功能

任取芯片 74LS112 的一组 J-K 触发器，$\overline{R}_D$、$\overline{S}_D$、J、K 端接逻辑开关输出插口，CP 端接单次脉冲源，Q、$\overline{Q}$ 端接至逻辑电平显示输入插口。

要求：

（1）在 $\overline{R}_D=0(\overline{S}_D=1)$ 作用期间，任意改变 J、K 及 CP 的状态，观察 Q、$\overline{Q}$ 的状态。

（2）在 $\overline{S}_D=0(\overline{R}_D=1)$ 作用期间，任意改变 J、K 及 CP 的状态，观察 Q、$\overline{Q}$ 的状态。

（3）按表格 3.5-5 的要求改变 J、K、CP 端状态，观察 Q、$\overline{Q}$ 状态变化，观察触发器状态更新是否发生在 CP 脉冲的下降沿（即 CP 由 1→0），并记录测试的结果。

表 3.5 - 5 测 试 表 格

J	K	CP	Q*	
			Q=0	Q=1
0	0	0→1		
		1→0		
0	1	0→1		
		1→0		
1	0	0→1		
		1→0		
1	1	0→1		
		1→0		

3. 测试 D 触发器 74LS74 的逻辑功能

（1）测试 $\overline{R}_D$、$\overline{S}_D$ 的复位、置位功能。

（2）测试 D 触发器的逻辑功能。

按表格 3.5 - 6 所示的要求进行测试，并观察触发器状态更新是否发生在 CP 脉冲的上升沿（即由 0→1），并记录测试的结果。

表 3.5 - 6 测 试 表 格

D	CP	Q*	
		Q=0	Q=1
0	0→1		
	1→0		
1	0→1		
	1→0		

4. 触发器功能转换

（1）将 J-K 触发器转换成 T 触发器，然后列出表达式，并画出逻辑电路图。

（2）接入连续脉冲，观察各触发器的输出端波形，并比较两者的关系。

5. 单次脉冲信号源的制作实验

由 R-S 触发器构成的电路开关可以消除机械开关的抖动现象，从而可以将其作为单次脉冲信号源使用。

图 3.5 - 4 是由基本 R-S 触发器构成的电路开关，其中 R_1 和 R_2 均为 3.3 kΩ，S 是单刀双掷开关，可用按钮开关。选择合适器件，按照图 3.5 - 4 接线，分析其工作原理，用双踪示波器分别测试基本 R-S 触发器输入端和输出端的波形，并总结该电路的功能。

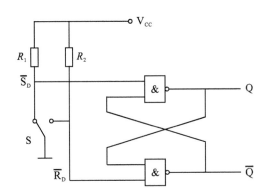

图 3.5 - 4　R-S 触发器构成的应用电路

6. 双向时钟脉冲电路的研究

用 J-K 触发器及与非门构成的双相时钟脉冲电路，如图 3.5 - 5 所示，此电路用来将时钟脉冲 CP 转换成两相时钟脉冲 CP_A 及 CP_B，其频率相同，但相位不同。

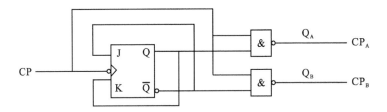

图 3.5 - 5　双向时钟脉冲电路

分析图 3.5 - 5 电路的工作原理，估计输出波形和输入方波信号之间的关系，然后搭接电路，并用双踪示波器同时观察 CP 和 CP_A、CP 和 CP_B、CP_A 和 CP_B，并记录波形图。

▌ 五、实验仪器与设备

（1）直流稳压电源（＋5 V）。

（2）数字万用表。

（3）逻辑电平开关。

（4）逻辑电平显示器。

（5）单次脉冲源。

（6）集成芯片：74LS112、74LS74、74LS00；电阻元件：3.3 kΩ。

▌ 六、实验报告要求

（1）列表整理各类触发器的逻辑功能。

（2）将实验测试表格完整地写在报告中。

（3）撰写实验收获和体会。

实验六　时序逻辑电路的应用

一、预习要求

(1) 复习 J-K 触发器、D 触发器的逻辑功能和集成块的引脚排列图。
(2) 预习用触发器构成的时序逻辑电路。
(3) 拟出各实验内容所需的测试电路图及记录表格。

二、实验目的

(1) 学习用触发器构成计数器、寄存器的方法。
(2) 掌握同步计数器和异步计数器的功能测试方法。

三、实验原理

在实际的数字系统中，许多输出信号往往不仅取决于当时的输入情况，而且还取决于系统原来的状态，这种电路就是我们要研究的时序逻辑电路，也简称时序电路。

时序逻辑电路由组合电路和存储电路组成，其中存储电路具有记忆功能，常由触发器组成。图 3.6-1 是时序逻辑电路的结构框图，其外部输入 X 和存储电路的输出状态 Q 共同决定了电路的输出 Y。因此，在时序电路中，任一时刻的输出 Y 不仅与该时刻的输入 X 有关，还与存储电路的原来状态 Q 有关。

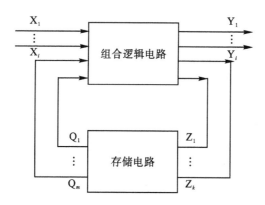

图 3.6-1　时序逻辑电路结构框图

1. 时序电路分类

按照时钟输入方式不同，时序电路可分为同步时序电路和异步时序电路两类。同步时序电路中所有触发器的状态改变，都是在同一时钟信号的控制下同时进行的；而异步时序电路中的触发器状态变化就不是同时进行的。按照输出信号的特点不同，时序电路又可分为 Mealy 型和 Moore 型两种。Mealy 型时序电路的输出信号 Y 是由输入信号 X 和当时存储电路的状态 Q 共同决定；而 Moore 型时序电路的输出信号 Y 就仅由当时存储电路的状态 Q 决定。

2. 时序电路分析和设计的一般方法

分析时序电路的目的是要找出电路的状态和输出信号的变化规律，从而指出电路所实现的逻辑功能。时序电路的一般分析方法如图 3.6-2 所示，其中在由时序电路得到各方程时，异步时序电路因为时钟并不一致，因此需要有时钟方程。

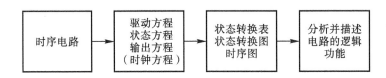

图 3.6-2　时序电路的一般分析方法

时序电路的设计是分析的逆过程，其目的是根据具体的逻辑命题要求，选择合适的器件，构造出经济合理的逻辑电路。时序电路的一般设计方法如图 3.6-3 所示。

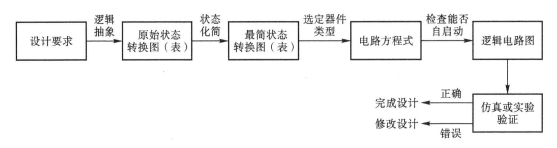

图 3.6-3　时序电路的一般设计方法

3. 时序电路的分析步骤

对于基本触发器构成的时序电路的分析可以按以下具体步骤进行。图 3.6-4 为时序逻辑电路分析步骤示意图。

图 3.6-4　时序逻辑电路分析步骤示意图

（1）对于异步电路，写出每个触发器的时钟方程，同步电路可省去此步。

（2）对于给定的逻辑电路，写出每个触发器的驱动方程，也就是触发器输入脚的逻辑表达式。

（3）把驱动方程代入各触发器的特征方程中，得到每个触发器的状态方程，进而得到整个电路的状态方程。

（4）根据给定的逻辑电路，写出电路的输出方程。

（5）根据求得的状态方程和输出方程，依次设定初始状态，求出相应的次态，填写电路的状态转换表。

（6）根据状态转换表，画出状态转换图和时序图，找出电路的状态和输出信号的变化规律，指出电路所实现的逻辑功能。

在实验研究中，不仅要学会分析，而且要学会用实验进行验证，还应该能熟练地搭建电路，用实验来研究具体时序电路的功能。

分析实例：分析图 3.6-5 电路的功能，并用实验进行验证。

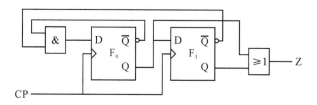

图 3.6-5　实例电路图

（1）这是一个同步时序电路，驱动方程：$D_1 = \overline{Q_2}\,\overline{Q_1}$，$D_2 = Q_1$。

（2）将驱动方程代入 D 触发器的特征方程：$Q^* = D$，得到状态方程：$Q_1^* = \overline{Q_2}\,\overline{Q_1}$，$Q_2^* = Q_1$。

（3）然后列出输出方程：$Z = Q_1 + Q_2$。

（4）根据上述方程组，用设初态、求次态的方法得到电路的状态转换表，如表 3.6-1 所示。

表 3.6-1　时序电路实例的状态转换表

状　态	Q_1	Q_0	CP	Q_1^*	Q_0^*
有效状态	0	0	↑	0	1
	0	1	↑	1	0
	1	0	↑	0	0
无效状态	1	1	↑	1	0

（5）然后根据状态转换表画出电路的状态转换图和时序图，如图 3.6-6 所示。

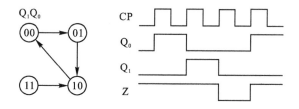

图 3.6-6　时序电路实例的状态转换图和时序图

从表 3.6-2 和图 3.6-6 中可以知道这是一个三进制加计数器，同时考虑它的无效态"11"，因为它能够自动由无效态转到有效态，所以能自启动。从图 3.6-6 中还可以知道输出 Z 的作用为进位标志。

4. 时序电路的设计步骤

同步时序电路的设计可以按照以下步骤进行。

（1）对设计课题进行逻辑抽象，得到电路的状态转换表或状态转换图。这里要分析电路的输入条件和输出要求，确定电路有多少个需要记忆的状态，并对状态进行编号，然后从初始态开始，以每个状态作现态，列出它的次态，得到状态转换表或状态转换图。

（2）化简状态转换表或状态转换图，使状态数 M 最少。

（3）对状态进行编码（状态分配）。用 n 位二进制数对 M 种状态进行编码，一般有 $2^{n-1}<M\leq2^n$。在由触发器构成的时序电路中，n 位二进制数对应着 n 个触发器，而编码方案及排列顺序的选择会直接影响到所设计的电路的复杂程度，电路的最简标准应该是选用的触发器和门电路的数目最少，且触发器和门电路的输入端数也应最少。

（4）用次态卡诺图的方法得出电路的状态方程组。根据化简后的状态编码表，对编码的各位分别列出次态卡诺图，并根据卡诺图化简，得到各位编码的状态表达式，从而组成电路的状态方程组。

（5）根据要求和状态方程的形式选择触发器和触发方式，并求得电路的输出方程和各触发器的驱动方程。

（6）根据方程设计电路。

（7）检查电路能否自启动。

由于异步电路中各个触发器不是同时动作，因此，异步时序电路的设计除要完成以上各工作外，还要为各触发器设计合适的时钟信号。

四、实验内容

1. 用 D 触发器组成异步二进制加法计数器

如图 3.6-7 所示，它是用 4 个 D 触发器构成的 4 位二进制异步加法计数器，它的连接特点是低位触发器的 $\overline{Q}$ 端与高位触发器的 CP 端相连接。在实验箱中搭接电路并验证结果。

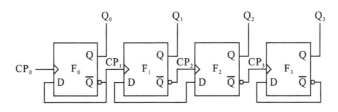

图 3.6-7　电路图 1

2. 用 J-K 触发器组成同步五进制计数器

如图 3.6-8 所示，它是由 3 个 J-K 触发器构成的五进制计数器，$Q_2\sim Q_0$ 分别接输出显示，CP 接脉冲信号，总结电路功能，在实验箱中搭接电路并验证结果。

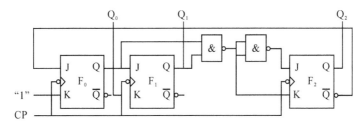

图 3.6-8　电路图 2

3. 用 J-K 触发器组成计数器

按照图 3.6-9 搭接电路，并将 CP 端接到一个手动脉冲开关上，总结电路功能，在实验箱中搭接电路验证结果。

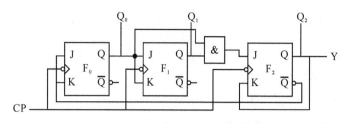

图 3.6-9 电路图 3

4. 用 J-K 触发器组成异步 4 位二进制计数器

如图 3.6-10 所示。它是由 4 个 J-K 触发器构成的异步 4 位二进制计数器，$Q_3 \sim Q_0$ 分别接输出显示，CP 接脉冲信号，在实验箱中搭接电路并验证其结果，然后进行观察和记录。

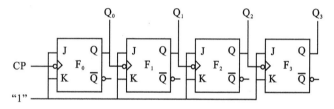

图 3.6-10 电路图 4

5. 用 J-K 触发器组成异步计算器

如图 3.6-11 所示，电路由 3 个 J-K 触发器组成，各触发器未使用同一时钟信号，因此这个电路为异步时序电路。总结电路功能，并在实验箱中搭接电路验证结果。

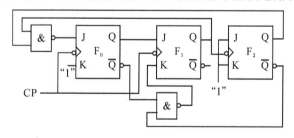

图 3.6-11 电路图 5

6. 用 J-K 触发器组成同步计数器

如图 3.6-12 所示，电路由 3 个 J-K 触发器组成，各触发器使用同一时钟信号，因此这个电路为同步时序电路。总结电路功能，并在实验箱中搭接电路验证结果。

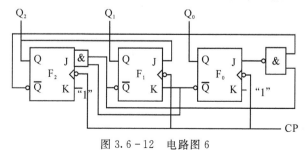

图 3.6-12 电路图 6

7. 用 D 触发器组成移位寄存器

用 D 触发器构成一个 4 位自循环移位寄存器。选择 D 触发器 74LS74 芯片，第一级的 Q 端接第二级 D 端，依次类推，最后第四级的 Q 端接第一级 D 端，四个 D 触发器的 CP 端连接在一起，然后接单脉冲时钟。要求：画出用 D 触发器构成一个 4 位自循环移位寄存器的逻辑电路图，并在实验箱中搭接电路测试结果。

8. 用 D 触发器组成同步计数器

选用 D 触发器实现，画出逻辑电路图，并在实验箱中搭接电路测试结果。

五、实验仪器与设备

(1) 直流稳压电源(+5 V)。

(2) 数字万用表。

(3) 逻辑电平开关。

(4) 逻辑电平显示器。

(5) 单次脉冲源和连续脉冲源。

(6) LED 数码管显示器。

(7) 集成芯片：74LS112、74LS74、74LS00。

六、实验报告要求

(1) 将实验内容 6 完整的分析过程写在报告中。

(2) 将实验内容 7、实验内容 8 完整的设计过程、测试结果记录在报告中。

(3) 撰写实验收获和体会。

实验七　集成移位寄存器

一、预习要求

(1) 查阅本实验芯片资料，熟悉其逻辑功能及引脚排列。

(2) 根据实验内容的要求，对需要设计的各电路预先画出设计草图。

二、实验目的

(1) 掌握移位寄存器的基本概念和一般构成方法。

(2) 掌握 4 位双向移位寄存器的逻辑功能与使用方法。

(3) 学会用移位寄存器实现数据的串行、并行转换。

(4) 学会用移位寄存器级联和构成环形计数器。

三、实验原理

移位寄存器具有存储二进制代码和移位的功能。移位是指寄存器中存放的代码在移位脉冲(CP)的作用下实现依次左移或右移。既能左移又能右移的称为双向移位寄存器，双向移位寄存器只需要改变控制信号的电平便可实现双向移位的要求。移位寄存器的主要用途是实现数据的串—并转换，这里包括串入串出、串入并出、并入串出、并入并出等4种形式。同时移位寄存器还可以构成序列码发生器、序列码检测器和移位型计数器等。

移位寄存器常用D触发器串接而成，其结构特点是：第一级触发器接收移位输入信号，其余各级输入端均与前一级的输出端相连。这样在每一次同步时钟的作用下，移位寄存器各级的输出状态，恰好是时钟到来前上一级D触发器的状态，这就使寄存器具有了移位的功能。常用的MSI移位寄存器有很多种类，各类都有较多的功能。表3.7－1列出了几种常用的移位寄存器型号及其主要功能、特点。

表 3.7－1　常用移位寄存器型号及其主要功能

型号	主要功能	动作特点	附加功能	引脚数
74LS95	4 位双向移位寄存器	下跳沿	双时钟，带模式控制	14
74LS164	8 位移位寄存器	上跳沿	带清零和使能端	14
74LS194	4 位双向通用移位寄存器	上跳沿	带清零、预置数和模式控制端	16
74LS595	8 位输出锁存移位寄存器	上跳沿	三态输出，带清零和使能端	16
CD4094	8 位移位存储总线寄存器	上跳沿	三态输出，带使能端	16
CD40194	4 位双向通用移位寄存器	上跳沿	带清零、预置数和模式控制端	16

本实验采用典型的 4 位双向通用移位寄存器 74LS194 或 CD40194，它们的功能相同，可互换使用。74LS194 的引脚图如图 3.7－1 所示。74LS194 和 CD40194 都有 5 种不同的功能：并行送数、左移、右移、保持及清零，如表 3.7－2 所示。

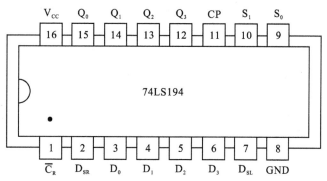

图 3.7－1　74LS194 引脚排列

表 3.7 - 2　74LS194 的功能表

功　能	输　入									并行输出			
	时钟	清零	模式		移位输入		并行输入							
	CP	$\overline{CR}$	S_1	S_0	D_{SR}	D_{SL}	D_0	D_1	D_2	D_3	Q_0^*	Q_1^*	Q_2^*	Q_3^*
清零	$\times$	0	$\times$	$\times$	$\times$	$\times$	$\times$	$\times$	$\times$	$\times$	0	0	0	0
并行送数	$\uparrow$	1	1	1	$\times$	$\times$	a	b	c	d	a	b	c	d
右移	$\uparrow$	1	0	1	D_{SR}	$\times$	$\times$	$\times$	$\times$	$\times$	D_{SR}	Q_0	Q_1	Q_2
左移	$\uparrow$	1	1	0	$\times$	D_{SL}	$\times$	$\times$	$\times$	$\times$	Q_1	Q_2	Q_3	D_{SL}
保持	$\uparrow$	1	0	0	$\times$	$\times$	$\times$	$\times$	$\times$	$\times$	Q_0	Q_1	Q_2	Q_3
保持	$\downarrow$	1	$\times$	$\times$	$\times$	$\times$	$\times$	$\times$	$\times$	$\times$	Q_0	Q_1	Q_2	Q_3

移位寄存器应用很广,可构成移位寄存器型计数器、顺序脉冲发生器和串行累加器,也可用作串行/并行数据转换器等。下面给出几个应用实例。

1. 环形计数器

把移位寄存器的输出反馈到它的串行输入端,就可以进行循环移位,如图 3.7 - 2 所示。将输出端 Q_3 与串行右移输入端 D_{SR} 相连后,设定操作模式 S_1S_0 为 01,在时钟脉冲的作用下,$Q_0 Q_1 Q_2 Q_3$ 将依次右移;同理,将输出端 Q_0 与输入端 D_{SL} 相连后,设定操作模式 S_1S_0 为 10,在时钟脉冲的作用下 $Q_0 Q_1 Q_2 Q_3$ 将依次左移,这样就构成了环形计数器。

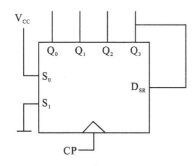

图 3.7 - 2　环形计数器示意图(右移)

2. 串行/并行转换器

串行/并行转换是指串行输入的数据,经过转换电路之后变成并行输出。图 3.7 - 3 是用两片 74LS194 构成的 7 位串行/并行转换电路。

电路中 S_0 端接高电平 1,S_1 受 Q_7 控制,两片寄存器连接成串行输入右移工作模式。Q_7 是转换结束标志。当 $Q_7 = 1$ 时,S_1 为 0,使之成为 $S_1S_0 = 01$ 的串入右移工作方式;当 $Q_7 = 0$ 时,S_1 为 1,有 $S_1S_0 = 11$,则串行送数结束,标志着串行输入的数据已转换成为并行输出了。

图 3.7 - 3 电路的具体串行/并行转换过程如下:转换前,$\overline{CR}$ 端加低电平,使 1、2 两片寄存器的内容清零,此时 $S_1S_0 = 11$,寄存器执行并行输入工作方式。当第一个 CP 脉冲到来后,寄存器的输出状态 $Q_0 \sim Q_7$ 为 01111111,与此同时 S_1S_0 变为 01,转换电路变为执行串入右移工作方式,串行输入数据由 1 片的 D_{SR} 端加入。随着 CP 脉冲的依次加入,输出状

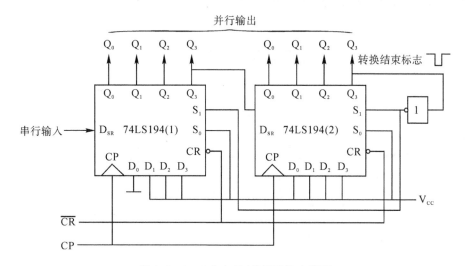

图 3.7-3　7 位串行/并行转换电路图

态的变化可列成表 3.7-3 所示。

表 3.7-3　图 3.7-3 串行/并行转换器输出状态变化表(右移)

CP	Q_0	Q_1	Q_2	Q_3	Q_4	Q_5	Q_6	Q_7	说　明
0	0	0	0	0	0	0	0	0	$\overline{CR}=0$ 清零
1	0	1	1	1	1	1	1	1	$S_1 S_0 = 11$ 并行送数
2	d_0	0	1	1	1	1	1	1	
3	d_1	d_0	0	1	1	1	1	1	
4	d_2	d_1	d_0	0	1	1	1	1	
5	d_3	d_2	d_1	d_0	0	1	1	1	$S_1 S_0 = 01$
6	d_4	d_3	d_2	d_1	d_0	0	1	1	右移操作 7 次
7	d_5	d_4	d_3	d_2	d_1	d_0	0	1	
8	d_6	d_5	d_4	d_3	d_2	d_1	d_0	0	
9	0	1	1	1	1	1	1	1	$S_1 S_0 = 11$ 并行送数

由表 3.7-2 可见，右移操作 7 次之后，Q_7 变为 0，$S_1 S_0$ 又变为 11，说明串行输入结束。这时，串行输入的数码已经转换成了并行输出了。当再来一个 CP 脉冲时，电路又重新执行一次并行输入，为第二组串行数码转换做好了准备。

3. 并行/串行转换器

74LS194(或 CD40194)的移位位数是 4 位，当所需要的位数多于 4 位时，可以把几片集成移位寄存器用级联的方法来扩展位数。

并行/串行转换器是指并行输入的数据经转换电路之后，变成串行输出。

图 3.7-4 是用两片 74LS194(或 CD40194)组成的 7 位并行/串行转换电路，它比图 3.7-3 多了两只与非门 G_1 和 G_2，电路工作方式同样为右移。

寄存器清零后，加一个转换启动信号(负脉冲或低电平)。此时，由于方式控制 $S_1 S_0$ 为 11，转换电路执行并行输入操作。当第一个 CP 脉冲到来后，$Q_0 Q_1 Q_2 Q_3 Q_4 Q_5 Q_6 Q_7$ 的状态

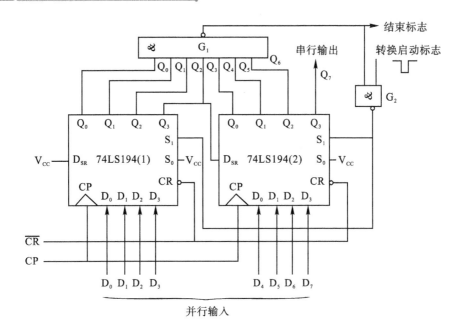

图 3.7-4　7 位并行/串行转换电路

为 $D_0 D_1 D_2 D_3 D_4 D_5 D_6 D_7$，并行输入数据存入寄存器。从而使得 G_1 输出为 1、G_2 输出为 0，结果 $S_1 S_0$ 变为 01，转换电路随着 CP 脉冲的加入，开始执行右移串行输出，随着 CP 脉冲的依次加入，输出状态依次右移，待右移操作 7 次后，$Q_0 \sim Q_6$ 的状态都为高电平 1，与非门 G_1 输出为低电平，G_2 输出为高电平，$S_1 S_0$ 又变为 11，表示并行/串行转换结束，且为第二次并行输入创造了条件。转换过程如表 3.7-4 所示。

表 3.7-4　图 3.7-4 并行/串行转换器输出状态变化表(右移)

CP	Q_0	Q_1	Q_2	Q_3	Q_4	Q_5	Q_6	Q_7	串行输出 Q_7 历史情况						
0	0	0	0	0	0	0	0	0							
1	0	D_1	D_2	D_3	D_4	D_5	D_6	D_7							
2	1	0	D_1	D_2	D_3	D_4	D_5	D_6	D_7						
3	1	1	0	D_1	D_2	D_3	D_4	D_5	D_6	D_7					
4	1	1	1	0	D_1	D_2	D_3	D_4	D_5	D_6	D_7				
5	1	1	1	1	0	D_1	D_2	D_3	D_4	D_5	D_6	D_7			
6	1	1	1	1	1	0	D_1	D_2	D_3	D_4	D_5	D_6	D_7		
7	1	1	1	1	1	1	0	D_1	D_2	D_3	D_4	D_5	D_6	D_7	
8	1	1	1	1	1	1	1	0	D_1	D_2	D_3	D_4	D_5	D_6	D_7
9	0	D_1	D_2	D_3	D_4	D_5	D_6	D_7							

四、实验内容

1. 测试 74LS194(或 CD40194)的逻辑功能

根据 74LS194 的引脚排列接线，$\overline{CR}$、S_1、S_0、D_{SL}、D_{SR}、D_0、D_1、D_2、D_3 分别接至逻辑

开关的输出插口，Q_0、Q_1、Q_2、Q_3接至逻辑电平显示输入插口，CP端接单次脉冲源。

根据表3.7-5所规定的输入状态，按照清零、并行送数、右移、左移、保持这5项，逐项进行测试，并将测试结果记录表中。

表 3.7-5　移位寄存器逻辑功能记录表

清除	模式		时钟	串行		输入	输出	功能总结
$\overline{CR}$	S_1	S_0	CP	D_{SL}	D_{SR}	$D_0\,D_1\,D_2\,D_3$	$Q_0\,Q_1\,Q_2\,Q_3$	
0	×	×	×	×	×			
1	1	1	↑	×	×			
1	0	1	↑	×	0			
1	0	1	↑	×	1			
1	0	1	↑	×	0			
1	0	1	↑	×	0			
1	1	0	↑	1	×			
1	1	0	↑	1	×			
1	1	0	↑	1	×			
1	1	0	↑	1	×			
1	0	0	↑	×	×			

2. 环形计数器

根据图3.7-2设计环形计数器，画出完整的逻辑电路图，标出芯片型号和各引脚编号，在实验箱中搭接电路，并验证结果。

用并行送数法预置寄存器为某二进制数码(如0100)，然后进行左移移位循环，观察寄存器输出端状态的变化，将测试结果记入表3.7-6中。

表 3.7-6　环形计数器实验记录表(左移)

CP	Q_0	Q_1	Q_2	Q_3
0	0	1	0	0
1				
2				
3				
4				

3. 串行输入/并行输出

根据图3.7-3重新设计电路，改用左移方式实现串行输入/并行输出实验，非门可用与非门等代替，串入数码自定。

要求画出实际逻辑电路图，然后根据所画出的逻辑电路进行测试，将测试结果记入表3.7-7中。

表 3.7 - 7　串行/并行转换器实验记录表(左移)

CP	Q_0	Q_1	Q_2	Q_3	Q_4	Q_5	Q_6	Q_7	测试结果说明
0	0	0	0	0	0	0	0	0	清零
1									
2									
3									
4									
5									
6									
7									
8									
9									

4. 并行输入/串行输出

根据图 3.7 - 4 重新设计电路,改用左移方式实现并行输入/串行输出的实验,并行输入的数码自定。图中的 7 输入与非门设法用 OC 门和非门设计。

要求画出实际逻辑电路图,然后根据所画出的逻辑电路进行测试,将测试结果记入表 3.7 - 8 中。

表 3.7 - 8　并行/串行转换器实验记录表(左移)

CP	Q_0	Q_1	Q_2	Q_3	Q_4	Q_5	Q_6	Q_7	功能要求
0	0	0	0	0	0	0	0	0	清零
1									送数
2									左移
3									左移
4									左移
5									左移
6									左移
7									左移
8									左移
9									送数

5. 往返循环移位灯设计

根据前面的实验,我们知道 74LS194 的 S_1、S_0 引脚决定着移位寄存器的功能和移位的方向,因此只要用触发器控制了 S_1、S_0 引脚的电平,就可以控制寄存器的移位方向。

请用两片 74LS194 和触发器(可用 J-K 触发器构成 T' 触发器)、电阻、发光二极管等器件，设计一个往返循环移位灯。要求 8 个 LED 发光管每次只亮一个，先从左边逐个移动到右边，移到最右边以后又往左移，逐个移动到最左边后又开始向右移，如此循环不止。要求：画出具体的设计电路，标出选用器件的型号、规格，并在实验箱中搭接电路，验证结果。

五、实验仪器与设备

(1) 直流稳压电源(+5 V)。
(2) 数字万用表。
(3) 逻辑电平开关。
(4) 逻辑电平显示器。
(5) 单次脉冲源和连续脉冲源。
(6) LED 数码管显示器。
(7) 集成芯片：74LS194、74LS30；电阻元件：510 Ω。

六、实验报告要求

(1) 分析表 3.7 - 4 的实验结果，总结移位寄存器 74LS194 的逻辑功能并写入表格"功能总结"一栏中。
(2) 根据实验内容 2 的结果，画出 4 位环形计数器的状态转换图及波形图。
(3) 画出实验内容 3、4 进行左移方式的具体电路图。
(4) 分析串行/并行转换器、并行/串行转换器电路所得结果的正确性。
(5) 画出实验内容 5 的设计电路图。
(6) 撰写实验收获和体会。

实验八　集成计数器

一、预习要求

(1) 查阅本实验芯片资料，熟悉其逻辑功能及引脚排列。
(2) 预习用计数器进行任意进制计数的设计方法。
(3) 根据实验内容的要求，对需要设计的各电路预先画出设计草图。

二、实验目的

(1) 掌握计数器原理及几种典型的 MSI 计数器的功能及使用方法。
(2) 以 74LS161 为例，掌握用集成计数器计数的两种具体方法。
(3) 掌握用多片集成计数器扩展计数范围的基本方法。

三、实验原理

计数器是在数字电路中使用得最多的一种器件，它的主要功能是记录输入时钟脉冲的个数，除计数外，计数器还常用于分频、定时、产生脉冲以及进行数字运算等。我们把计数器在其计数范围内所产生的状态数目称为模，由 n 个触发器构成的计数器，其模值 M 应满足 $M \leqslant 2^n$ 的关系。表 3.8-1 给出了常用计数器按模值的分类。

表 3.8-1 常用计数器按模值的分类

名　称	模　值	编码方式	自启动情况	
二进制计数器	$M = 2^n$	二进制码	无多余状态，能自启动	
十进制计数器	$M = 10$	BCD 码	有 6 个多余状态	要检查能否自启动
任意进制计数器	$M \leqslant 2^n$	多种方式	$(2^n - M)$ 个多余状态	
环型计数器	$M = n$	每个状态中只有一个 1(0)	$(2^n - n)$ 个多余状态	
扭环型计数器	$M = 2n$	循环码	$(2^n - 2n)$ 个多余状态	

除按模值把计数器分为二进制计数器、二—十进制计数器、循环码计数器等外，计数器还可按其他标准分类，例如，按时钟控制方式可分为异步计数器和同步计数器两类；按计数增减趋势又可分为加计数器、减计数器、可逆计数器三类；此外，还有可预置数和可编程序功能计数器等。目前，无论是 TTL 还是 CMOS 集成电路，都有品种较齐全的中规模集成计数器。使用者借助于器件手册提供的功能表和工作波形图以及引出端的排列，就可以正确地理解和应用这些器件。分频器和计数器的工作过程相似，也是在输入脉冲作用下完成若干个状态的循环，但分频器主要用来降低信号的频率，它对状态编码和顺序不关心，而计数器通常对状态顺序有严格要求。

常用的计数器为 MSI 计数器，典型的 MSI 计数器有 74LS90、74LS161 等。下面介绍常用的 MSI 计数器。

1. 异步集成计数器 74LS90(74LS92、74LS93)

异步计数器的特点是计数器内部的时钟信号不在同一时刻发生，由于各触发器不是同时翻转，因此异步计数器的速度较慢。

74LS90 由一个二进制计数器和一个五进制计数器构成，它有两个时钟输入端 CP_0 和 CP_1，CP_0 和 Q_0 组成一个二进制计数器，CP_1 和 $Q_3 Q_2 Q_1$ 组成五进制计数器，两者配合可实现二进制、五进制和十进制的多种加计数功能，所以 74LS90 也叫作二—五—十进制加计数器，74LS90 还有两个直接清零端和两个直接置位端，图 3.8-1 为其管脚排列图，功能如表 3.8-2 所示。

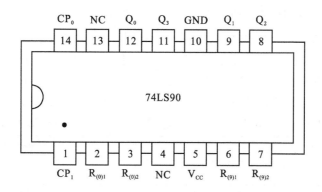

图 3.8-1　74LS90 芯片引脚排列

表 3.8-2　74LS90 功能表

输　入						输　出				功　能
清零		置 9		时钟						
$R_{0(1)}$	$R_{0(2)}$	$R_{9(1)}$	$R_{9(2)}$	CP_0	CP_1	Q_3	Q_2	Q_1	Q_0	
1	1	0	×	×	×	0	0	0	0	清零
		×	0							
0	×	1	1	×	×	1	0	0	1	置 9
×	0									
0	×	0	×	↓	1	Q_0 输出				二进制计数
×	0	×	0	1	↓	$Q_3Q_2Q_1$ 输出				五进制计数
				↓	Q_0	$Q_3Q_2Q_1Q_0$ 输出 8421BCD 码				十进制计数
				Q_3	↓	$Q_3Q_2Q_1Q_0$ 输出 5421BCD 码				十进制计数
				1	1	不变				保持

　　根据表 3.8-2，通过不同的连接方式，74LS90 可以实现各种不同的逻辑功能。

　　74LS92/93 的计数控制功能和 74LS90 相同，但 74LS92/93 分别是二—六—十二进制计数器和二—八—十六进制计数器，即 74LS92 的 CP_0 和 Q_0 组成一个二进制计数器，CP_1 和 $Q_3Q_2Q_1$ 组成一个六进制计数器；而 74LS93 的 CP_0 和 Q_0 组成一个二进制计数器，CP_1 和 $Q_3Q_2Q_1$ 组成一个八进制计数器。因此如果将 Q_0 送到 CP_1，时钟从 CP_0 输入，则 74LS90 就组成十进制计数器，而 74LS92 就组成十二进制计数器，74LS93 则组成规范的十六进制计数器。74LS92/93 有两个清零端，其功能如表 3.8-3 所示。

表 3.8-3　74LS92/93 功能表

$R_{0(1)}$	$R_{0(2)}$	Q_3	Q_2	Q_1	Q_0
1	1	0	0	0	0
0	×	计数			
×	0	计数			

2. 可预置同步计数器 74LS160~74LS163(CD40160~CD40163)

同步计数器的特点是计数器内部的时钟信号在同一时刻发生，各触发器同时翻转，因此速度快。74LS160~74LS163 计数器的显著特点是能同步并行置数，它还具有清零、送数和保持功能。其管脚有清零信号 $\overline{CR}$，使能信号 E_P、E_T，置数信号 $\overline{LD}$，时钟信号 CP 和 4 个数据输入端 P_0~P_3，4 个数据输出端 Q_0~Q_3 以及进位输出 C。其功能表如表 3.8－4 所示。

表 3.8－4　74LS160~74LS163(CD40160~CD40163)基本功能表

输　入					输　出
CP	$\overline{LD}$	$\overline{CR}$	E_P	E_T	$Q_3 \sim Q_0$
×	×	0	×	×	全零（同步清零芯片要求 CP 为上跳沿）
↑	0	1	×	×	预置数
↑	1	1	1	1	计数
×	1	1	0	×	保持
×	1	1	×	0	保持

我们把 74LS160~74LS163(CD40160~CD40163)各芯片的不同点列入表 3.8－5 中。其中 74LS161 的引脚排列，如图 3.8－2 所示。

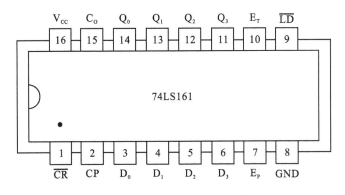

图 3.8－2　74LS161 芯片引脚排列

表 3.8－5　74LS160~74LS163(CD40160~CD40163)功能差异

型　号	功　能	进位位 C_O
74LS160(CD40160)	十进制计数器，直接清零	$C_O = Q_0 \cdot \overline{Q_1} \cdot \overline{Q_2} \cdot Q_3 \cdot E_T$
74LS161(CD40161)	二进制计数器，直接清零	$C_O = Q_0 \cdot Q_1 \cdot Q_2 \cdot Q_3 \cdot E_T$
74LS162(CD40162)	十进制计数器，同步清零	$C_O = Q_0 \cdot \overline{Q_1} \cdot \overline{Q_2} \cdot Q_3 \cdot E_T$
74LS163(CD40163)	二进制计数器，同步清零	$C_O = Q_0 \cdot Q_1 \cdot Q_2 \cdot Q_3 \cdot E_T$

3. 加、减同步可逆计数器 74LS190、74LS191

74LS190 和 74LS191 是单时钟同步可逆计数器，它们既可进行加计数，又可进行减计数。74LS190 和 74LS191 的管脚和功能基本一致，但其中 74LS190 是 8421BCD 码计数，74LS191 是 4 位二进制计数。它们的功能如表 3.8－6 所示。

表 3.8 - 6　74LS190 和 74LS191 功能简表

$\overline{CT}$	$\overline{LD}$	$\overline{U}/D$	CP	功　能
0	0	0	×	送数
0	1	0	↑	加计数
0	1	1	↑	减计数
1	×	×	×	保持

4. 双时钟加、减同步可逆计数器 74LS192(CD40192)、74LS193(CD40193)

74LS192 和 74LS193 是双时钟同步可逆计数器,两者的管脚和功能基本一致,但 74LS192 是 8421BCD 码计数,74LS193 是 4 位二进制计数,它们的功能如表 3.8 - 7 所示。

表 3.8 - 7　74LS192(CD40192)和 74LS193(CD40193)功能表

输　入								输　出			
CR	$\overline{LD}$	CP_U	CP_D	D_3	D_2	D_1	D_0	Q_3	Q_2	Q_1	Q_0
1	×	×	×	×	×	×	×	0	0	0	0
0	0	×	×	d	c	b	a	d	c	b	a
0	1	1	1	×	×	×	×	保持			
0	1	↑	1	×	×	×	×	加计数			
0	1	1	↑	×	×	×	×	减计数			

表 3.8 - 7 中 CR 是清零端,$\overline{LD}$ 是置数端,CP_U 是加计数时钟输入端,CP_D 是减计数时钟输入端,D_0、D_1、D_2、D_3 都是计数器预置数输入端,Q_0、Q_1、Q_2、Q_3 都是数据输出端。另外,还有 $\overline{C}_o$ 是非同步进位输出端,$\overline{B}_o$ 是非同步借位输出端(这两个引脚未在表中列出)。

5. 改变单片 MSI 计数器的计数值

许多时候,我们需要的计数值 M 与采用的 MSI 计数器的计数值 N 并不相等,当需要的计数值 M 超过单片计数器的计数范围 N 时,必须将多片计数器级联,这种情况在之前讨论过,这里讨论计数值 M 小于单片计数器的最大计数值 N 的情况。

(1)单片计数器实现任意计数值的方法。

当需要的计数值 M 小于芯片计数值 N 时,可以使计数器在 N 进制的计数过程中,跳过($N-M$)状态,就得到模 M 的计数器。具体实现方法有反馈清零法、反馈置零法和反馈置数法等。现将这几种方法列入表 3.8 - 8 中,供大家应用时参考。

表 3.8 - 8　任意计数值实现的具体办法(计数值 M 不超过 MSI 计数最大值 N)

名称	适用计数器	反馈端	接受反馈端	预置数	状态	例图
反馈清零法	有同步清零输入	输出的 S_{M-1} 状态	同步清零输入	无	$S_0 \sim S_{M-1}$	3.8 - 3
	有直接清零输入	输出的 S_M 状态	直接清零输入	无	$S_0 \sim S_{M-1}$	不推荐
反馈置数法	有同步预置功能	进位端	同步置数端	$N-M$	$S_{N-M} \sim S_{N-1}$	3.8 - 3
	有直接预置功能	进位端	直接置数端	$N-M-1$	$S_{N-M-1} \sim S_{N-2}$	不推荐
	有预置功能	输出的 S_{M-1} 状态	同步置数端	0	$S_0 \sim S_{M-1}$	3.8 - 4

表 3.8-8 中几种推荐方法的示例电路如图 3.8-3 和图 3.8-4 所示。图 3.8-3 采用反馈复位法得到计数值范围为 $0 \sim (M-1)$ 的计数器。这种方法的关键是将输出端组合后送到置数端或复位清零端。

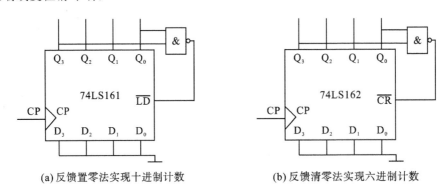

(a) 反馈置零法实现十进制计数　　　　(b) 反馈清零法实现六进制计数

图 3.8-3　反馈复位法获得任意进制计数器

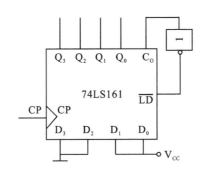

图 3.8-4　反馈置数法获得任意进制计数器

（2）单个计数器芯片的计数值设计。

以上计数值在单个计数器芯片允许的计数值范围内，其设计可分为以下 3 步：

① 选择模 M 计数器的计数范围，确定初态和末态。

② 确定产生清零信号或置数信号的译码状态，根据译码状态设计码反馈电路。

③ 画出模 M 计数器逻辑图。

（3）异步计数器 74LS90/92/93 芯片内部有两个不同进制的计数器，用一片计数器芯片构成任意计数值的电路实际上很多都是两个计数器级联。

6. MSI 计数器的级联

当要求实现的计数值 M 超过单片计数器的计数范围时，则必须将多片计数器级联，以扩大计数的范围。计数器级联的方法是将低位计数器的输出信号送给高位计数器，使得低位计数器每循环计满一遍，高位计数器就产生一次计数。从低位计数器取得的信号一般有进位（或借位）信号以及状态信号的组合等，而此信号送到高位计数器也有送到计数输入脉冲端和计数使能端的区别，要根据具体芯片的电平要求进行实际电路的设计。不论高、低位计数器如何级联，每个计数器都可以按照已介绍的方法更改其最大计数值，这样就能产生出任意进制的计数器。

四、实验内容

1. 异步十进制计数器 74LS90 实验

(1) 74LS90 的基本实验。

实验电路如图 3.8-5 所示。先按照图 3.8-5(a) 接线，注意 74LS90 的电源和接地引脚的分布与一般 IC 的引脚分布不同，不要接错。计数脉冲 CP 由单次脉冲源提供，输出端 A、B、C、D 接逻辑电平显示器或逻辑笔，逐个输入脉冲并按表 3.8-9 记录输出状况。

将电路改为图 3.8-5(b) 接线，重新测试并将结果记入表 3.8-9 中。

将电路改为 $R_{0(1)}$ 和 $R_{0(2)}$ 接高电平，其余接线不变，重新测试并将结果记入表 3.8-9 中。

将电路改为 $R_{9(1)}$ 和 $R_{9(2)}$ 接高电平，$R_{0(1)}$ 和 $R_{0(2)}$ 改回接地，其余接线不变，重新测试并将结果记入表 3.8-9 中。

根据以上结果判断该集成块的功能是否正常。

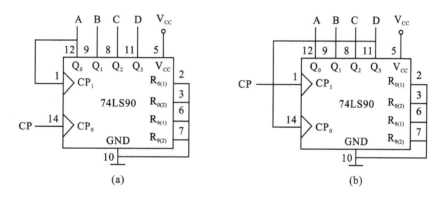

图 3.8-5 74LS90 基本实验电路

表 3.8-9 74LS90 基本实验记录表

CP	图 3.8-5(a)	图 3.8-5(b)	$R_{0(1)}=R_{0(2)}=1$	$R_{9(1)}=R_{9(2)}=1$
	D C B A	D C B A	D C B A	D C B A
0				
1				
2				
3				
4				
5				
6				
7				
8				
9				

（2）74LS90 改变计数值的实验。

利用 74LS90 的 R_0 端和 R_9 端可以强迫计数器清零或置 9，这样用不同的输出组合送到 R_0 端和 R_9 端就有不同的效果。

分别按照图 3.8 - 6(a)～图 3.8 - 6(d)接线，计数脉冲 CP 由单次脉冲源提供，输出端 A、B、C、D 接逻辑电平显示器或逻辑笔，逐个输入脉冲并按表 3.8 - 10 记录输出状况。

选择图 3.8 - 6(a)～3.8 - 6(d)中的一个实验结果进行理论说明。

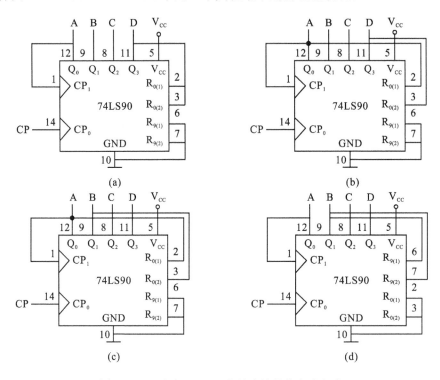

图 3.8 - 6　改变 74LS90 的基本计数值实验电路

表 3.8 - 10　改变 74LS90 基本计数值实验记录表

CP	图 3.8 - 6(a)			图 3.8 - 6(b)			图 3.8 - 6(c)			图 3.8 - 6(d)		
	D C B A			D C B A			D C B A			D C B A		
0												
1												
2												
3												
4												
5												
6												
7												
8												
9												

（3）用 74LS90 芯片设计二十四进制计数器和四十二进制计数器，画出逻辑电路图，并在实验箱上搭接电路验证结论。

2. 同步 4 位二进制计数器 74LS161 实验

（1）74LS161 的主要功能实验。

实验电路如图 3.8 - 7 所示。先按照图 3.8 - 7(a)接线，计数脉冲 CP 由单次脉冲源提供，输出端 Q_0、Q_1、Q_2、Q_3 和 C_O 接逻辑电平显示器或逻辑笔，逐个输入脉冲，并在表 3.8 - 11 相应的地方记录输出状况。

增加一片与非门芯片，将电路改为图 3.8 - 7(b)，测试组合反馈置数电路的计数功能并将结果记入表 3.8 - 11 中。

将图 3.8 - 7(b)电路改为组合反馈清零，即 74LS00 的输出（3 引脚）改接 74LS161 的清零端（1 引脚），原清零端所接电源 Vcc 改接置数端（9 引脚），其余接线不变，重新测试并将结果记入表 3.8 - 11 中。比较组合反馈置数和组合反馈清零的区别，说明原因。

将电路改为进位反馈置数，电路如图 3.8 - 7(c)所示，测试其计数功能并将结果记入表 3.8 - 11 中。

根据以上测试总结 74LS161 的计数方法。

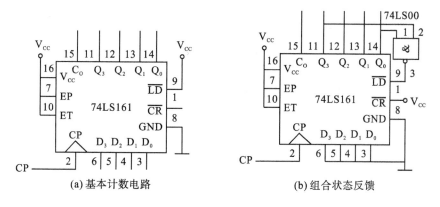

(a) 基本计数电路　　　　　　(b) 组合状态反馈

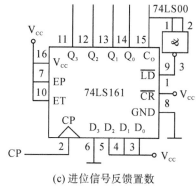

(c) 进位信号反馈置数

图 3.8 - 7　74LS161 功能实验

表 3.8-11　74LS161 计数功能实验记录表

CP	基本计数电路					组合反馈置数					组合反馈清零					进位反馈置数				
	C_O	Q_3	Q_2	Q_1	Q_0	C_O	Q_3	Q_2	Q_1	Q_0	C_O	Q_3	Q_2	Q_1	Q_0	C_O	Q_3	Q_2	Q_1	Q_0
0																				
1																				
2																				
3																				
4																				
5																				
6																				
7																				
8																				
9																				
10																				
11																				
12																				
13																				
14																				
15																				
16																				
17																				
18																				
19																				
20																				
21																				

（2）74LS161 的级联实验。

74LS161 的级联有多种方式，图 3.8-8 给出了几种 74LS161 级联的实验电路。

分别按照图 3.8-8(a)～图 3.8-8(c)搭建级联电路，在 CP 端输入时钟脉冲，检验各芯片输出引脚 Q_0～Q_3 及 C_O 的电平，说明各个级联电路的功能。

解释图 3.8-8(a)～图 3.8-8(c)3 个级联电路实验结果的区别，说明它们各自的适用范围。

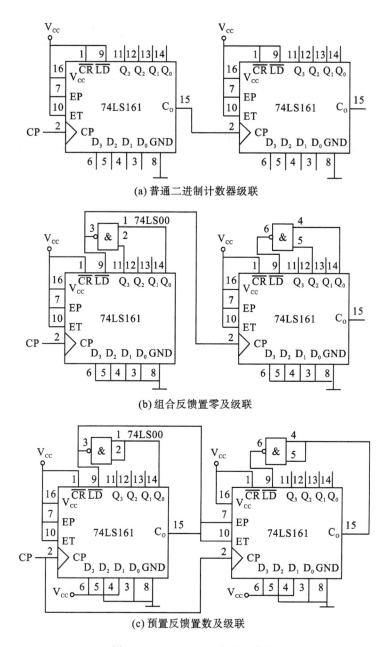

(a) 普通二进制计数器级联

(b) 组合反馈置零及级联

(c) 预置反馈置数及级联

图 3.8 - 8　74LS161 的级联实验

（3）用 74LS161 芯片设计十二进制加法计数器，画出逻辑电路图，并在实验箱上搭接电路验证结论。

3. 双时钟可逆计数器 74LS192 实验

图 3.8 - 9 为双时钟可逆计数器 74LS192 的级联应用电路，总结电路功能，并在实验箱上搭接电路验证结论。

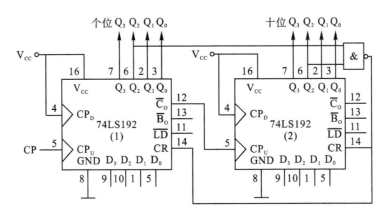

图 3.8 - 9　74LS192 加计数级联

五、实验仪器与设备

(1) 直流稳压电源(+5 V)。

(2) 数字万用表。

(3) 逻辑电平开关。

(4) 逻辑电平显示器。

(5) 单次脉冲源和连续脉冲源。

(6) LED 数码管显示器。

(7) 集成芯片：74LS90、74LS161、74LS86。

六、实验报告要求

(1) 画出实验逻辑电路图，记录、整理实验现象，对实验结果进行分析。

(2) 总结设计任意进制计数器的体会。

(3) 撰写实验收获和体会。

实验九　555 集成定时器

一、预习要求

(1) 预习 555 集成定时器的引线排列和功能。

(2) 熟悉用 555 集成定时器和外接电阻、电容构成的单稳触发器、多谐振荡器和施密特触发器的工作原理。

二、实验目的

(1) 熟悉 555 集成定时器的组成及工作原理。

（2）掌握用定时器构成单稳态电路、多谐振荡电路和施密特触发电路等。

（3）进一步学习用示波器对波形进行定量分析，测量波形的周期、脉宽和幅值等。

三、实验原理

本实验主要讲 555 芯片工作原理。

555 集成时基芯片也称集成定时器，它是一种数字、模拟混合型的中规模集成电路，因为它内部的参考电压标准使用了 3 个 5 kΩ 的电阻，故取名 555 芯片。555 芯片使用灵活、方便，只需外接少量的阻容元件就可以构成单稳态触发器、多谐振荡器和施密特触发器，因而广泛用于信号的产生、变换、控制与检测领域，其应用十分广泛。

555 集成时基芯片有双极型和 CMOS 型两大类，两者的结构和工作原理相似，逻辑功能和引脚排列也完全相同，易于互换。世界上生产 555 芯片的厂家众多，很多厂家都将双极型 555 产品型号的最后 3 位数码标以 555 或 556，将 CMOS 型 555 产品型号的最后 4 位数码标以 7555 或 7556，其中 555 和 7555 表示是单定时器，556 和 7556 表示内含两个 555 时基芯片，是双定时器。

以双极型 555 芯片为例，它的内部原理框图如图 3.9-1 所示。555 芯片引线排列，如图 3.9-2 所示。它含有两个电压比较器：高电平比较器 A_1 和低电平比较器 A_2，另外还有一个 R-S 触发器和一个放电开关 VT。

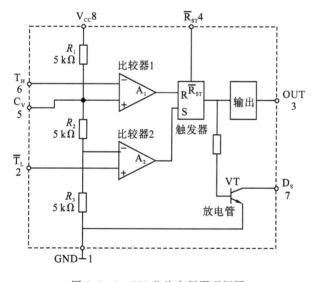
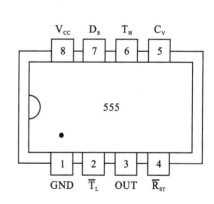

图 3.9-1 555 芯片内部原理框图   图 3.9-2 555 芯片引线排列

比较器由 3 只串联的 5 kΩ 的电阻提供参考电压，它们使 A_1 同相输入端的参考电平为 $2U_{CC}/3$，使 A_2 反相输入端的参考电平为 $U_{CC}/3$。

T_H 为高电平比较器 A_1 的反相输入端，当输入 T_H 的信号高于 A_1 同相输入端的参考电平时，触发器复位，555 的输出端 3 引脚输出低电平，同时开关管导通，放电。因此把 6 引脚 T_H 称为高电平触发端或高触发端。

T_L 为低电平比较器 A_2 的同相输入端，当输入 T_L 的信号低于 A_2 反相输入端的参考电平时，触发器置位，555 的输出端 3 引脚输出高电平，同时开关管截止，停止放电。因此把

2 引脚 T_L 称为低电平触发端或低触发端。

R_{ST} 低电平复位端,正常工作时该引脚开路或者接 U_{CC},当其接低电平时,触发输入的 2、5、6 引脚将不再起作用,555 输出低电平,同时开关管导通。

C_V 为 5 引脚,是控制电压端,平时 C_V 作为比较器 A_1 的参考电平,可输出 $2U_{CC}/3$ 的参考电压,通常 5 引脚接一个 $0.01\ \mu F$ 的电容器到地,以消除外来的干扰,确保参考电平的稳定。当 5 引脚外接一个输入电压时,即可以改变比较器 A_1 和比较器 A_2 的参考电平,从而实现对输出的另一种控制。

VT 为放电管,当 VT 导通时,将给接于 D_S 引脚(7 引脚)的电容器提供低阻放电电路。

555 的电源电压范围是 $+4.5\ V \sim +16\ V$,输出电流可达 $100\ mA \sim 200\ mA$,能直接驱动小型电机、继电器和低阻抗扬声器。

综上所述,可以得出 555 时基电路的功能如表 3.9-1 所示。

表 3.9-1　555 时基电路功能表

输　　入			输　　出	
高触发端 T_H	低触发端 T_L	复位端 R_{ST}	输出端	放电管 VT
$\times$	$\times$	0	0	导通
$< \dfrac{2}{3}U_{CC}$	$< \dfrac{1}{3}U_{CC}$	1	1	截止
$> \dfrac{2}{3}U_{CC}$	$> \dfrac{1}{3}U_{CC}$	1	0	导通

四、实验内容

1. 555 集成时基芯片测试

按图 3.9-3 搭接电路,开关 S 断开,集成 555 输入引脚第 2 引脚和第 6 引脚接电位器 R_P 滑动端,通过改变电位器触头来改变输入的电压。集成电路 555 第 3 引脚输出的电压,用电压表检测,第 7 引脚放电管的导通与否,可用发光二极管检测,发光二极管发光则表示放电管导通,如果放电管不导通则发光二极管因负极未接地而不会发光。

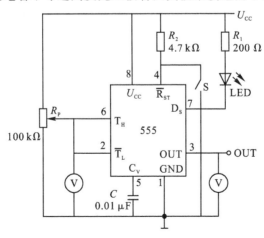

图 3.9-3　555 集成时基芯片工作原理研究

逐步改变输入电压，在表 3.9-2 中记录输入电压、输出电压和放电管的状态数据，根据内部电路分析，输入电压在等于 1/3 和 2/3 电源电压时输出可能发生转变，因此注意在 1/3 和 2/3 电源电压附近多取一些实验点。分别在表 3.9-2 中记录输入电压上调和输入电压下调时的两种情况，整理数据，并绘出输出电压随着输入电压变化的曲线，做出总结。

表 3.9-2　输入电压上调、下调测试表格

输入电压上调（555 电源电压=　　V）								
$U_{输入}/V$								
$U_{输出}/V$								
放电管状态								
输入电压下调（555 电源电压=　　V）								
$U_{输入}/V$								
$U_{输出}/V$								
放电管状态								

2. 555 构成单稳态触发器

图 3.9-4 所示电路为 555 和外接 R、C 元件构成的单稳态触发器。图中 VD 为钳位二极管，高电平触发端（第 6 引脚）已经通过电阻接到高电平，只有低触发端（第 2 引脚）作为输入。

稳态时，555 芯片低电平触发输入端处于电源电平 U_{CC}，内部放电关光管 VT 导通，u_O 输出低电平。放电管 VT 导通使第 7 引脚 D_S 为低电平，电容 C 两端没有电压差。

当有一个外部负脉冲触发信号加到 u_I 端，低电平触发输入端（第 2 引脚）的电位瞬时低于 $U_{CC}/3$，这就使电平比较器 A_2 动作，导致开关管 VT 关断，输出端 u_O 输出高电平；开关管 VT 关断使得第 5 引脚 D_S 悬空，电容 C 开始充电，u_C 由 0 开始按指数规律增长。当 u_C 充电到 $2U_{CC}/3$ 时，与其相连接的高电平触发端 T_H 也达到触发电平，会导致高电平比较器 A_1 翻转，输出 u_O 从高电平返回低电平，放电开关管 VT 重新导通，电容 C 上的电荷很快经放电开关管放电，暂态结束，恢复稳定，为下个触发脉冲的来到做好准备。

图 3.9-5 给出了输入信号 u_I，电容器两端电压 u_C 和输出信号 u_O 的波形图。

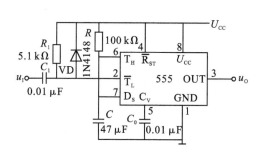

图 3.9-4　555 构成单稳态触发器

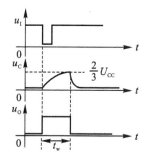

图 3.9-5　单稳态触发器波形图

暂稳态的持续时间：$t_w=1.1RC$（即为延时时间），t_w 决定于外接元件 R、C 的大小。

通过改变 R、C 的大小，可使延时时间在几微秒和几十分钟之间变化。当这种单稳态电路作为计时器时，可直接驱动小型继电器，并可采用复位端接地的方法来终止暂态，重新计时。注意：在连接小型继电器时，需用一个续流二极管与继电器线圈并联，以防继电器线圈断电时的反向电势损坏内部功率管。

（1）按图 3.9-4 连线，取 $R = 1000$ kΩ，$C = 47$ μF。输入信号 u_1 由单次脉冲源提供，用双踪示波器观测 u_1、u_C、u_O 波形。测定幅度与暂态时间。

（2）将 R 改为 1 kΩ，C 改为 0.1 μF，输入端加 1 kHz 的连续脉冲，观测 u_1、u_C、u_O 波形。测定幅度与暂态时间。

3. 555 构成多谐振荡器

如图 3.9-6 所示，555 构成多谐振荡器是由 555 定时器和外接元件 R_1、R_2、C 构成多谐振荡器，高触发端（第 6 引脚）与低触发端（第 2 引脚）直接相连。

当电路刚接通电源时，电容 C 两端的电压 $u_C = 0$，因此低触发端（第 2 引脚）的电平为 0，导致输出端 u_O 输出高电平，开关管 VT 关断；VT 关断使得（第 7 引脚）D_S 悬空，电源通过 R_1 和 R_2 对电容 C 开始充电，这样 u_C 由 0 开始按指数规律增长。当 u_C 充电到 $2U_{CC}/3$ 时，与其相连的高电平触发端 T_H 也达到触发电平，会导致高电平比较器 A_1 翻转，输出 u_O 从高电平返回低电平，放电开关管 VT 导通，电容 C 不再接到电源，u_C 通过 R_2 和 555 内部的放电管放电，这样 u_C 又由 $2U_{CC}/3$ 开始按指数规律减小。当 u_C 放电到 $U_{CC}/3$ 时，与其相连的低电平触发端 T_L 也达到触发电平，会导致低电平比较器 A_2 翻转，输出 u_O 从低电平返回高电平，放电开关管 VT 截止，电容 C 不再放电，转向从 $U_{CC}/3$ 开始的充电过程。这样周而复始，电路没有稳态，仅存在两个暂稳态，电路亦不需要外接触发信号，而利用电源通过 R_1 和 R_2 向 C 充电，以及 C 通过 R_2 向放电端 D_S 放电，使电路产生振荡。电容 C 在 $2U_{CC}/3$ 和 $U_{CC}/3$ 之间充电和放电，从而在输出端得到一系列的矩形波，对应的波形如图 3.9-7 所示。

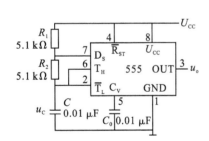

图 3.9-6　555 构成多谐振荡器

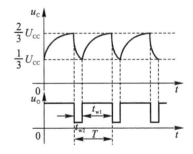

图 3.9-7　555 构成多谐振荡器的波形图

输出信号的时间参数如下：① $T = t_{w1} + t_{w2}$；② $t_{w1} = 0.693(R_1 + R_2)C$；③ $t_{w2} = 0.693 R_2 C$。其中，t_{w1} 为 u_C 由 $U_{CC}/3$ 上升到 $2U_{CC}/3$ 所需要的时间，t_{w2} 为电容 C 放电所需要的时间。

555 芯片要求 R_1 与 R_2 均应不小于 1 kΩ，但两者之和应不大于 3.3 MΩ。

外部元件的稳定性决定了多谐振荡器的稳定性，555 定时器配以少量的元件即可获得较高精度的振荡频率和具有较强的功率输出能力。因此，这种形式的多谐振荡器应用广泛。实验步骤如下：

1）用 555 制作多谐振荡器

按图 3.9-6 接线，用双踪示波器观测 u_C 与 u_O 的波形，测定并记录输出频率和高低电平的时间。将输出的高低电平时间与根据元件计算得到的 t_{w1} 和 t_{w2} 进行比对，分析误差和产生误差的原因。将 555 时基芯片的控制电压端 C_V（第 5 引脚）接到 2～5 V 可调电源上，调节稳压电源输出到控制电压端 C_V 的电压,记录在不同电压下 555 多谐振荡器的输出周期,计算其频率并填入表 3.9-3 中。

表 3.9-3　控制电压对 555 多谐振荡器的影响(555 电源电压＝　V)

控制电压 C_V										
振荡周期										
输出频率										

根据表 3.9-3 说明控制电压对 555 多谐振荡器的影响,并解释原因。

2) 组成占空比可调的多谐振荡器

电路如图 3.9-8 所示,它比图 3.9-6 电路增加了一个电位器和两个二极管。电位器 R_P 通过滑动端将分别为 R_{P2} 和 R_{P1} 左右两部分。VD_1、VD_2 用来决定电容充、放电电流流经的途径:充电时由于放电管截止,D_S(第 7 引脚)悬空,VD_1 导通,电源通过 R_1、VD_1 和 R_{P1} 向电容 C 充电,当 u_C 被充到 $2U_{CC}/3$ 时,高触发端 T_H 被触发,放电管导通,D_S(第 7 引脚)接地,电容 C 通过 R_{P2}、VD_2 和 R_2 对地放电。

忽略二极管的压降,电容充放电的时间比为

$$\frac{t_{w1}}{t_{w2}}=\frac{0.693(R_1+R_{P1})C}{0.693(R_2+R_{P2})C}=\frac{R_1+R_{P1}}{R_2+R_{P2}}$$

此为高低电平比,占空比为

$$q=\frac{t_{w1}}{t_{w1}+t_{w2}}=\frac{R_1+R_{P1}}{R_1+R_2+R_P}$$

电位器调节时,R_{P1} 的值可以从 0 调到 R_P,计算可得,若取 $R_1=R_2=0.1R_P$,电路可输出占空比从 8.3%～91.6% 的矩形波信号;若取 $R_1=R_2=0.01R_P$,则电路输出的占空比可从 1%～99%。

根据图 3.9-8,参考以上分析和图 3.9-6 的元件参数,用 555 时基芯片设计电路,组成占空比可从 1% 调到 99% 的矩形波发生器。画出设计电路图,列出所有元件的参数,给出关键元件的计算依据,计算并说明该多谐振荡器的振荡频率。按照设计的电路构建电路,并进行调试,测出电路的振荡频率,最大占空比和最小占空比。

3) 组成占空比和振荡频率均可调节的多谐振荡器

在图 3.9-8 的基础上增加一只电位器,就组成了占空比和振荡频率都能调节的多谐振荡器,电路原理见图 3.9-9。

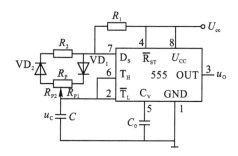

图 3.9-8　555 构成占空比可调的多谐振荡器

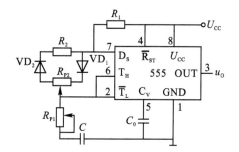

图 3.9-9　555 构成占空比、频率均可调节的多谐振荡器

如图 3.9-9 所示，对 C 充电时，充电电流通过 R_1、VD_1、R_{P2} 和 R_{P1}，放电时通过 R_{P1}、R_{P2}、VD_2 和 R_2。当 $R_1=R_2$，R_{P2} 调至中心点时，因为充放电时间基本相等，其占空比约为 50%，此时调节 R_{P1} 仅改变频率，占空比不变。如 R_{P2} 调至偏离中心点，再调节 R_{P1}，不仅振荡频率改变，而且对占空比也有影响。R_{P1} 不变，调节 R_{P2}，仅改变占空比，对频率无影响。因此当接通电源后，应首先调节 R_{P1} 使频率至规定值，再调节 R_{P2}，以获得需要的占空比。若频率调节的范围比较大，还可以用波段开关改变 C_1 的值。

当图 3.9-9 电路在 $R_1=R_2=10\ \text{k}\Omega$，$R_{P1}=R_{P2}=100\ \text{k}\Omega$，$C=1\ \text{nF}$ 时，电路的最大周期和最小周期分别是多少？电路在最大周期下的占空比范围是多少？从理论上推导以上个数值，然后构建电路，观察实际电路的输出波形，通过调节 R_{P1} 和 R_{P2} 测出以上各输出值，并与理论计算值对比。

4. 555 构成施密特触发器

555 构成施密特触发器原理电路如图 3.9-10 所示，555 内部的两个比较器提供了很好的比较基准，只要将高触发端（第 2 引脚）和低触发端（第 6 引脚）连在一起作为信号输入端，即得到了施密特触发器。

图 3.9-11 画出了图 3.9-10 中的 u_S、u_1 和 u_O 的波形图。

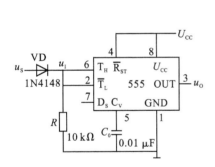

图 3.9-10　555 构成施密特触发器

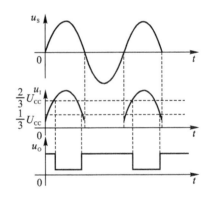

图 3.9-11　555 构成施密特触发器的波形图

设被整形变换的电压为正弦波 u_S，其正半波通过二极管 VD 同时加到 555 定时器的第 2 引脚和第 6 引脚，得到的 u_1 为半波整流波形。当 u_1 上升到 $2U_{CC}/3$ 时，u_O 从高电平转换为低电平。当 u_1 下降到 $U_{CC}/3$ 时，u_O 又从低电平转换成高电平。

此时回差电压为

$$\Delta u = \frac{2}{3}U_{CC} - \frac{1}{3}U_{CC} = \frac{1}{3}U_{CC}$$

按图 3.9-10 接线，用 555 集成电路制作施密特触发器，建议电源电压为 5 V。检查无误后给 555 通电，并在图中的输入端 u_S 输入频率约 1000 Hz 的三角波，控制三角波的最高电压为 3.8～5 V，最低电压为 0～1.2 V。

将双踪示波器调到 X-Y 显示方式，X 通道接信号的输入端 u_S，Y 通道接 555 的输出端，观察并记录该电路的传输特性曲线。

在传输特性曲线上，读出并记录 555 芯片的高电平输入转换电平和低电平输入转换电平。

将图3.9-10中的555的第5引脚通过一个5.1 kΩ电阻接到U_{CC}(或接到地),必要时还要调整输入的三角波信号的高、低电压,观察第5引脚通过电阻接高或接地后,该电路传输特性曲线的变化,记录此两种情况555芯片的输入转换电平,并说明输入转换电平的变化的原因。

五、实验仪器与设备

(1)直流稳压电源(+5 V)。

(2)数字万用表。

(3)逻辑电平开关。

(4)逻辑电平显示器。

(5)信号发生器。

(6)双踪示波器。

(7)单次脉冲源和连续脉冲源。

(8)LED数码管显示器。

(9)集成芯片:NE555;电阻元件:200 Ω、4.7 kΩ、5.1 kΩ、10 kΩ、100 kΩ;电容元件:0.01 μF、47 μF;二极管1N4148;电位器100 kΩ;LED发光二极管。

六、实验报告要求

(1)总结555集成时基芯片的功能。

(2)整理实验数据,画出实验内容中所要求画的波形,按时间坐标对应标出波形的周期、脉宽和幅值等。

(3)撰写实验收获和体会。

实验十　D/A转换器

一、预习要求

(1)熟悉有关D/A转换的工作原理。

(2)熟悉DAC0832芯片的各种选通方法。

(3)熟悉DAC0832芯片的单极性和双极性输出电路。

二、实验目的

(1)理解用权电阻进行D/A转换的基本原理。

(2)明确D/A转换器DAC0832的基本结构。

(3)了解DAC0832芯片的各种选通方法。

(4)掌握DAC0832芯片的基本应用方法。

三、实验原理

1. D/A 转换器工作原理

D/A 转换器一般利用运算放大器制成，图 3.10 - 1 表示了一般 D/A 转换器的原理，图中的反相放大器输出电压为

$$U_O = -\frac{R_F}{R_1}U_I$$

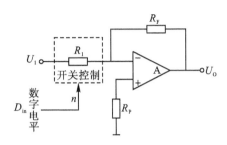

图 3.10 - 1　D/A 转换器一般原理

在一般 D/A 转换器中，R_F 是固定的，U_I 往往接到固定的参考电压 U_{REF} 上，而输入的数字信号 D_{in} 与电阻 R_1 的阻值成反比，即 $D_{in} = K_1/R_1$，或 $R_1 = K_1/D_{in}$，则：

$$U_O = -\frac{R_F}{R_1}U_I = -\frac{R_F}{K_1}U_{REF}D_{in}$$

因 R_F 和 K_1 都是常量，所以

$$U_O = -KU_{REF}D_{in}$$

在参考电压 U_{REF} 不变的情况下，输出电压和输入的数字量成正比，这就是典型的 D/A 转换器；如果 U_{REF} 是一个变量，则输出量 U_O 对输入量 U_I 的放大倍数就靠输入的数字量 D_{in} 决定，这样就变成了由 D_{in} 控制的程控放大器。

根据输入数字量控制电阻的方式不同，D/A 转换器可分为权电阻网络 D/A 转换器、倒 T 型网络 D/A 转换器、开关树型 D/A 转换器等。

2. D/A 转换器的基本指标

分辨率：D/A 转换器理论上可以分辨出的最小电压值，例如图 3.10 - 1 的电路。假如输入数据是 8 位，用 8 根数据线控制 R_1 的大小，则 R_1 有 $2^8 = 256$ 种取值可能，如将 U_I 接到固定参考电压 U_{REF} 上，则其分辨率为 $U_{REF}/256$。通常将分辨率记作 1 个 LSB，即最低有效位。

转换误差：由于电路元器件和外加参考电压等各种原因，实际得到的转换电压和理论计算得出的转换电压的差异。一般将转换误差用百分数表示，即

$$转换误差 = \frac{实际值 - 理论值}{理论值}$$

建立时间：从输入数字量开始突变，直到输出电压进入和稳态值相差 $\pm LSB/2$ 时为止的时间。

3. 常用的 DAC 芯片

这里将常用的几种 DAC 芯片列入表 3.10 - 1 中，供读者设计时选用参考，具体设计还

应查看相应的产品手册。

表 3.10-1　常用的几种 DAC 芯片

型　号	说　明	分辨率	建立时间	电源工作范围
DAC0800~04	高速，不带寄存器	8 位	100 ns	$\pm 5 \sim \pm 18$ V
DAC0830~32	带两个寄存器	8 位	1 μs	+5 V，$U_{REF} \leqslant +10$ V
AD7522	双缓冲输入，可串行或并行加载	10 位	500 ns	+15 V，$|U_{REF}| \leqslant +10$ V
AD7543	串行输入	8 位	2 μs	+5 V，$U_{REF} \leqslant +10$ V
TLC5620	串行输入，4 路 DAC	8 位	约 10 μs	+5 V，$U_{REF} \leqslant +5$ V
TLC5615	串行输入	10 位	12.5 μs	+5 V，+2 V$\leqslant U_{REF} \leqslant +3$ V
TLC5602	超高频视频	8 位	30 ns	+5 V，$U_{REF} = +4$ V

　　从表中可以看出，不同的 DAC 芯片对参考电压 U_{REF} 的要求不同，有的允许超过电源电压，有的不允许超过，还有的对参考电压 U_{REF} 有严格的限制，应该根据芯片手册正确接入电源电压和参考电压。

四、实验内容

1. 基本 D/A 转换器的实验内容

倒 T 型电阻网络的 8 位 D/A 转换器如图 3.10-2 所示。

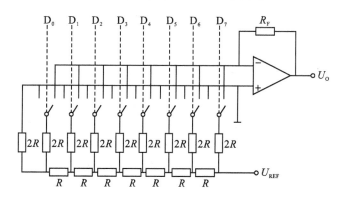

图 3.10-2　倒 T 型电阻网络 D/A 转换器

图中运放的输出电压为

$$U_O = -\frac{U_{REF}R_F}{2^n R}(D_{n-1} \cdot 2^{n-1} + D_{n-2} \cdot 2^{n-2} + \cdots + D_0 \cdot 2^0)$$

　　上式输出电压 U_O 与输入的数字量成正比，这就实现了从数字量向模拟量的线性转换。DAC0832 内部逻辑结构如图 3.10-3 所示。

　　从图 3.10-3 中可知，DAC0832 内部有两个寄存器和一个 D/A 转换器。其中，数字信号输入端 $D_7 \sim D_0$ 接到输入寄存器，输入寄存器由引脚 ILE、$\overline{CS}$ 和 $\overline{WR_1}$ 共同控制，输入寄存器的输出端接到第二个寄存器——数据寄存器，数据寄存器由 $\overline{WR_2}$ 和 $\overline{XFER}$ 控制，数据寄存器的输出送到 D/A 转换器，D/A 转换器将转换的结果送 I_{OUT1} 和 I_{OUT2}，作为 DAC 电流输出。

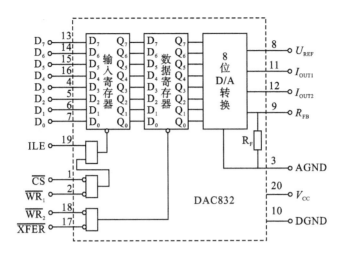

图 3.10 - 3　DAC0832 内部逻辑框图

DAC0832 内部两个寄存器可以有很多种接法，表 3.10 - 2 给出了几种接法。

表 3.10 - 2　DAC0832 内部寄存器的几种不同接法

接　　法	输入寄存器			数据寄存器	
	ILE	$\overline{CS}$	$\overline{WR_1}$	$\overline{WR_2}$	$\overline{XFER}$
直通	V_{CC}	0	0	0	0
一级选通	V_{CC}	0	低选通	0	0
一级选通	V_{CC}	0	0	低选通	0
二级选通	V_{CC}	0	第 1 级选通	第 2 级选通	0

采用直通接法可以使 $D_7 \sim D_0$ 输入的数字信号立刻在 D/A 转换器的输出端 I_{OUT} 得到反映，整个芯片可以认为是透明的。

一级选通的接法用得最多，一般采用 $\overline{WR_1}$ 或 $\overline{WR_2}$ 进行控制，当 $\overline{WR}$ 引脚是高电平时，输入端的数字信号不能送到内部的 D/A 转换器，只有在 $\overline{WR}$ 引脚变为低电平后，输入端的数字信号才能送到内部 D/A 转换器中进行转换，一旦 $\overline{WR}$ 引脚上跳变高，则输入端信号又被阻止，此时，寄存器中锁存的是 $\overline{WR}$ 引脚上跳沿瞬间的信号，因此在一级选通的情况下，由 I_{OUT} 输出的模拟量对应选通控制信号上跳沿时刻的输入数字量。一级选通还有其他接法，例如用 ILE 或 $\overline{CS}$ 控制输入寄存器选通，用 $\overline{XFER}$ 控制数据寄存器的选通等，也有将 $\overline{WR_1}$ 和 $\overline{WR_2}$ 接在一起进行控制的，这时由于两个寄存器同时选通，所以只能算作一级寄存器。

二级寄存器的接法往往用在多个设备需要同步的情况，这时先用第一级选通将输入的数据锁存到输入寄存器中，然后关闭输入寄存器，这时输入信号线不会再影响到输入寄存器的锁存结果，但由于此时数据寄存器还未选通，因此输入寄存器的数据并不能传到内部 D/A 转换器。只有当外界需要同步而发出第二级寄存器的选通脉冲时，数据寄存器才会将刚才输入寄存器锁存的数据传到内部 D/A 转换器，并将转换结果在 I_{OUT} 输出。

DAC0832 的输出是电流量，要转换为电压，必须外接运算放大器。外接运放需要利用集成在 DAC0832 芯片内的反馈电阻,其引脚为 R_{FB},运放输出的电压与外部提供的基准电压有关,外部基准电压的范围可以是 $-10\,V\sim+10\,V$,通过 DAC0832 引脚 U_{REF} 提供。图 3.10-4 给出了外接运放的两个典型电路。图 3.10-4(a) 外接一个运放,输出单极性电压,图 3.10-4(b) 外接两个运放,输出双极性电压,它们的输出电压和 DAC0832 输入数据之间的关系见表 3.10-3 所示。

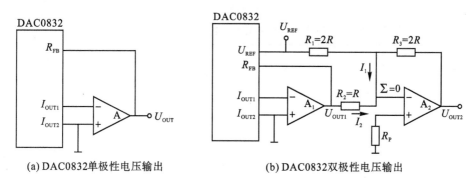

(a) DAC0832 单极性电压输出　　　(b) DAC0832 双极性电压输出

图 3.10-4　DAC0832 外接运放

表 3.10-3　DAC0832 输入数据和输出数据之间的关系

输入数字量								输出电压	
D_7	D_6	D_5	D_4	D_3	D_2	D_1	D_0	单极性	双极性
D_{in}								$-U_{REF}(D_{in}/256)$	$U_{REF}(D_{in}-128)/128$
0	0	0	0	0	0	0	0	0	$-U_{REF}$
0	0	0	0	0	0	0	1	$-U_{REF}/256=1\,LSB$	$-(127/128)U_{REF}$
0	0	1	1	1	1	1	1	$-(63/256)U_{REF}$	$-U_{REF}/2-1\,LSB$
0	1	1	1	1	1	1	1	$-(127/256)U_{REF}$	$-U_{REF}/128=-1\,LSB$
1	0	0	0	0	0	0	0	$-(128/256)U_{REF}$	0
1	1	0	0	0	0	0	0	$-(192/256)U_{REF}$	$U_{REF}/2$
1	1	1	1	1	1	1	1	$-(255/256)U_{REF}$	$U_{REF}-1\,LSB$

DAC0832 是一个 8 位 D/A 转换器,它有 8 个输入端,其输入只能有 $2^8=256$ 个不同的二进制组态,与此对应,它的输出也只能有 256 个可能值,输出电压值只能是 256 个电压中的一种,一般用 1LSB 表示电压输出的最小分辨率。

2. 权电阻 D/A 转换

按照图 3.10-5 搭接电阻网络,按照表 3.10-4 分别将各输入端 $U_{10}\sim U_{13}$ 连接到地(电源负端 E_-)和电源正端 E_+,测量在不同情况下的输出电压,将测量值记录在表 3.10-4 中,并根据叠加原理推导各种情况下输出端电压的理论值,与表 3.10-4 中的记录值进行比较,说明图 3.10-5 电阻网络的作用。

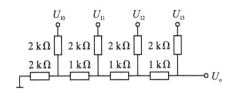

图 3.10-5 权电阻网络基本实验

表 3.10-4 权电阻 D/A 转换网络测试表格($E_+ =$ V)

输入电压	U_{I3}	0	0	0	0	0	0	0	0	E_+	E_+	E_+	E_+	E_+	E_+	E_+	E_+
	U_{I2}	0	0	0	0	E_+	E_+	E_+	E_+	0	0	0	0	E_+	E_+	E_+	E_+
	U_{I1}	0	0	E_+	E_+	0	0	E_+	E_+	0	0	E_+	E_+	0	0	E_+	E_+
	U_{I0}	0	E_+	0	E_+	0	E_+	0	E_+	0	E_+	0	E_+	0	E_+	0	E_+
输出	U_o																

按照图 3.10-6 搭接电路,在 74LS161 的时钟端加入方波信号,用示波器观察并记录输出端的波形 u_o,说明输出波形的周期与输入方波信号周期的关系。将图 3.10-6 中的 0.1 μF 电容撤去,观察波形的变化情况,说明电容器在电路中的作用。

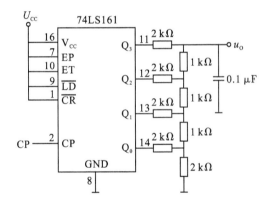

图 3.10-6 权电阻网络 D/A 转换实验

3. DAC0832 芯片测试

(1) 将 DAC0832 接成直通方式,即 $\overline{CS}$、$\overline{WR_1}$、$\overline{WR_2}$、$\overline{XFER}$ 接地,ALE、U_{CC}、U_{REF} 接 +5 V 电源;并按照图 3.10-4(a)所示将输出接成单极性输出,其运放电源接 ±15 V;$D_7 \sim D_0$ 接逻辑开关的输出插口,输出端 u_o 接直流数字电压表。

(2) 单极性输出调零,令 $D_7 \sim D_0$ 全置零,调节运放的调零电位器,使输出电压为零。

(3) 按表 3.10-5 所列的输入数字信号,用电压表测量运放的输出电压 u_o,将测量结果填入表 3.10-5 中,并与理论值进行比较。

(4) 保持 DAC0832 的直通方式,单极性输出不变,将 U_{REF} 改接 -5 V 电源,重复步骤 (2)(3),将测量结果填入表 3.10-5 中。

(5) 保持 DAC0832 的直通方式,输出改为双极性输出,见图 3.10-4(b);运放电源接 ±15 V;$D_0 \sim D_7$ 接逻辑开关的输出插口,输出端接直流数字电压表。

(6) U_{REF} 接 +5 V 电源,按表 3.10-5 所列的内容输入数字信号,用电压表测量运放的输出电压,将测量结果填入表中,并与理论值进行比较。

(7) U_{REF} 接 -5 V 电源,DAC0832 保持直通方式,双极性输出不变,重复步骤(6),将测量结果填入表 3.10-5 中。

表 3.10-5　DAC0832 芯片测试表格

输入数字量								单极性输出		双极性输出	
D_7	D_6	D_5	D_4	D_3	D_2	D_1	D_0	$U_{REF}=+5$ V	$U_{REF}=-5$ V	$U_{REF}=+5$ V	$U_{REF}=-5$ V
0	0	0	0	0	0	0	0				
0	0	0	0	0	0	0	1				
0	0	0	0	0	0	1	0				
0	0	0	0	0	1	0	0				
0	0	0	0	1	0	0	0				
0	0	0	1	0	0	0	0				
0	0	1	0	0	0	0	0				
0	1	0	0	0	0	0	0				
1	0	0	0	0	0	0	0				
1	1	1	1	1	1	1	1				

(8) 研究 DAC0832 的选通方式。

DAC0832 保持双极性输出不变,并保持 ILE 接电源,$\overline{CS}$ 和 $\overline{XFER}$ 接低电平不变,按照表 3.10-6 的序号依次进行输入数字量和 $\overline{WR_1}$、$\overline{WR_2}$ 的设置,每次设置后应测量并记录输出电压情况。

表 3.10-6　DAC0832 芯片选通方式测试表格

输入设置			输出电压记录	方式分析
输入数字量 $D_7 \sim D_0$	$\overline{WR_1}$	$\overline{WR_2}$		
00H	0	0		
00H	1	0		
80H	1	0		
80H	1	1		
80H	0	1		
80H	1	1		
80H	1	0		
FFH	1	0		
FFH	1	1		
FFH	1	0		
FFH	0	0		

五、实验仪器与设备

（1）可调直流稳压电源（0～10 V）；直流稳压电源（+5 V）。

（2）数字万用表。

（3）逻辑电平开关。

（4）逻辑电平显示器。

（5）信号发生器。

（6）双踪示波器。

（7）单次脉冲源和连续脉冲源。

（8）LED数码管显示器。

（9）集成芯片：DAC0832、74LS161；运算放大器：OP-07；电阻元件：1 kΩ、2 kΩ、10 kΩ、20 kΩ；电容元件：0.1 μF；电位器100 kΩ。

六、实验报告要求

（1）记录实验数据，分析实验结果，并与理论值进行对比，找出误差产生的原因。

（2）根据电阻网络实验所观察的现象，说明D/A转换的基本原理。

（3）根据实验所观察的现象，说明DAC0832芯片各种选通方式的应用场合。

（4）撰写实验收获和体会。

实验十一 A/D转换器

一、预习要求

（1）查找有关A/D转换器和ADC0809的资料，熟悉其使用方法和引脚排列。

（2）拟出各个实验内容的具体方案。

二、实验目的

（1）理解A/D转换器的基本工作原理和基本结构。

（2）掌握集成A/D转换器ADC0809的功能及其应用。

三、实验原理

1. A/D转换器的种类

A/D转换器的种类很多，一般可以根据转换器的原理、转换位数和输出方式等进行分类。根据转换原理，A/D 转换器可以分为并行比较型、逐次逼近型、双积分型、$\Sigma-\Delta$ 型等。

（1）并行比较型：模拟电压同时送到多个比较器进行比较，每个比较器的参考电压不同，将各个比较器的结果译码后输出。该类型 A/D 转换器的特点是速度极快，高精度转换需要的比较器较多。

（2）逐次逼近型：模拟电压送到单个比较器进行多次比较，各次比较的参考电压按二进制权重变化，保留各次比较的结果并输出。该类型 A/D 转换器的特点是速度较快。

（3）双积分型：模拟量以固定的时间对积分电容充电，积分电容的充电电量与输入的模拟电压成正比；然后电容器以固定的斜率放电，放电的时间又正比于电容器开始放电时的电量，将放电的时间存储并输出。该类型 A/D 转换器的特点是速度慢、成本低，很容易做到高精度。

（4）$\Sigma-\Delta$ 型：由积分器、锁存比较器和电子开关等构成闭环的 $\Sigma-\Delta$ 调制器，输入信号经过 $\Sigma-\Delta$ 调制器转换成由 1 和 0 组成的连续串行位流，然后通过数字滤波和采样抽取的方法进行处理，得到转换结果。该类型 A/D 转换器的特点是精度很高，输出是串行数据。

根据 A/D 转换器最后转换成的数字量的位数，A/D 转换器又可分为二进制的 8 位 ADC、10 位 ADC、12 位 ADC 等，以及十进制的 3 位半 ADC、4 位半 ADC 等。

根据 A/D 转换器的输出方式，还可分成并行接口和串行接口等输出方式。

2. A/D 转换器的指标

分辨率：以输出二进制或十进制的位数表示，它说明 A/D 转换器对输入信号的分辨能力。

转换误差：A/D 转换器的转换误差通常以最大输出误差来表示，它说明实际输出的数字量和理论上应该有的数字量之间的差别。一般用最低有效位(LSB)的倍数表示。

转换时间：A/D 转换器完成一次转换所需要的时间即为转换时间，它反映了 A/D 转换的快慢。许多 A/D 转换器需要外加时钟脉冲，此时时钟的频率直接影响到转换时间。

3. A/D 转换器的一般使用方法

A/D 转换器的使用一般比 D/A 转换器复杂，应注意以下几点：

（1）许多 A/D 转换器需要外加时钟脉冲，此时应注意时钟脉冲的频率大小和频率的稳定性，它会直接影响 A/D 转换的质量和转换的速度。

（2）双积分型 A/D 转换器的积分元件一般需要外接，这时要特别注意积分元件的质量，要选择精度高、稳定性好的元件，积分电容的漏电和介质损耗都要很小，应该选用聚苯电容(国内型号前 3 个字符是 CCB)。

（3）许多 ADC 芯片都有转换开始(Star)的输入引脚和转换结束(EOC)的输出引脚，但不同的芯片这两个引脚的电平规定不同，应该在掌握它们的时序的基础上，正确地对它们进行操作。

4. 常见的 ADC 芯片

这里将常用的几种 ADC 芯片列入表 3.11-1 中，供读者设计时选用参考，具体设计还应查看相应的产品手册。

表 3.11-1　常用的几种 ADC 芯片

型号	说明	分辨率	转换时间	电源工作范围
ADC0801～05	单电源供电，逐次逼近型	8 位	100 μs	+5 V
ADC0808/09	8 路，单电源供电，逐次逼近型	8 位	100 μs	+5 V
AD574	逐次逼近型，不需要外部时钟	12 位	35 μs	$U_L = +5$ V，$U_M = \pm12 \sim \pm15$ V
MC14433	双积分型，BCD 码输出	3 位半	>100 ms	+5 V，$U_{REF} = +2$ V
ICL7135	双积分型，BCD 码输出	4 位半	>300 ms	+5 V，$U_{REF} = +2$ V
ADC0881	并行比较型，高速	8 位	<70 ns	+5 V
TLC2543	11 路开关电容，逐次逼近型，串行输出	12 位	10 μs	2～5 V
TLC320AD57C	$\Sigma-\Delta$ 型，串行输出	18 位	25 μs	+5 V

5. A/D 转换器 ADC0809 的结构

ADC0809 是采用 CMOS 工艺制成的单片 8 位 8 通道逐次逼近型 A/D 转换器，其逻辑框图如图 3.11-1 所示。

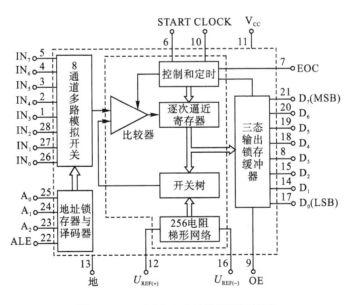

图 3.11-1　ADC0809 转换器逻辑框图

器件的核心部分是 8 位 A/D 转换器，它由比较器、逐次逼近寄存器、D/A 转换器及控制和定时器 5 部分组成。

ADC0809 的结构功能说明如下：

$IN_7 \sim IN_0$ 是 8 路模拟信号输入端，8 路信号究竟哪一路信号被选通要由地址选择输入端 A_2、A_1、A_0 决定，ALE 是地址锁存允许输入信号，在此脚施加正脉冲，上升沿时锁存地址码，从而选通相应的模拟信号通道，以便进行 A/D 转换。

A/D 转换由 START 信号启动,当 START 信号上升沿到达时,内部的逐次逼近寄存器复位,在 START 信号的下降沿到达后,开始 A/D 转换过程。A/D 转换器结束时,转换结束标示 EOC 将输出高电平。

A/D 转换的 8 位数字信号由 $D_7 \sim D_0$ 输出,并用 OE 引脚控制是否允许输出,OE 高电平允许,OE 低电平则 $D_7 \sim D_0$ 处于高阻态。

A/D 转换需要的时钟和基准电压都由外部提供:引脚 CLOCK(CP)输入时钟信号,一般厂家规定芯片的外接时钟频率范围为 $50 \sim 640 \text{ kHz}$,转换一次需要 64 个时钟周期,对应的时间为 $100 \sim 1300 \mu s$,有的公司规定的时钟频率可达到 1.28 MHz,其转换速度有了较大提高。引脚 $U_{\text{REF}(+)}$ 和 $U_{\text{REF}(-)}$ 分别是基准电压正、负极的输入端。$U_{\text{REF}(+)}$ 不要高于电源电压,$U_{\text{REF}(-)}$ 不要低于 0 V,一般 $U_{\text{REF}(+)}$ 接 +5 V 电源,$U_{\text{REF}(-)}$ 接地。

ADC0809 进行 A/D 转换的时序图如图 3.11-2 所示。注意:其中"地址"是芯片内部地址锁存器的输出地址,而外部地址线上的地址在"ALE"上跳之前就应该稳定。

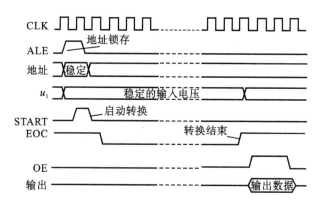

图 3.11-2　ADC0809 时序图

在开始转换前,必须选择被转换的模拟量通道。8 路模拟开关由 A_2、A_1、A_0 三个地址输入端选通,地址译码与模拟输入通道的选通关系如表 3.11-2 所示。

表 3.11-2　地址译码与模拟输入通道的选通关系

地址 $A_2 A_1 A_0$	000	001	010	011	100	101	110	111
被选模拟通道	IN_0	IN_1	IN_2	IN_3	IN_4	IN_5	IN_6	IN_7

A_2、A_1、A_0 三个地址输入端数据预置好后,应该在 ALE 引脚施加正脉冲,以保证地址码的锁存,选通相应的模拟信号通道。

判断转换是否结束的方法有以下几种。

(1) 转换结束时,转换结束标示 EOC 将输出高电平,因此可以由 EOC 输出电平的高低来判断转换是否结束。

(2) 用定时取数的方法可以不检测 EOC 电平的高低:由于引脚 CLOCK(CP)输入的时钟信号决定了转换的时间,在 START 的下降沿启动 A/D 开始转换后,可以用计数器或定时器来计算转换结束的时间,这段时间最好比实际转换时间长一些,以确保转换完成。定时(或计数)时间到后就将 OE 置为高电平,允许转换后的数字量输出。

一旦选通通道 X($0\sim7$ 通道之一)，其输出数字量 D_{OUT} 和输入电压 U_{INX} 的关系为

$$D_{OUT}=U_{INX}\times\frac{256}{U_{REF}}\quad 0\leqslant U_{INX}\leqslant U_{REF}\leqslant+5\text{ V}$$

需要注意的是，若输入有负极性值时则需要经过运放把电压转化到有效正电压范围内。

四、实验内容

（1）按照图 3.11-3 所示，搭接电路。图中的 8 路输入模拟信号 $1\sim4.5$ V，由 $+5$ V 电源经电阻 R 分压组成。

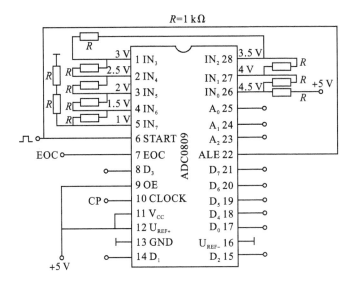

图 3.11-3　ADC0809 实验测试电路

图中地址端 A_2、A_1、A_0 接逻辑电平开关，CP 时钟脉冲由计数脉冲源提供，取 $f=100$ kHz；变换后 $D_7\sim D_0$ 接逻辑电平显示器输入插口。启动 START 接单次脉冲源。

（2）A/D 转换实验。接通电源后，在启动端(START)加一正单次脉冲，下降沿一到即开始 A/D 转换。

按表 3.11-3 中的要求观察，记录 $IN_7\sim IN_0$ 8 路模拟信号的转换结果，并将转换结果换成十进制数表示的电压值，再与电压表实测的各路输入电压值进行比较，分析误差原因。

（3）转换时间的观察。CP 时钟脉冲保持 $f=100$ kHz，在 START 和 ALE 连续端加频率约 1 kHz 的信号，用双踪示波器测量 EOC 引脚与 START 引脚的波形，计算转换时间。改变 CP 时钟频率，多次测量转换时间，得出转换时间与时钟频率的关系。

（4）OE 引脚作用的观测。在以上实验中改变 OE 引脚的电平，观察实验现象。

（5）在图 3.11-3 电路的基础上将 EOC 信号与时钟信号相与，然后送到 START 和 ALE 引脚，使得 ADC0809 能够循环采样，即连续采样某一个通道，画出此部分电路并用

实验进行验证。

（6）在上述实验步骤的基础上，设计外围电路，使得 ADC0809 的 8 通道能自动循环采样，即每次采样一个通道，第一次采样 IN_0，第二次采样 IN_1，…，第七次采样 IN_6，第八次采样 IN_7，第九次采样 IN_0，…，如此循环不止。

设计思路提示：在上述（5）的基础上增加计数器，将计数器结果送到地址端 $A_2 \sim A_0$。

表 3.11-3　A/D 转换实验测试表格

被选模拟通道	输入模拟量	地　　址	输出数字量								
IN	U_I	$A_2 A_1 A_0$	D_7	D_6	D_5	D_4	D_3	D_2	D_1	D_0	十进制
IN_0	4.5	000									
IN_1	4.0	001									
IN_2	3.5	010									
IN_3	3.0	011									
IN_4	2.5	100									
IN_5	2.0	101									
IN_6	1.5	110									
IN_7	1.0	111									

五、实验仪器与设备

（1）可调直流稳压电源（0～10 V）；直流稳压电源（+5 V）。

（2）数字万用表。

（3）逻辑电平开关。

（4）逻辑电平显示器。

（5）信号发生器。

（6）双踪示波器。

（7）单次脉冲源和连续脉冲源。

（8）LED 数码管显示器。

（9）集成芯片：DAC0809；电阻元件：1 kΩ。

六、实验报告要求

（1）根据实验所观察的现象，说明 A/D 转换的基本原理。

（2）完成实验内容中的测试表格，总结 A/D 转换的种类。

（3）撰写实验收获和体会。

实验十二 循环彩灯设计

一、设计任务

设计一个能让 16 只 LED 依次循环发光的电路。

二、设计方案

方案 1：用多谐振荡器和移位寄存器实现

多谐振荡器向移位寄存器发出脉冲，用几个移位寄存器串联实现 16 位的连续移位。这里的难点在于如何实现 16 位二进制数的循环，即移位到最后一位时，如何使下一个时钟脉冲让最前面的一位重新开始。解决的办法是可以利用逻辑门电路的组合来控制移位寄存器的复位。

多谐振荡器可以用 555 作为主要元件构成，这样电路简单可靠，也便于调整振荡周期。移位寄存器可以用两片 74LS164，但 74LS164 只能单方向移位，要改变循环方向，就要用到双向移位寄存器。LED 可以用移位寄存器芯片的输出端口直接驱动。由于逻辑芯片的低电平驱动能力比高电平驱动能力要强得多，因此选择由逻辑低电平来点亮 LED，这时要注意在 LED 上要加限流电阻。

为了简单起见，假设循环体中只有一个 LED 发光，也就是说在 16 位二进制数值中只有一位是"0"，其余都为"1"。要实现循环功能，就要使芯片数据输入端口的电平在最后一个输出端口为"0"的时候也为低电平，而其他时候则保持为高电平，只有这样，才能使芯片在下一个时钟脉冲到来的时候再次将低电平"0"送入循环体，即实现从"1111 1111 1111 1110"到"0111 1111 1111 1111"的变化。

当循环体中不止一个 LED 发光时，必须考虑最后一个输出端口输出"0"的个数，这就需要考虑用简单的计数器来实现循环变化。

对于需要双向移动的设计可以考虑使用 74LS194 或 40194。由于 74LS194 仅有 4 位输出，因此，这时需要用 4 片芯片串联使用。双向移位还需要仔细考虑移位方向的转变问题，可参考上述循环变化时的处理方法。

方案 2：用多谐振荡器和脉冲分配器实现

多谐振荡器向脉冲分配器(典型的是 CD4017)发出脉冲，用几个脉冲分配器串联实现 16 位的连续移位。

电路可以设计得比较简单，多谐振荡器还是可以用便于调整振荡周期的简单 555 振荡器电路。脉冲分配器可以用两片 4022 或两片 4017 循环串联。

注意：脉冲分配器仅有一个输出是高电平，此高电平输出可以达到 mA 数量级，可以用它直接驱动 LED，还要注意在 LED 上串联限流电阻。

方案 3：用存储器实现

用顺序地址发生器送地址给存储器，将存储器的数据线信号经过驱动后送 LED 显示。

由于很少有 16 位数据线的存储器，因此可以用两片 8 位数据存储器并联，也可以考虑用读两次存储器并加锁存器的方法实现。

电路的设计如图 3.12-1 所示，它采用存储器存储 LED 的各种点亮模式，每个模式占用一段存储器地址，图 3.12-1 中(a)以 16 个地址为一段，图 3.12-1 中(b)以 32 个地址为一段。在各种模式下，地址码发生器循环发出这段地址，LED 就根据该段地址存储的内容循环进行显示，拨动手动开关改变高位地址可以改变地址段，从而达到改变循环点亮模式的目的。

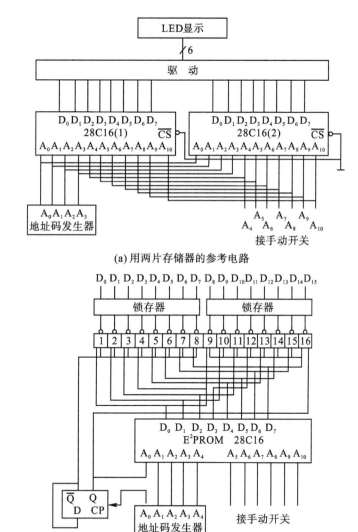

(a) 用两片存储器的参考电路

(b) 用一片存储器的参考电路

图 3.12-1 用存储器实现循环彩灯控制

图 3.12-1 中(a)用两片存储器并联，图 3.12-1 中(b)用一片存储器分两次产生 16 位数据，由于用一片存储器分两次产生 16 位数据，所以增加两片 8D 锁存器，以保证 16 位数据线的同步，设计时要考虑如何得到锁存器的锁存允许信号。

以上 3 种方案以第 2 种方案实现起来最简单，但用第 2 种方案实现的循环彩灯只能同时点亮一盏灯，并且循环方向也不能改变。第 3 种方案的输出最灵活，它可以得到 LED 的任意输出情况，但第 3 种方案的电路比第 2 种复杂，并且需要事先用编程器对存储器内容进行编写。第 1 种方案可以同时控制多盏灯点亮，也能控制循环方向，电路比第 2 种复杂，要实现多种功能的灵活性没有第 3 种强。设计任务对 LED 循环方向和点亮的个数未作明确要求，因此这 3 个方案都可以考虑使用。

三、设计要求

(1) 设计出完整的电路，并给出功能说明。
(2) 搭接电路并验证设计是否满足要求。
(3) 撰写设计心得和体会。

实验十三 拔河游戏机设计

一、设计任务

拔河游戏机需要用 15 个(或 9 个)发光二极管排列成一行，开机后只有中间一个点亮，以此作为拔河的中心线。游戏双方各持一个按键，迅速地、不断地按动以产生脉冲，谁按得快，亮点就向谁的方向移动，每按一次，亮点移动一次。一旦任一方终端的二极管点亮，则这一方就得胜，此时双方按键均不再起作用，输出保持，只有经复位后才使亮点恢复到中心线。

扩展任务：用 LED 显示器显示胜者的盘数。

二、设计方案

1. 实现基本任务的实验电路

实现基本任务的实验电路框图如图 3.13 - 1 所示。

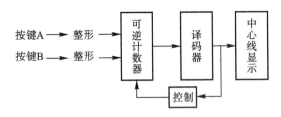

图 3.13 - 1 拔河游戏机基本电路框图

图 3.13 - 1 电路复位时，计数器输出 0，开始后由按键 A、B 分别控制可逆计数器的加、减计数端：按键 A 按一次计数器就加 1，从 0 开始加计数将依次是 1、2、3、4、5、6、7、8、9、…，按键 B 按一次计数器就减 1，从 0 开始减计数将依次是 0FH、0EH、0DH、0CH、0BII、0AH、9、8、7、…。将计数器的计数值用 4 - 16 线译码器输出，当加计数加到 7 或者减计数减到 9 时就下令封锁计数器。因此，计数到 7 是按键 A 加的结果，A 胜利；计数到 9 则是按键 B 减的结果，B 胜利。要完成扩展功能，可以加两套计数\译码\显示器，分

别统计计数到 7 和计数到 9 的次数。

2. 电路设计

如果可逆计数器采用 CD40193，译码器采用 CD4514，则主要电路设计可参考图3.13 - 2。图中计数器 CD40193 由 A′控制其加计数，B′控制其减计数。计数值由 4 - 16 线译码器译码后输出，从中间一只发光二极管 Q_0 算起，往右面的发光二极管依次接的是 Q_1、Q_3、Q_5、Q_7，往左面的发光二极管依次接的是 Q_{15}、Q_{13}、Q_{11}、Q_9，当 Q_7 或者 Q_9 变为高电平后，或非门电路将计数器状态锁定为置数状态，只要将计数器数据输入端 D_0、D_1、D_2、D_3 和输出端的 Q_0、Q_1、Q_2、Q_3 对应相连，输入也就是输出，就可使计数器对输入脉冲不起反应。只有按动复位键，亮点才又回到中心位置，比赛又可重新开始。

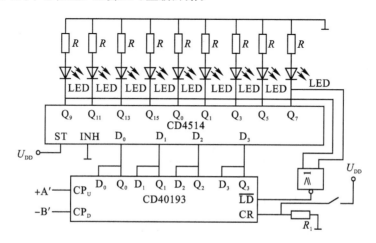

图 3.13 - 2　拔河游戏机主要电路设计参考

3. 整形电路

CD40193 是可逆计数器，控制加、减的 CP 脉冲分别加至第 5 引脚和第 4 引脚，此时当电路要求进行加法计数时，减法输入端 CP_D 必须接高电平；进行减法计数时，加法输入端 CP_U 必须接高电平。若直接由 A、B 键产生的脉冲加到第 5 引脚或第 4 引脚，那么就有很多时候在进行计数输入时另一计数输入端为低电平，使计数器不能计数，双方按键均失去作用，拔河比赛不能正常进行。加一个整形电路，使 A、B 两键输出的脉冲经整形后变为一个占空比很大的脉冲，这样就减少了进行某一计数时另一计数输入为低电平的可能性，从而使每按一次键都有可能进行有效的计数。

4. 扩展部分

将双方终端二极管正极分别送到计数\译码\显示器中，当一方取胜时，该方终端二极管发光，产生一个上升沿，使相应的计数器进行加 1 计数，于是就得到了双方取胜次数的显示。若一位计数器不够，则进行两位数的级联。

三、设计要求

（1）设计出完整的电路，标明元器件参数。
（2）描述电路的原理和功能。

（3）搭接电路并验证设计是否满足要求。

（4）撰写实验设计心得和体会。

实验十四　8路呼叫设计

一、设计任务

设计一个8路呼叫器，当某一路有呼叫时，能显示该路的编号，同时给出声光报警信号，报警时间为2 s左右，报警状态可以手动消除。

二、设计方案

能够实现任务的方案很多，图3.14-1给出了一种用数字电路实现的方案。

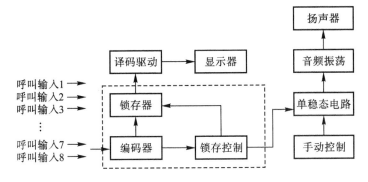

图3.14-1　8路呼叫设计的设计方案

在图3.14-1中，如果某一路有呼叫请求，则该呼叫信号被送入编码器编码，编码输出经锁存后，送入显示电路，显示这一路的编号。同时锁存控制信号触发单稳态电路，产生脉宽大约2 s的脉冲信号控制多谐振荡器，多谐振荡其输出2 s的报警信号，报警状态可以用手动按键消除。

1. 编码、锁存和锁存控制电路

编码、锁存和锁存控制电路在图3.14-1中用虚线框出，此部分电路如图3.14-2所示。

当$SW_0 \sim SW_7$中某一个按键按下时，表明该路有呼叫，在74LS148的输出端有相应的编码输出。同时由于按键的按下，8输入与非门的输出CONT＝1，该信号使锁存器74LS373的G＝1，锁存器将编码器的输出锁存起来。比如，SW_1按键按下时，表明SW_1所在的这一路有呼叫，这时74LS148的数据输入端I_1输入低电平，74LS148输出的对应编码信号CBA＝001。同时由于SW_1按键的按下，SW_1对应的与非门输入为0，与非门输出CONT＝1，该信号一方面使锁存器74LS373的G＝1，使锁存器将编码器的输出$Q_2 Q_1 Q_0 =$ 001锁存起来，另一方面，该信号又用来向图3.14-2所示的单稳态电路提供触发信号。

显示电路只需将锁存器74LS373输出的Q_2、Q_1、Q_0分别送入译码/驱动电路（如7448、CD4511等），然后用译码/驱动电路驱动7段LED就可以显示了。

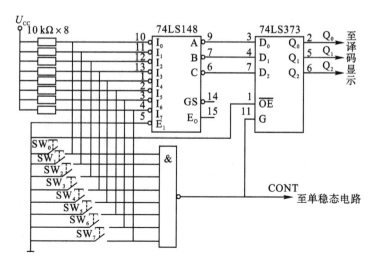

图 3.14 - 2　编码、锁存和锁存控制电路

2. 单稳态电路

单稳态电路的作用是将锁存控制信号 CONT(实际上是一个上升沿脉冲)转换为宽度为 2 s 的脉冲信号,可以采用集成单稳态触发器如 CD4098、74LS121 实现,也可以用 555 电路实现,这里推荐使用 74LS121 实现。

74LS121 是 TTL 型的单稳态触发器,其 DIP 封装有 14 只引脚,14 只引脚中有 4 只无效,其余 10 只引脚包括电源和地 2 只,输入引脚 3 只,输出引脚 2 只和外接电阻、电容的引脚两只和内部电阻引脚 1 只。

74LS121 的基本功能如表 3.14 - 1 所示。

表 3.14 - 1　单稳态触发器 74LS121 基本功能表

输　　入			输　　出	
A_1	A_2	B	Q	$\overline{Q}$
L	×	H	L	H
×	L	H	L	H
×	×	L	L	H
H	H	×	L	H
H	↓	H	⎍	⎍
↓	H	H	⎍	⎍
↓	↓	H	⎍	⎍
L	×	↑	⎍	⎍
×	L	↑	⎍	⎍

74LS121 外接电容 C 应接到 C_E（正）和 R_E/C_E 之间，使用内部的定时电阻时可将 R_{INT} 接到 U_{CC}；一般为提高脉宽的精度，不使用内部定时电阻而 R_{INT} 悬空，这时在 R_E/C_E 和 U_{CC} 之间外接一个电阻 R，则该电路的脉冲宽度 $t_w = 0.69RC$。

本实验选用 74LS121 构成输出脉宽为 2 s 的单稳态触发器，单稳态电路结构如图 3.14 - 3 所示。由于锁存控制信号 CONT 为上升沿脉冲，因此，将其反相后作为 74LS121 的触发脉冲，也可根据表 3.14 - 1 中 74LS121 的功能，将控制信号 CONT 上升沿不反相，直接送到 74LS121 的第 5 引脚做输入，这时要将 74LS121 的 3、4 引脚接地。

根据该电路脉冲宽度的表达式 $t_w = 0.69RC$，取 $R = 100$ kΩ，则由 $0.69RC = 2$，得 $C = 29$ μF，取标称容量 33 μF。

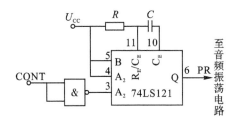

图 3.14 - 3 单稳态电路

3. 手动控制和报警电路

手动控制电路的作用是在报警状态下能够通过按键手动消除报警，可以采用图 3.14 - 4 所示电路。图中 SW_8 为手动消除报警键。555 时基电路和外围电路构成多谐振荡器，调节 R_1、R_2 和 C 的参数选择一个合适的谐振频率。

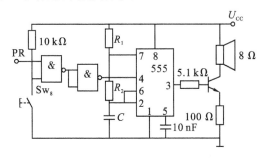

图 3.14 - 4 手动控制和报警电路

图 3.14 - 4 中的非门用二输入与非门代替，这样可以减少所用期间的种类和数量。这种选用同类芯片、尽量减少芯片和器件种类和数量的方法，是在工程中降低成本和减少失误的一种常用方法。

三、设计要求

(1) 设计出完整的电路，确定元器件型号和参数。

(2) 描述电路的原理和功能。

(3) 按照电路图搭建电路，验证设计是否满足要求，对测试结构进行详细分析。

(4) 撰写设计心得和体会。

实验十五　交通灯控制器设计

一、设计任务

如图 3.15-1 所示，设计一个十字路口的交通信号灯控制器，控制 A、B 两条交叉道路上的车辆通行，具体要求如下。

（1）每条道路设一组信号灯，每组信号灯由红、黄、绿三盏灯组成，绿灯表示允许通行，红灯表示禁止通行，黄灯表示该车道上已过停车线的车辆可继续通行，未过停车线的车辆停止通行。

（2）每条道路上每次通行的时间为 25 s。

（3）每次变换车道通行之前，要求黄灯先亮 5 s，然后再变换通行车道。

（4）黄灯亮时，要求每秒钟闪烁一次。

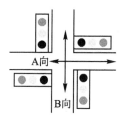

图 3.15-1　十字路口交通信号灯控制

二、设计方案

交通灯的设计方案有很多种，在数字电路中可以利用中规模数字集成电路来设计，也可以利用存储器来设计，还可以用大规模可编程数字集成电路或单片机设计。

图 3.15-2 为利用中规模集成数字电路设计交通灯控制器的一个参考方案。

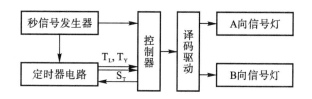

图 3.15-2　交通灯控制器的原理框图

在这一方案中，系统主要由控制器、定时器、秒信号发生器、译码器和信号灯组成。其中控制器是核心部分，由它控制定时器和译码器的工作，秒信号发生器产生定时器和控制器所需的标准时钟，译码器输出对两路信号灯的控制信号。

T_L、T_Y 为定时器的输出信号，S_T 为控制器的输出脉冲信号。

控制器输出的 S_T 脉冲信号为状态转换信号，控制器发出 S_T 状态转换信号后，定时器就令 $T_Y=0$ 和 $T_L=0$，并开始下一个工作状态的定时计数；当定时器计时到 5 s 时，T_Y 输出为 1，当计时到 25 s 时，则 T_L 输出为 1；控制器则根据所处工作状态和得到的 T_L、T_Y 信号决定向译码驱动器以及定时器发出控制指令。

一般情况下，十字路口交通灯的工作状态按以下顺序执行。

（1）A 车道绿灯亮，B 车道红灯亮，此时 A 车道允许车辆通行，B 车道禁止车辆通行。当 A 车道绿灯亮够规定的时间后，控制器发出状态转换信号，系统转入下一个状态。

（2）A 车道黄灯亮，B 车道红灯亮，此时 A 车道允许超过停车线的车辆继续通行，而未超过停车线的车辆禁止通行，B 车道禁止车辆通行。当 A 车道黄灯亮够规定的时间后，控制器发出状态转换信号，系统转入下一个状态。

（3）A 车道红灯亮，B 车道绿灯亮，此时 A 车道禁止车辆通行，B 车道允许车辆通行，当 B 车道绿灯亮够规定的时间后，控制器发出状态转换信号，系统转入下一个状态。

（4）A 车道红灯亮，B 车道黄灯亮，此时 A 车道禁止车辆通行，B 车道允许超过停车线的车辆继续通行，而未超过停车线的车辆禁止通行。当 B 车道黄灯亮够规定的时间后，控制器发出状态转换信号，系统转入下一个状态，即又重复开始 A 车道绿灯亮，B 车道红灯亮的状态。

由以上分析看出，交通信号灯有 4 个状态，可分别用 S_0、S_1、S_2、S_3 来表示，并且分别分配状态编码为 00、01、11、10，由此得到控制器的状态，如表 3.15－1 所示。

表 3.15－1　十字路口交通控制器状态表

控制器状态	信号灯状态	车道运行状态
S_0(00)	A 绿灯，B 红灯	A 车道通行，B 车道禁止通行
S_1(01)	A 黄灯，B 红灯	A 车道过线车辆通行，未过线车辆禁止通行，B 车道禁止通行
S_3(11)	A 红灯，B 绿灯	A 车道禁止通行，B 车道通行
S_2(10)	A 红灯，B 黄灯	A 车道禁止通行，B 车道过线车辆通行，未过线车辆禁止通行

根据以上分析，图 3.15－3 给出了控制器的状态转换图，图中 T_L 和 T_Y 为定时器电路送给控制器的信号，S_T 为控制器的输出信号。

定时器电路。以秒信号发生器的输出脉冲作为计数器的计数输入，以 S_T 输出的正脉冲作为计数器重新计数的清零端，清零后计数器的输出信号 T_L 和 T_Y 输出均为零，计数器开始新的计数，当计数器计时到 5 s 时，则 T_Y 输出为 1，当计时到 25 s 时，则 T_L 输出为 1。

定时器电路框图如图 3.15－4 所示，读者可根据框图设计具体电路。

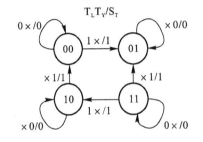

图 3.15－3　交通灯控制器状态转换图

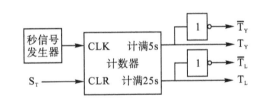

图 3.15－4　定时器电路原理框图

控制器电路。按照图 3.15－3 中的状态转换图，控制器有 4 个状态，因此可由两个触发器构成，本设计中选用连个 D 触发器产生 4 个状态。控制器的输入为触发器的现态以及 T_L 和 T_Y，控制器的输出为触发器的次态和控制器状态转换信号 S_T，由此得到表 3.15 – 2 所示的状态转换表。

表 3.15 – 2　控制状态转换表

输　入				输　出		
现　态		转换条件		次　态		状态转换信号
Q_1	Q_0	T_L	T_Y	Q_1^*	Q_0^*	S_T
0	0	0	×	0	0	0
0	0	1	×	0	1	1
0	1	×	0	0	1	0
0	1	×	1	1	1	1
1	1	0	×	1	1	0
1	1	1	×	1	0	1
1	0	×	0	1	0	0
1	0	×	1	0	0	1

根据表 3.15 – 2，其状态方程和信号输出方程为

$$Q_1^* = \overline{Q_1} \cdot Q_0 \cdot T_Y + Q_1 \cdot Q_0 + Q_1 \cdot \overline{Q_0} \cdot \overline{T_Y}$$

$$Q_0^* = \overline{Q_1} \cdot \overline{Q_0} \cdot T_L + \overline{Q_1} \cdot Q_0 + Q_1 \cdot Q_0 \cdot \overline{T_L}$$

$$S_T = \overline{Q_1} \cdot \overline{Q_0} \cdot T_L + \overline{Q_1} \cdot Q_0 \cdot T_Y + Q_1 \cdot \overline{Q_0} \cdot \overline{T_Y} + Q_1 \cdot Q_0 \cdot T_L$$

以上 3 个逻辑函数可用多种方法实现，图 3.15 – 5 给出了用数据选择器 74LS153 和双 D 触发器 74LS74 来实现的一种简单方案，设计中将触发器的输出看作逻辑函数，由此得

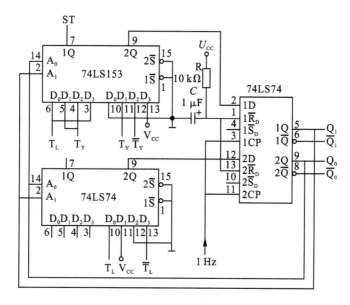

图 3.15 – 5　控制器设计原理图

到控制器的原理图，图中 R 和 C 构成简单的上电复位电路，以保证触发器的初始状态为 0，触发器的时钟输入端输入 1 Hz 的秒脉冲。

译码器电路。译码器的作用是将控制信号输出的 Q_1、Q_0 所构成的 4 种状态转换成为 A、B 车道上 6 个信号灯的控制信号。

将 A 车道绿灯定义为 AG，黄灯定义为 AY，红灯定义为 AR，B 车道绿灯定义为 BG，黄灯定义为 BY，红灯定义为 BR，以灯亮为 1，灯灭为 0，则控制器输出与信号灯之间的对应关系如表 3.15 - 3 所示。

表 3.15 - 3　控制器输出与信号灯之间的对应关系

Q_1	Q_0	AG	AY	AR	BG	BY	BR
0	0	1	0	0	0	0	1
0	1	0	1	0	0	0	1
1	1	0	0	1	1	0	0
1	0	0	0	1	0	1	0

由表 3.15 - 3 可以写出 AG、AY、AR、BG、BY、BR 与 Q_1 和 Q_0 之间的逻辑关系，并由此可以设计出译码电路，译码电路的输入信号就是图 3.15 - 5 中控制器电路的输出，译码电路的输出 AG、AY、AR、BG、BY、BR 就是 6 盏灯的控制信号。该电路很简单，请自行设计。设计任务中要求黄灯亮时每秒钟闪烁一次，可将 AY(BY) 信号与秒脉冲信号共同送入两输入与门，然后用其输出信号去控制黄灯即可。

主要元器件：74LS163、74LS153、74LS74、74LS00、74LS04、74LS09、74LS07、NE555、发光二极管、电阻、电容等。

■ 三、设计要求

（1）设计出完整的电路，确定元器件型号和参数。
（2）按照电路图搭建电路，验证设计是否满足要求。
（3）撰写实验设计心得和体会。

实验十六　数字转速表设计

■ 一、设计任务

数字转换表是一种代替机械转速表，用来测量转动速率的计量仪表。数字转速表的基本部分是定时、计数和显示电路部分。在定时、计数和显示电路的基本电路之上增加不同的传感器，就能构成数字转速表、数字流量计等数字计量仪器，如在这些计量仪器的基础上再加上乘法器，则还可扩展成小车计程器、出租车计费器、煤气计价器等。

二、设计方案

转速表可以用多种传感器输入，常用作转速表传感器的有红外线传感器和霍尔传感器。

1. 红外线传感器

红外线传感器又称红外线探头，有直射式和反射式两种。直射式探头的发光管和受光管在被测物体的两边，发光管射出的光线直接照射到受光管上，被测物体运动时阻挡光线，就会产生计数信号，如图 3.16 - 1(a)所示。反射式探头的发光管和受光管在被测物体的同侧，当反光物体(可以是漫反射)接近探头时，受光管接收到反射回来的红外线，产生计数信号，如图 3.16 - 1(b)所示。

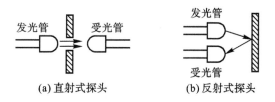

(a)直射式探头　　　　(b)反射式探头

图 3.16 - 1　红外线探头示意图

测量转速的探头根据测量距离可以采用透镜系统，也可不采用透镜系统。当被测物离探头距离在 15 cm 以内时，无需采用透镜。探头设计可采用小功率发光管 5GL 和光敏受光管 3DU5C。组装电路如图 3.16 - 1(b)所示，两管并排放置，这种探头靠物体漫反射回来的光线工作，对全黑色物体的接收灵敏度很低，而对白色物体和镜面反射体接收最灵敏，也能接收到其他颜色物体的反射光，但相应的探测距离要近些。

为了提高反射红外线的能力，通常在转动物体上贴上一小片红外线反射纸，这样反射效果极好。有时用镜面、铝箔、洁白平滑的纸、白油漆等也能提高反射性能。当转动物体转到反射纸恰好对着从发光管发出的红外线时，接收管接收到光信号，从单位时间内收到光信号的次数便可测出转速。

测量远距离转动物体，可用中功率和大功率发光二极管(HL 系列发光二极管)，还可采用砷化镓等单异质结激光二极管(如 2EJD 系列)，这种管子的峰值波长为 $0.90~\mu m$，输出功率达 2～10 W，发射距离超过几十米，相应的接收管可采用硅光电三极管 3DU5C。

红外探头的接线如图 3.16 - 2 所示，其中 R_D 根据 U_{CC} 电压的大小和发光管所需要的电流而定，一般所需电流在 10 mA 以内的小功率发光管，在 $U_{CC}=5$ V 时电阻 R_D 可取 270～

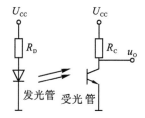

图 3.16 - 2　红外线探头接线图

680 Ω；而 R_c 则根据 U_{cc} 电压的大小决定，一般在 $U_{cc}=5$ V 时电阻 R_c 取 2～1.5 kΩ。图 3.16－2 的输出电压在受光管受光时输出电平接近 0 V，在受光管未受光时输出电平接近 U_{cc}。

为了使红外线传感器不受可见光干扰，可以设置振荡器和波形变换电路，使发射的红外线通过脉冲功率放大和调制，当受光管收到脉冲信号后，再用电路实行解调，从中取得真正需要的转速脉冲输出信号，解调后的输出信号再送到计数控制门计数。

2. 霍尔传感器

霍尔效应指出：垂直于磁场的电流会在与电流和磁场都垂直的另一方向上产生电动势，霍尔传感器是一种基于霍尔效应的磁敏传感器。

常用的磁敏传感器有干簧管、磁敏二极管、磁敏三极管、磁阻传感器以及霍尔传感器等，其中霍尔传感器利用集成技术把霍尔元件、放大器、温度补偿电路、稳压电路等集成在一块芯片上，形成了性能优良的磁敏传感器。

霍尔传感器具有价格低廉、体积小、可靠性高、响应速度快、磁特性灵敏等特点。霍尔传感器有很多种类，按性能分为线性霍尔传感器和开关型霍尔传感器两种，本实验采用简单的开关型霍尔传感器，将开关型霍尔传感器安装到靠近被测旋转体的地方，并在旋转体上安装一个小磁铁，这样当旋转体上的小磁铁转到靠近霍尔传感器位置时，传感器就输出低电平；当小磁铁离开霍尔传感器后，传感器又输出高电平，整个接线非常简单，如图 3.16－3 所示。

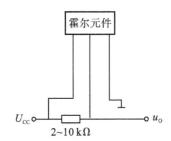

图 3.16－3 霍尔传感器接线图

3. 数字转速表原理框图

转速以分钟为单位时间，数字转速表电路原理框图如图 3.16－4 所示。

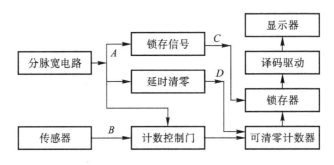

图 3.16－4 数字转速表原理框图

其中，传感器电路采用红外线传感器或霍尔传感器，传感器输出的信号 B 送入计数控制门计数。

　　分脉宽电路得到闸门时间(脉宽)为 1 min 的闸门信号 A，该 1 min 的脉宽就是转速表的取样时间，它也是计数控制门的输入信号。

　　为了在测量过程中，只让显示数字在每次测量结束后自动改变一次数据，要对计数值锁存，所以电路需要产生一个"锁存信号"，信号 C 提供给锁存器在 1 min 计数结束时锁存计数值。在计数器每测量一次转速后，还要使计数器自动清零，故设置"延时清零"电路，已提供延时清零脉冲 D。图 3.16-5 给出了数字式转速表的时序。

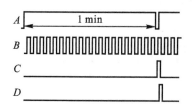

图 3.16-5　数字转速表时序图

　　分脉宽电路可以直接用 555 时基电路设计，在充放电电阻中要串入二极管，使其占空比达到图 3.16-5 中波形 A 的要求。计数控制门可以直接采用一般门电路。设计时还要注意"锁存信号"和"延时清零"信号出现的时间和极性。"锁存信号"在每分钟计数完毕后出现，其极性要根据锁存器的要求来决定；注意"演示清零"信号一定要在"锁存信号"关闭后再出现，其极性应根据各清零端的要求决定。一般"锁存信号"可以由 1 min 结束时的下跳沿触发，"延时清零"信号则既可以由 1 min 结束时的下跳沿触发，亦可以由"锁存信号"的结束沿触发，这两个信号的硬件都可以由单稳态电路或微分电路构成，如极性不满足要求则可以增加反相器。

三、设计要求

　　(1) 设计 4 位数字显示转速表。测速范围为(0000~9999)r/min，实现近距离测量。
　　(2) 合理组装、调试数字转速表。
　　(3) 画出完整的电路图，写出设计、调试报告。
　　(4) 撰写设计心得和体会。

附　录

附录 I　常用电子元器件的识别技巧

一、电阻的常用识别方法

电阻在电路中用"R"加数字表示，如 R_1 表示编号为 1 的电阻。电阻在电路中的主要作用为分流、限流、分压、偏置等。电阻的单位为欧姆（Ω），倍率单位有千欧（$k\Omega$）、兆欧（$M\Omega$）等。换算方法是：$1\,M\Omega = 10^3\,k\Omega = 10^6\,\Omega$。电阻的参数标注方法有三种：直标法、色标法和数标法，下面主要介绍数标法和色标法。

1. 数标法

数标法主要用于贴片等小体积的电路，如：472 表示 $47 \times 10^2\,\Omega$（即 4.7 kΩ），104 则表示 100 kΩ。

2. 色标法

色标法是用不同颜色的色环在电阻器表面标称阻值和允许偏差，色环标注法使用最多。

（1）两位有效数字的色环标志法。普通电阻器用四条色环表示标称阻值和允许偏差，其中三条表示阻值，一条表示偏差，如附图 I. 1 – 1 及附表 I. 1 – 1 所示。

附表 I. 1 – 1

颜　色	第一有效数	第二有效数	倍　率	允许偏差
黑	0	0	10^0	
棕	1	1	10^1	
红	2	2	10^2	
橙	3	3	10^3	
黄	4	4	10^4	
绿	5	5	10^5	
蓝	6	6	10^6	
紫	7	7	10^7	

续表

颜　色	第一有效数	第二有效数	倍　率	允许偏差
灰	8	8	10^8	
白	9	9	10^9	$+50\%$　-20%
金			10^{-1}	$\pm5\%$
银			10^{-2}	$\pm10\%$
无色				$\pm20\%$

（2）三位有效数字的色环标志法。精密电阻器用五条色环表示标称阻值和允许偏差，如附图 I.1-2 及附表 I.1-2 所示。

附表 I.1-2

颜　色	第一有效数	第二有效数	第三有效数	倍　率	允许偏差
黑	0	0	0	10^0	
棕	1	1	1	10^1	$\pm1\%$
红	2	2	2	10^2	$\pm2\%$
橙	3	3	3	10^3	
黄	4	4	4	10^4	
绿	5	5	5	10^5	$\pm0.5\%$
蓝	6	6	6	10^6	$\pm0.25\%$
紫	7	7	7	10^7	$\pm0.1\%$
灰	8	8	8	10^8	
白	9	9	9	10^9	
金				10^{-1}	
银				10^{-2}	

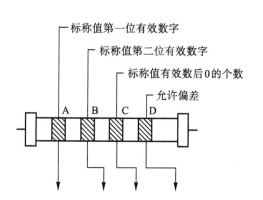

附图 I.1-1　两位有效数字的
阻值色环标志法

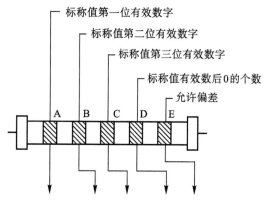

附图 I.1-2　三位有效数字的
阻值色环标志法

（3）示例。示例内容见附图 I.1-3 和附图 I.1-4。

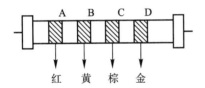

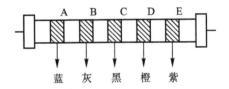

附图 I.1-3

如：色环　A—红色；B—黄色；C—棕色；

　　　　D—金色

则该电阻标称值及精度为：

$24×10^1=240\ \Omega$　精度：$±5\%$

附图 I.1-4

如：色环　A—蓝色；B—灰色；C—黑色；

　　　　D—橙色；E—紫色

则该电阻标称值及精度为：

$680×10^3=680\ k\Omega$　精度：$±0.1\%$

二、电容的常用识别方法

（1）电容在电路中一般用"C"加数字表示（如 C13 表示编号为 13 的电容）。电容是由两片金属膜紧靠，中间用绝缘材料隔开而组成的元件。电容的特性主要是隔直流通交流。

电容容量的大小就是表示能储存电能的大小，电容对交流信号的阻碍作用称为容抗，它与交流信号的频率和电容量有关。

容抗 $X_C=1/2\pi FC$（F 表示交流信号的频率，C 表示电容容量）。常用电容的种类有电解电容、瓷片电容、贴片电容、独石电容、钽电容和涤纶电容等。

（2）识别方法：电容的识别方法与电阻的识别方法基本相同，分直标法、色标法和数标法三种。电容的基本单位用法拉（F）表示，其他单位还有：毫法（mF）、微法（μF）、纳法（nF）、皮法（pF）。其中：$1\ F=10^3\ mF=10^6\ \mu F=10^9\ nF=10^{12}\ pF$

容量大的电容其容量值在电容上直接标明，如 $10\ \mu F/16\ V$。

容量小的电容其容量值在电容上用字母或数字表示。

字母表示法：$1m=1000\ \mu F$，$1P2=1.2\ pF$，$1n=1000\ pF$

数字表示法：一般用三位数字表示容量大小，前两位表示有效数字，第三位数字是倍率。如：102 表示 $10×10^2\ pF=1000\ pF$，224 表示 $22×10^4\ pF=0.22\ \mu F$

（3）电容容量误差符号为 F、G、J、K、L、M，分别表示允许误差 $±1\%$、$±2\%$、$±5\%$、$±10\%$、$±15\%$、$±20\%$。如：一瓷片电容为 104J，表示容量为 $0.1\ \mu F$，误差为 $±5\%$。

三、电感的常用识别方法

电感在电路中常用"L"加数字表示，如：L6 表示编号为 6 的电感。电感线圈是将绝缘的导线在绝缘的骨架上绕一定的圈数制成。直流可通过线圈，直流电阻就是导线本身的电阻，压降很小。当交流信号通过线圈时，线圈两端将会产生自感电动势，自感电动势的方向与外加电压的方向相反，阻碍交流的通过，所以电感的特性是通直流阻交流，频率越高，线圈阻抗越大。电感在电路中可与电容组成振荡电路。电感一般有直标法和色标法，色标法与电阻类似，如：棕、黑、金、金表示 1 μH（误差为 5%）的电感。电感的基本单位为亨（H），换算单位有：1 H＝10³ mH＝10⁶ μH。

四、晶体二极管的常用识别方法

晶体二极管在电路中常用"D"加数字表示，如：D5 表示编号为 5 的二极管。

（1）作用：二极管的主要特性是单向导电性，也就是在正向电压的作用下，导通电阻很小。而在反向电压作用下导通电阻极大或无穷大。正因为二极管具有上述特性，常把它用在整流、隔离、稳压、极性保护、编码控制、调频调制和静噪等电路中。晶体二极管按作用可分为：整流二极管（如 1N4004）、隔离二极管（如 1N4148）、肖特基二极管（如 BAT85）、发光二极管、稳压二极管等。

（2）识别方法：二极管的识别很简单，小功率二极管的 N 极（负极）在二极管外表大多采用一种色圈标出来，有些二极管也用二极管专用符号来表示 P 极（正极）或 N 极（负极），也有采用符号标志为"P""N"来确定二极管极性的。发光二极管的正负极可从引脚长短来识别，长脚为正，短脚为负。

（3）测试注意事项：用数字式万用表去测二极管时，红表笔接二极管的正极，黑表笔接二极管的负极，此时测得的阻值才是二极管的正向导通阻值，这与指针式万用表的表笔接法刚好相反。

（4）常用的 1N4000 系列二极管耐压比较如附表 I.1－3 所示。

附表 I.1－3

型号	1N4001	1N4002	1N4003	1N4004	1N4005	1N4006	1N4007
耐压/V	50	100	200	400	600	800	1000
电流/A	均为 1						

五、稳压二极管的常用识别方法

稳压二极管在电路中常用"ZD"加数字表示，如：ZD5 表示编号为 5 的稳压管。

（1）稳压二极管的稳压原理：稳压二极管的特点就是击穿后，其两端的电压基本保持不变。这样，当把稳压管接入电路以后，若由于电源电压发生波动，或其他原因造成电路中各点电压变动时，负载两端的电压将基本保持不变。

（2）稳压二极管故障特点：稳压二极管的故障主要表现在开路、短路和稳压值不稳定。在这三种故障中，前一种故障表现出电源电压升高；后两种故障表现为电源电压变低到零伏或输出不稳定。

常用稳压二极管的型号及稳压值如附表 I.1－4 所示。

附表 I.1－4

型号	1N4728	1N4729	1N4730	1N4732	1N4733	1N4734	1N4735	1N4744	1N4750	1N4751	1N4761
稳压值	3.3 V	3.6 V	3.9 V	4.7 V	5.1 V	5.6 V	6.2 V	15 V	27 V	30 V	75 V

六、变容二极管的常用识别方法

变容二极管是根据普通二极管内部"PN 结"的结电容能随外加反向电压的变化而变化这一原理专门设计出来的一种特殊二极管。变容二极管主要用在高频调制电路上，实现低频信号调制到高频信号上，并发射出去。在工作状态，变容二极管调制电压一般加到负极上，使变容二极管的内部结电容容量随调制电压的变化而变化。

变容二极管发生故障，主要表现为漏电或性能变差。

（1）发生漏电现象时，高频调制电路将不工作或调制性能变差。

（2）变容性能变差时，高频调制电路的工作不稳定，使调制后的高频信号发送到对方，被对方接收后产生失真。出现上述情况之一时，就应该更换同型号的变容二极管。

七、晶体三极管的常用识别方法

晶体三极管在电路中常用"Q"加数字表示，如：Q17 表示编号为 17 的三极管。

（1）特点：晶体三极管（简称三极管）是内部含有两个 PN 结，并且具有放大能力的特殊器件。它分 NPN 型和 PNP 型两种类型，这两种类型的三极管从工作特性上可互相弥补，所谓 OTL 电路中的对管就是由 PNP 型和 NPN 型配对使用。

（2）晶体三极管主要用于放大电路中起放大作用，在常见电路中有三种接法，如附表 I.1-5 所示。

附表 I.1-5

名　称	共发射极电路	共集电极电路（射极输出器）	共基极电路
输入阻抗	中（几百欧～几千欧）	大（几十千欧以上）	小（几欧～几十欧）
输出阻抗	中（几千欧～几十千欧）	小（几欧～几十欧）	大（几十千欧～几百千欧）
电压放大倍数	大	小（小于 1 并接近于 1）	大
电流放大倍数	大（几十）	大（几十）	小（小于 1 并接近于 1）
功率放大倍数	大（30～40 分贝）	小（约 10 分贝）	中（15～20 分贝）
频率特性	高频差	好	好

八、场效应晶体管放大器的常用识别方法

（1）场效应晶体管具有较高输入阻抗和低噪声等优点，因而也被广泛应用于各种电子设备中。尤其用场效应管做整个电子设备的输入级，可以获得一般晶体管很难达到的性能。

（2）场效应管分成结型和绝缘栅型两大类，其控制原理都是一样的。

（3）场效应管与晶体管的比较。

① 场效应管是电压控制元件，而晶体管是电流控制元件。在只允许从信号源取较少电流的情况下，应选用场效应管。而在信号电压较低，又允许从信号源取较多电流的条件下，

应选用晶体管。

② 场效应管是利用多数载流子导电，所以称之为单极型器件，而晶体管是既有多数载流子，也利用少数载流子导电，被称之为双极型器件。

③ 有些场效应管的源极和漏极可以互换使用，栅压也可正可负，灵活性比晶体管好。

④ 场效应管能在很小电流和很低电压的条件下工作，而且它的制造工艺可以很方便地把很多场效应管集成在一块硅片上，因此场效应管在大规模集成电路中得到了广泛的应用。

附录Ⅱ　逻辑符号新旧对照表

一、集成逻辑门电路新、旧图形符号对照

名　称	新国标图形符号	旧图形符号	逻辑表达式
与门			$Y = ABC$
或门			$Y = A + B + C$
非门			$Y = \bar{A}$
与非门			$Y = \overline{ABC}$
或非门			$Y = \overline{A + B + C}$
与或非门			$Y = \overline{AB + CD}$
异或门			$Y = \bar{A}B + A\bar{B}$

二、集成触发器新、旧图形符号对照

名　称	新国标图形符号	旧图形符号	触发方式
由与非门构成的基本 R-S 触发器			无时钟输入，触发器状态直接由 S 和 R 的电平控制
由或非门构成的基本 R-S 触发器			
TTL 边沿型 J-K 触发器			CP 脉冲下降沿
TTL 边沿型 D 触发器			CP 脉冲上升沿
CMOS 边沿型 J-K 触发器			CP 脉冲上升沿
CMOS 边沿型 D 触发器			CP 脉冲上升沿

附录Ⅲ 部分集成电路引脚排列

一、74LS系列

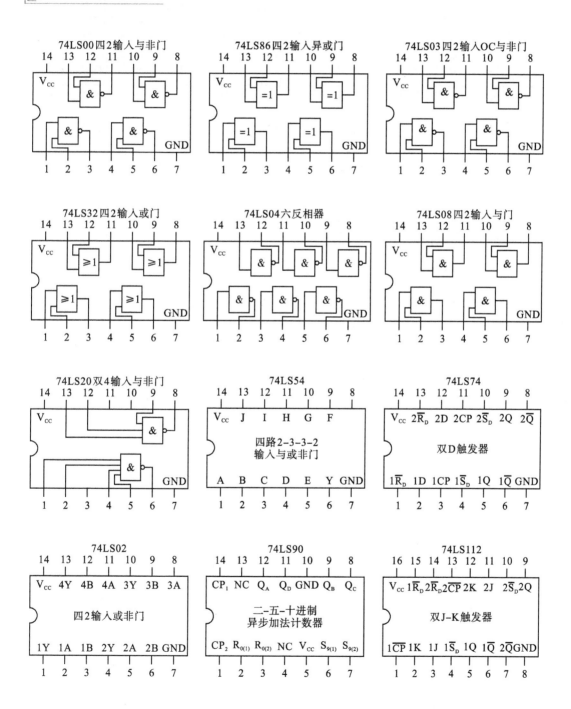

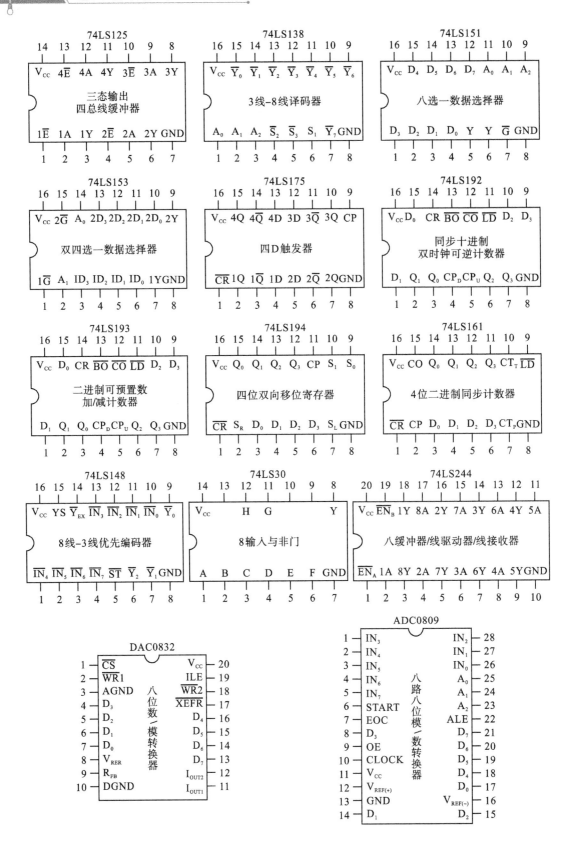

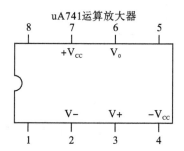

uA741运算放大器

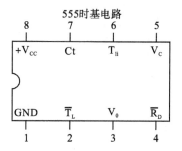

555时基电路

二、CC4000系列

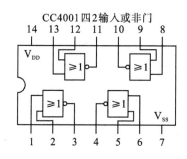

CC4001四2输入或非门

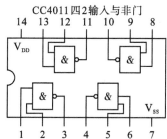

CC4011四2输入与非门

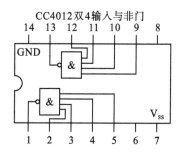

CC4012双4输入与非门

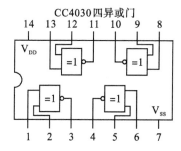

CC4030四异或门

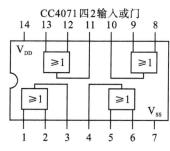

CC4071四2输入或门

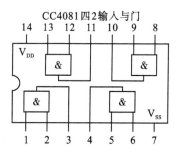

CC4081四2输入与门

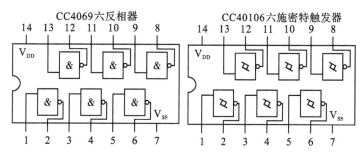

CC4069六反相器

CC40106六施密特触发器

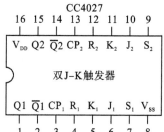

CC4027

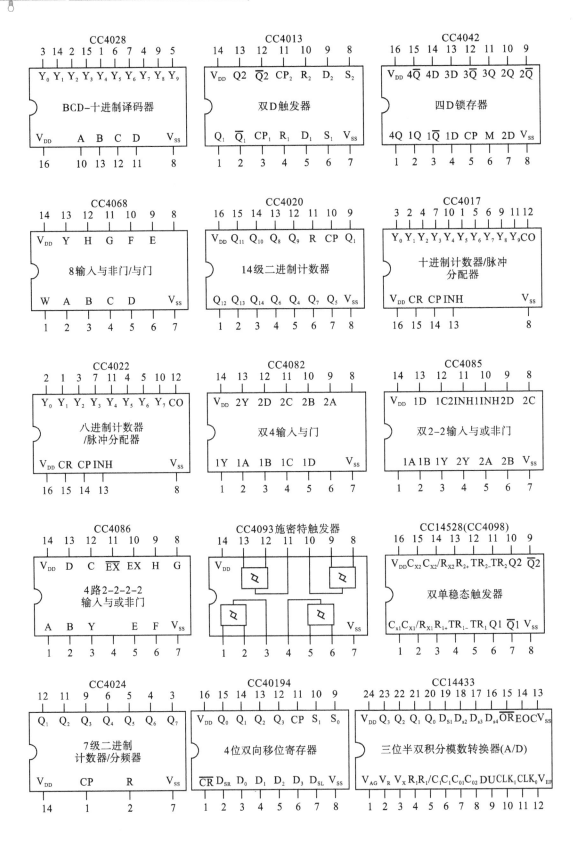

双时钟BCD可预置数
十进制同步加/减计数器

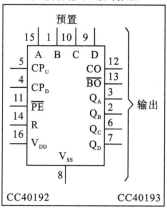

三、CC4500系列

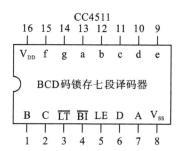

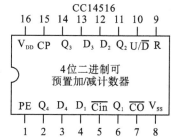

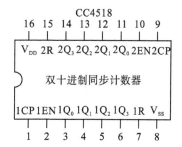

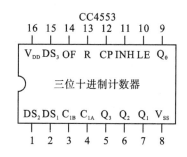

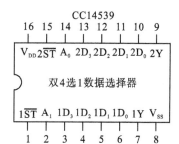

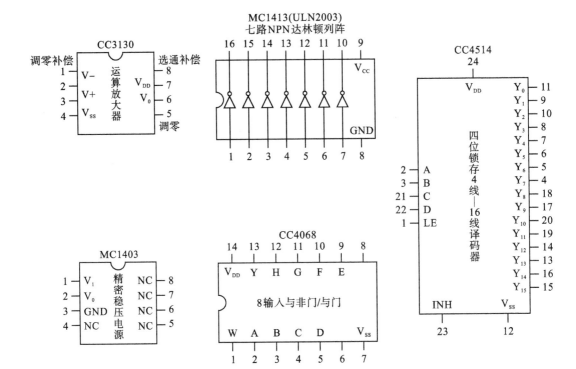

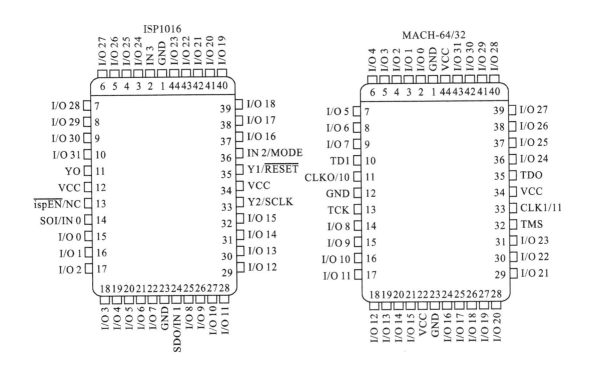

［1］ 赵秋娣，张洪臣，代燕．电工电子实验教程［M］．北京：兵器工业出版社，2007.

［2］ 高福华．电工技术［M］．北京：机械工业出版社，2009.

［3］ 陈振云．电工电子技术基础［M］．北京：北京邮电大学出版社，2009.

［4］ 吉培荣．电工学［M］．北京：中国电力出版社，2012.

［5］ 吴根忠．电工学实验教程［M］．北京：清华大学出版社，2007.

［6］ 方建中．电子线路实验［M］.2 版．杭州：浙江大学出版社，2003.

［7］ 赵淑范．电子技术实验与课程设计［M］．北京：清华大学出版社，2006.

［8］ 陈大钦．电子技术基础实验［M］.2 版．北京：高等教育出版社，2000.

［9］ 谢自美．电子线路设计·实验·测试［M］.2 版．武汉：华中科技大学出版社，2000.

［10］ 高吉祥．电子技术基础实验与课程设计［M］．北京：电子工业出版社，2002.

［11］ 沈小丰．电子线路实验：电路实验［M］．北京：清华大学出版社，2007.

［12］ 阳昌汉．高频电子线路［M］．北京：高等教育出版社，2007.

［13］ 杨宝清．实用电路手册［M］．北京：机械工业出版社，2002.